软件技术系列丛书

PHP WEB 程序设计

万川梅　周建儒　编著

西南交通大学出版社

·成　都·

图书在版编目（ＣＩＰ）数据

PHP WEB 程序设计 / 万川梅, 周建儒编著. — 成都：
西南交通大学出版社，2015.1
（软件技术系列丛书）
ISBN 978-7-5643-3397-3

Ⅰ. ①P… Ⅱ. ①万… ②周… Ⅲ. ①网页制作工具—
PHP 语言—程序设计 Ⅳ.①TP393.092②TP312

中国版本图书馆 CIP 数据核字（2014）第 204520 号

软件技术系列丛书
PHP WEB 程序设计
万川梅　周建儒　编著

责 任 编 辑	李芳芳
特 邀 编 辑	李庞峰　秦志慧
封 面 设 计	墨创文化
出 版 发 行	西南交通大学出版社
	（四川省成都市金牛区交大路 146 号）
发 行 部 电 话	028-87600564　028-87600533
邮 政 编 码	610031
网　　　址	http://www.xnjdcbs.com
印　　　刷	四川森林印务有限责任公司
成 品 尺 寸	185 mm × 260 mm
印　　　张	19.25
字　　　数	482 千字
版　　　次	2015 年 1 月第 1 版
印　　　次	2015 年 1 月第 1 次
书　　　号	ISBN 978-7-5643-3397-3
定　　　价	39.80 元

课件咨询电话：028-87600533

前　言

PHP 主要用于开发网站和互联网软件，是目前 IT 公司首选的互联网编程语言。据调查数据显示，在 2011 年，73.7% 的企业采用了 PHP 技术。在全国排名前十的网站，其中有 8 家都应用了 PHP 技术，包括腾讯、新浪、百度、淘宝、搜狐、网易等。由此可见，PHP 技术已经被大部分企业广泛运用在 Web 程序开发中。

PHP 具有独特的优势，PHP 的语法混合了 C、Java、Perl 以及 PHP 自己的语法。PHP 设计出的 Web 程序是将程序嵌入 HTML 文档中去执行，执行的效率与其他程序语言相比要高出许多。PHP 还可以执行编译后的代码，使代码运行得更快，而且流行的数据库和操作系统都可以支持 PHP，如 MySQL 数据库、操作系统 Windows 和 Linux。在 PHP 中有两种主流架构，一种为 WAMP 架构（Windows+Apache+MySQL+PHP），另一种为 LAMP 架构（Linux+Apache+MySQL+PHP）。

PHP 与其他编程语言如 Java、C、C++等相比，显著的优势有：

（1）开放源码，所有的 PHP 源代码都可以免费得到。

（2）快捷性，程序开发快、运行快、学习快。

（3）实用性强，由于 PHP 编辑简单，实用性强，很适合初学者。

（4）跨平台性，PHP 可以运行在 UNIX、Linux、Windows 下。

（5）图像处理，PHP 可以动态创建图像。

（6）面向对象，在 PHP4、PHP5 中支持面向对象。

一、教材的内容及特点

在编写本书之前笔者花费了大量的心血和精力，对知识点和章节中示例和案例循序渐进地做了明确的规划，避免内容过多，全而不精，着重讲解章节内容的重难点，运用大量的案例力争把重难点讲透、讲精。

全书内容分为以下 3 个部分。

➤ 第一部分：基础部分

该部分主要包括初始 PHP、PHP 环境搭建、PHP 语言基础、流程控制语句、数组和函数。基础部分包含了非常多的示例和案例，通过示例来讲透该知识点的理论和应用，每一章节都有 3～4 个案例来综合章节的知识点，积累编程的思想和经验。

➤ 第二部分：核心知识

该部分主要有五个章节，包括 PHP 与 WEB 页面交互、CooKie 与 Session、PHP 操作数据库、面向对象、文件基本操作等。这五个章节都是 Web 程序应用开发的核心部分。在编写中强调重点、突出疑难点，运用丰富实用的示例讲解 Web 程序开发中遇到的各种功能模块，在每一章节都有 3～4 个案例实战，通过这些经典案例，让读者具有一定的 Web 小项目编程能力。

> 第三部分：综合案例

该部分中综合案例选择的是具有典型意义且功能完备的新闻发布系统。在该部分中以项目开发流程为导向，讲解项目开发的需求分析、项目开发的规范设计、数据字典设计、项目的每个功能模块的编码，以及项目测试和维护。通过一个完整的项目开发，使得读者了解项目开发的整个流程，以便以后能更容易地融入项目开发团队。

全书编写特点：

> 本教材采用双线并行的架构设计，理论与实战项目实训紧密结合。
> 教材知识内容突出重点和难点，对重点和难点讲解运用大量的示例来进行演示。
> 语言简洁，图文并茂。

二、教材的适用对象

无论是 PHP 的初学者，还是有一定基础的程序员，本书都是一本难得的参考书。本书非常适合多媒体、软件开发、网站规划与开发等专业高职生、本科生及其教师，也适合广大科研和工程技术人员研读。

本书由万川梅负责总体设计，完成第 4、5、6、10、11、12 章的编写；周建儒完成第 7、8、9 章的编写；杨菁完成第 1 章的编写；谢正兰完成第 2 章的编写；张杰完成第 3 章的编写。另外，张光辉、廖若飞、胡钢也参与了本书的编写，在此表示感谢。

由于作者水平有限，加之时间较紧，书中难免会存在不妥之处，敬请读者批评指正。

作　者

2014 年 10 月

目　录

第一部分　基础知识

第二部分　核心知识

第三部分 综合案例

Part 1

基础知识

　　本书第一部分是 PHP 的基础知识，主要由 6 章组成。第 1 章介绍 PHP，主要内容包括了 PHP 的发展优势以及 PHP 的工具使用。第 2 章为 PHP 的环境搭建，主要介绍了 Apache 服务器的配置、虚拟站点的配置，以及主目录和 MySQL 数据库的设置等。第 3 章为 PHP 语言基础，主要内容有 PHP 的标记风格、PHP 的数据类型、常量与变量的定义、运算符与表达式。第 4 章为流程控制语句，主要内容有条件语句和循环语句，如 if、switch、for、foreach、while、do while 等语句。第 5 章为数组，主要内容有索引数组、关联数组的定义、数组的遍历以及常用的数组数据函数等。第 6 章为函数，主要介绍了函数的定义与调用、函数的传参，以及常用的字符串函数、时间函数、数学函数等。在每一章节中都有实战案例，通过大量的实战案例来加深和巩固 PHP 基础知识，为第二部分 PHP 核心知识的学习打好坚实的基础。

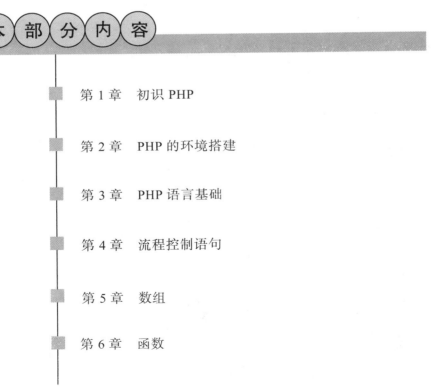

本 部 分 内 容

　　第 1 章　初识 PHP

　　第 2 章　PHP 的环境搭建

　　第 3 章　PHP 语言基础

　　第 4 章　流程控制语句

　　第 5 章　数组

　　第 6 章　函数

第 1 章　初识 PHP

马上就要进入 PHP 的神秘殿堂了，新奇于 PHP 到底是何方神圣，对这个陌生的名字，我们憧憬着尽快去驾驭它，本章就开始慢慢地揭开 PHP 的面纱，一同去认识 PHP。

➤ 掌握 PHP 的概念
➤ 了解 PHP 的发展前景以及优势
➤ 了解 PHP 的各种开发工具

📖 相关知识

1.1　介绍 PHP

在学习 PHP 之前，我们先要了解什么是 PHP，为什么要学习它，然后了解它的发展以及优势所在。

1.1.1　什么是 PHP

PHP 是 Hypertext Preprocessor（超文本预处理器）的缩写，源自于"PHP/FI"的工程，在它的起源初期主要用于统计自己网站的访问者，后来用 C 语言进行了重新编写，拥有了自己的访问文件和数据库功能，在 1995 年发布了 PHP 1.0 第一个版本。

PHP 是一种广泛使用的开源的脚本语言，它特别适合 Web 开发和嵌入 HTML 中，这种语言使用起来简单，用一个 PHP 的实例来说明。

示例 1-1

```
<!DOCTYPE html PUBLIC "-//W3C//DTD XHTML 1.0 Transitional//EN"
"http://www.w3.org/TR/xhtml1/DTD/xhtml1-transitional.dtd">
<html xmlns="http://www.w3.org/1999/xhtml">
    <head>
        <meta http-equiv="Content-Type" content="text/html; charset=utf-8" />
        <title>无标题文档</title>
```

```
    </head>
    <body>
    <?php
            echo "hello,I'm a PHP web";
        ?>
    </body>
</html>
```

这是一个简单的 PHP 网页。从上面的代码可以看出，在 HTML 里面嵌套了 "<?php echo "hello,I'm a PHP web";?>" 这句 PHP 代码。这句代码的意思是输出 "hello I'm a PHP web" 字符串。在 HTML 标记语言中采用 "<?php" 和 "?>" 标记把 PHP 代码和 HTML 代码区分开来。通过这个简单实例，大家对 PHP 有一个直观的理解了吧。

1.1.2 PHP 语言的优势

在众多的 Web 语言中如 PHP、ASP、JSP、Perl，为什么选择 PHP 来建设网站？PHP 有什么优势？

先看下面的统计数据，PHP 用来做执行动态超文本标记语言 Web 页面。作为一门 Web 发展中的主要语言，PHP 得到了极大的推进。据 2010 年世界编程语言排行榜榜单可知，PHP 语言排名程序语言的第三，如图 1-1 所示。互联网所有网站中采用 PHP 语言进行开发的占到了 60%，PHP 得到了像 Sun、Adobe、Macromedia、Oracle、IBM、微软在内的主要厂商的认证和支持，从某种程度上来说，PHP 与 java、.net 正在三分天下。

Position Oct 2010	Position Oct 2009	Delta in Position	Programming Language	Ratings Oct 2010	Delta Oct 2009	Status
1	1	=	Java	18.166%	-0.48%	A
2	2	=	C	17.177%	+0.33%	A
3	4	↑	C++	9.802%	-0.08%	A
4	3	↓	PHP	8.323%	-2.03%	A
5	5	=	(Visual)Basic	5.650%	-3.04%	A
6	6	=	C#	4.963%	+0.55%	A
7	7	=	Python	4.860%	+0.96%	A

图 1-1 世界编程语言排行榜 2010 年 2 月榜单

再引述 PHPChina 的统计数据，中国的 PHP 应用在 2005 年后出现了明显的上升，在中国排名前 500 名的网站中，其中有 262 家网站使用了 PHP 技术，占整体比例的 52.4%。Google 排名的 25 种行业网站的前 10 名网站中，采用 PHP 技术的网站增加到 192 家，比例为 76.8%。

1.1.3　PHP 的发展趋势

2004 年 PHP 5.0 正式版本发布，标志着一个全新的 PHP 时代的到来，它的核心是第二代的 Zend 引擎。PHP 在不断更新的同时，依然兼容 PHP 4.0。随着 MySQL 数据库的发展，PHP 5.0 还绑定了 MySQLi 的扩展模块，提供了一些更加有效的方法和使用用具来处理数据库的操作。

1．PHP 5.0 的特征

PHP 5.0 增加了成熟的编程语言的特征，列出如下：
- ➢ 增加了面向对象的特征。
- ➢ 新增了异常处理 try/catch。
- ➢ 新增了字符串偏移量 offset。
- ➢ 支持了 XML 和 Web 服务
- ➢ 对 SQLite 的内置支持。

2．PHP 的优势

PHP 是一种很有发展前景的 Web 编程语言，它有以下几个方面的优势。
- ➢ 开放源代码

PHP 是开放的源代码，这就意味着可以修改和扩展它的功能，还能够得到数百万的 PHP 程序员以及开发团队的支持，可以与他们一道分享心得，交流经验。
- ➢ 易于学习

PHP 的语法与 C、ASP、JSP 类似，对于熟悉一种程序语言的人来说，在很短的时间就可以将 PHP 的核心技术掌握，如果了解 HTML 语言，就可以把 PHP 完全融入网站开发中。
- ➢ 数据库连接

PHP 比较适合 Web 程序开发，有很多的外围库，这些库中包含了更易用的类，使得开发者们利用这些类直接与 Oracle、Ms-Access、MySQL 在内的大部分数据库连接。
- ➢ 面向对象编程

PHP 具有基于 Web 的面向对象的编程思想，它也提供了面向对象、类、类的继承、封装等。
- ➢ 可扩展性

随着版本的不断更新，PHP 的功能在不断扩展，由于 PHP 是开源的项目，只要熟悉 PHP，自己也可以对其功能进行扩展。

1.2　资深程序员谈如何学习 PHP

怎样才能学好 PHP 语言？有没有便捷的学习技巧和方法？这是每个 PHP 程序员开始学习 PHP 语言时都会考虑的问题。每一种程序语言的学习方法都是大同小异，选择 PHP 语言的关键因素是它的实用性。

关于 PHP 的学习方法和技巧，笔者结合了资深程序员的实践经验进行了以下总结，以与 PHP 程序开发者共享。

（1）熟练掌握 HTML/CSS/Javascript 等网页的基本元素，可自行制作完整的网页。

（2）熟练配置 PHP 的开发环境，并选择一种适合自己的开发工具。

（3）熟悉 PHP 语法，理解动态网页的运作机制。

（4）熟练掌握如何将 HTML/CSS/Javascript 与 PHP 语言完美结合起来，完成动态页面的制作。

（5）熟悉数据库 MySQL，并能设计数据库，能灵活使用常见的 SQL 语句。

（6）不断的练习，能熟练使用 PHP 的大部分函数。

（7）熟练掌握 PHP 中的模板技术，如 Smarty 模板等。

（8）能独立开发一个功能齐全的动态站点。

学习 PHP 是一个循序渐进的过程，初学者不要看到上面的短短几行文件就以为学习起来很容易，任何技术其实都需要一个持续不断的学习过程，重在坚持和努力。通过自己不断地摸索和实践，积累编程的思想和经验，应用起来才能得心应手。

下面解释一下学习的过程。

首先来了解网站的组成，任何一个网站都是由网页来组成的，换句话说，就是要先学会制作网页。要制作网页，就必须要掌握 HTML 语言，这是制作网页的基础。掌握静态网页的制作是学习网站开发的第一步。

学习 HTML/CSS/Javascript 的过程中，建议采用边学边做的方式，这种学习方式对于学习 PHP 同样是有效的。HTML 中的每一个元素都要亲自实践，通过练习才能熟悉 HTML 中每一个元素的效果，才能记忆深刻。采用死记硬背的学习方式是不可取的。大部分的新手在开始接触时，感觉很难，要记这么多东西，于是就开始"懒惰"，懒惰是学习或者走向成功的一个最大的"杀手"，所以我们要克服懒惰的习惯，才能更好地学好 PHP。

扎实基础知识，这对于学习一门语言来说尤其重要。学习知识不能急于求成，要打好基础，才能轻松地开发出动态网站。对于程序的初学者，要静下心来，多阅读一些基础的教材，了解编程的语法和编程的思想。

搭建 PHP 环境的方法有很多，可以自定义来搭建 Apache 服务器、MySQL 服务器和 PHP。但对于新手来说，可以采用集成化的安装包直接安装 Apache 服务器、MySQL 服务器、PHP 和 phpMyAdmin。因为集成的安装包，安装完后就可以直接使用。集成安装包有很多，如 WampServer、AppServ 等。虽然集成的安装包很简易，但是我们也要学会这些服务器的配置。

根据 Netcraft 最新数据显示，在 2014 年 3 月，Netcraft 全球调查统计了 919 533 715 家网站。其中，使用 Apache Web 服务器的网站有 354 956 660 家，占全球市场份额的 38.60%，环比上月上涨 0.38%。可见，Apache 形势终于有所好转。份额呈现上涨的还有 Nginx，环比上升 0.56%，如表 1-1 所示。

表 1-1　2014 年 2 月、3 月全球主流 Web 服务器份额

开发者	2014 年 2 月	百分比	2014 年 3 月	百分百	变化
Apache	351 700 572	38.2%	354 956 660	38.58%	0.38
Microsoft	301 781 997	32.8%	286 014 566	31.10%	− 1.69
Nginx	138 056 444	15.00%	143 095 181	15.56%	0.56
Google	21 129 509	2.30%	20 706 918	2.28%	− 0.02
中国 IDC 评述					

　　PHP 的编辑工具有很多，每款工具都有其本身的特点和优势。对初学者来说，选择一款好的编辑工具有利于养成好的编码习惯，使得编程过程更加的轻松和便捷，达到事半功倍的效果。在下一节中将详细讲解 PHP 中的开发工具。

　　学习 HTML 和 PHP 的语法基础后，再进行 PHP 和 HTML 的混编就没有问题了，在此期间，自己设计一个漂亮的页面，加上 PHP 的代码，就开启了 PHP 的编程之路。接下来，就要学习 PHP 与 MySQL 数据库的操作，那就是你见证 PHP 神奇之所在了。PHP 可成功地实现对数据的添加、修改、删除、查询的操作，熟练 PHP 与 MySQL 的开发要领，就可以实战操作，如开发一个留言板、计数器、简易新闻发布系统，这样你就能充分感到成就感了。

　　下一步，就是 PHP 的精髓了，包括 OOP、XML、Ajax 和模板，这时更要不懈努力，去接触这些技术，精通这些技术，你会发现 PHP 的应用是如此之广泛。

　　在学习过程中，要叮嘱初学者的是，抵制诱惑。在学习 PHP 中，大家会听到或者接触到 ASP/JSP/.NET，你也许在学了一半 PHP 之后，又开始学习 JSP 或者.NET，或者听别人说 java 很强，于是又开始学习 java。这时候绝对不能动摇，要明确自己的学习目标和方向，不要哪门都学，哪门都学不精，要学就先学一门，且要把这门学精。见异思迁是最不可取的，如果中途放弃，最后只能是一无所获，得不偿失。因此，要强迫自己完成学习目标，要坚持不懈、持之以恒，这样才能精通一门语言。

1.3　PHP 常用的开发工具

　　PHP 是一种开放的语言，它的开发工具很多，每款工具都有其本身的特点和优势。读者可以根据自己的爱好来选择使用开发工具。

1. Macromedia Dreamweaver

　　Macromedia Dreamweaver 是一款专业的网站开发工具。它将可视化工具和应用程序开发功能以及代码编辑支持组合在一起。它具有代码自动完成功能，可以提高编写代码速度，并且能减少错误代码出现的几率。它不仅适合初学者，也适合于网站设计师、网站程序员开发各种大型的应用程序。

　　Macromedia Dreamweaver 支持 PHP+MySQL 的可视化开发，对于初学者来说是一个比较好的选择。它提供了代码折叠功能，可以将一个代码块或者一个方法折叠起来用两行代替，

需要时再展开。除了上述这些特征外，它还包括语法加亮、函数补全、形参提示等。如果是一般网页制作，可以不写一行代码就能完成一个网页，并能达到所见就所得。如图 1-2 所示为 Dw CS4 版本。

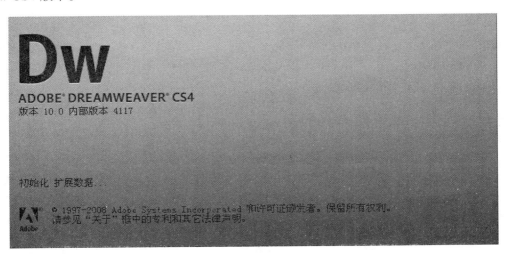

图 1-2　Dw CS4 版本

注意

Macromedia Dreamweaver 是首选的网页开发工具，目前最新的版本是 CS6。

下载地址：http://www.adodb.com/downloads/

2. Eclipse

Eclipse 是一款可以支持各种应用程序开发的编辑器，它提供了许多非常强大的功能。可以支持多种语言的关键字和语法加亮显示，支持代码格式化功能，支持查询结果在编辑器中加亮显示，还具有强大的调试功能，支持断点和单步执行源代码。

注意

Eclipse 是一款综合开发环境，由 IBM 公司在 2001 年首次推出。

下载地址：http://www.eclipse

3. Notepad++

Notepad++是一款开源的免费软件，是非常有特色的编辑器，可以支持 Java、C、C++、C#、XML、HTML、PHP、Javascript 等。支持的语言达到 27 种，它提供了语法高亮显示，可自动检测文件类型，根据关键字显示节点，节点可以自由地打开/折叠，代码显示非常有层次感，这也是这款软件具有的特色之一。对初学者而言，养成手写编程代码的代码规范可以选择这一款开发工具。NotePad++ 工具如图 1-3 所示。

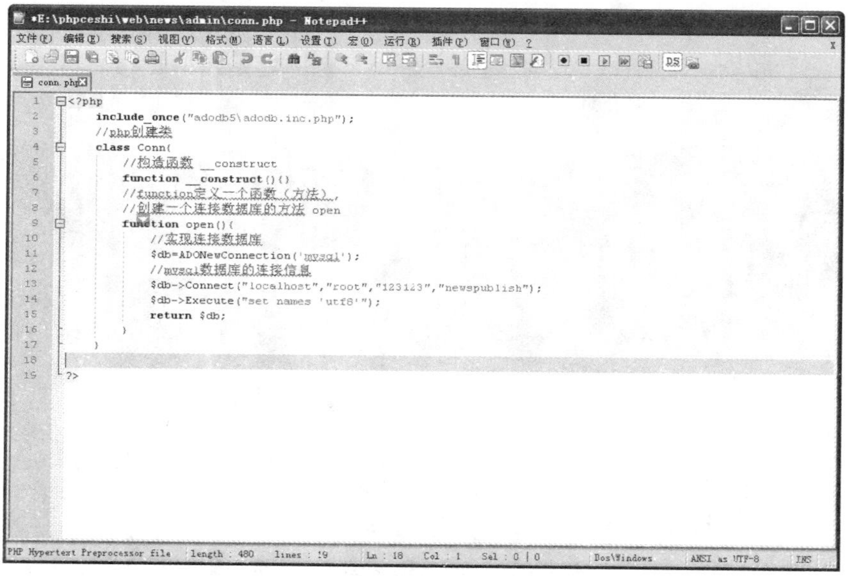

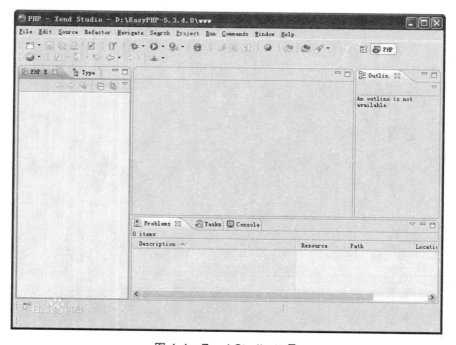

图 1-3　NotePad++ 工具

4.　Zend Studio

Zend Studio 是 Zend Technologies 公司开发的 PHP 语言集成开发环境（IDE）。除了有强大的 PHP 开发支持外，也支持 HTML、JS、CSS，但只对 PHP 语言提供调试支持。Studio5.5系列后，官方推出了基于 Eclipse 平台的 Zend Studio，当前最新的 10.5 版本亦是构建于 Eclipse平台。Zend Studio 工具如图 1-4 所示。

图 1-4　Zend Studio 工具

Zend Studio 是屡获大奖的专业 PHP 集成开发环境，具备功能强大的专业编辑工具和调试工具，支持 PHP 语法加亮显示，支持语法自动填充功能，支持书签功能，支持语法自动缩排和代码复制功能，内置一个强大的 PHP 代码调试工具，支持本地和远程两种调试模式，支持多种高级调试功能。

注意

> Zend Studio 可以在 Linux、Windows、Mac OS X 上运行，是目前公认的最强大的 PHP 开发工具。

5. PHPEdit

PHPEdit 是 Windows 操作系统下一款优秀的 PHP 脚本集成开发环境，它提供了 PHP 脚本的多种工具，功能包括：代码提示、关键字高亮、浏览、集成 PHP 调试工具、有 150 多个脚本命令、键盘模板、快速生成器、插件等。

1.4　PHP 学习资源

PHP 作为一种广泛的 Web 开发语言，有着丰富的学习资源。

1.4.1　PHP 参考手册

学习 PHP 语言，必备一个 PHP 参考手册，如同我们学习汉字时，手边备着一本《新华字典》是一样的道理。PHP 参考手册对 PHP 中的函数进行了详细的讲解和说明，并且给出一些使用的简单实例，同时还对 PHP 的安装与配置、语言参考、安全以及特点做了介绍。

PHP 参考手册可以在 http://www.php.net/docs.php 网站上去下载，PHP 参考手册提供了各种快速查找的方法，让用户可以根据自己所需查到指定的函数。PHP 参考手册如图 1-5 所示。

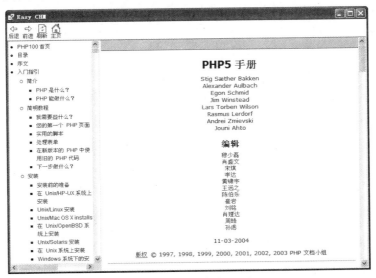

图 1-5　PHP 参考手册

1.4.2 PHP 常用的网上资源

PHP 的网上资源内容丰富，下面提供一些大型的 PHP 技术论坛和社区，这些资源不但可以提高 PHP 编程者的技术水平，也可作为学习 PHP 的好帮手。

➢ PHP100

http://www.php100.com

PHP100 中文网是国内第一家以 PHP 资源分享为主的专业网站，也提供了 PHP 中文交流社区。面向 PHP 学习研究者提供：最新 PHP 资讯、原创内容、开源代码和 PHP 视频教程等相关内容。

➢ PHP 中国

http://www.phpchina.com

PHPchina 开源社区，有非常多 PHP 的源码，从中可以获取最新的 PHP 信息资源。

➢ PHP 论坛

http://www.php.cn

学习 PHP 论坛，提供学习教程和源码下载。

➢ PHP 5 研究社

http://www.phpv.net

➢ Discuz!

http://www.discuz.com

国内最著名的 PHP 论坛，目前该论坛免费。

本章主要介绍了 PHP，内容包括什么是 PHP，PHP 发展趋势，适合 PHP 开发的工具软件，以及 PHP 应用范围和特点。如果想要进一步了解 PHP 的工作原理，还需要进一步学习 PHP 的环境搭建以及 Web 服务器的工作原理。本章还介绍了 PHP 的学习方法以及网站学习资源，对于初学者而言要熟练运用 HTML 语言。

本章的难点和重点是 PHP 的开发工具。初学者选择一款好的编辑工具有利于养成好的编码习惯，使得编程过程更加轻松和便捷，达到事半功倍的效果。

1. 编写一段 HTML 代码，显示一个简单网页，其中网页标题为："这是一张静态网页"，主题内容自定义。

2. 安装 PHP 开发工具 Dreamweaver 工具，设置 Web 站点。

3. 熟练使用 PHP 开发工具 NotePad++编辑器。

4. 编写一张 PHP 程序，程序代码如下所示：

```
<!DOCTYPE    html    PUBLIC    "-//W3C//DTD    XHTML    1.0    Transitional//EN"
"http://www.w3.org/TR/xhtml1/DTD/xhtml1-transitional.dtd">
<html xmlns="http://www.w3.org/1999/xhtml">
    <head>
        <meta http-equiv="Content-Type" content="text/html; charset=utf-8" />
        <title>无标题文档</title>
    </head>
    <body>
    <?php
            echo "今天是".date("Y年m月d日");
        ?>
    </body>
</html>
```

第 2 章　PHP 的环境搭建

在开始学习任何一门编程语言之前，都需要搭建和熟悉开发环境。进行 Web 程序开发，除了安装 PHP 程序库外，还需要安装 Apache 服务器、数据库以及一些扩展。PHP 能够运行在 Windows、Linux、Unix 以及 Mac OS 主流的操作系统。PHP 环境的搭建可以有多种方式，常用的有源代码安装和集成环境。采用源代码方式安装环境，就算是一个高水平的 PHP 程序员，根据项目需求去设计需要安装的功能模块，也需要一两天的时间。对于初学者，如果采用这种方式安装环境，会浪费不必要的时间，如果多次都没有安装成功，更会影响学习的勇气和兴趣。笔者建议，对于初学者可以选择集成环境来搭建 PHP 的开发环境，如 WampServer、AppServ 软件，这种方式对初学者来说不需要基础，可以在 1 个小时内将 PHP 工作环境搭建完成。

本章对 PHP 环境的搭建和系统的配置做一个简单的介绍，包括 WAMP 环境和 LAMP 环境的介绍，WampServer 集成环境的搭建以及 Apache 服务器、MySQL 服务器、WWW 目录的配置等内容。

- ➢ 了解什么是 WAMP 环境
- ➢ 了解什么是 LAMP 环境
- ➢ 掌握 WampServer 集成环境的搭建方法
- ➢ 掌握 WWW 目录的配置
- ➢ 掌握 Apache 服务器的配置
- ➢ 掌握主目录的设置

引导案例

某软件科技有限公司承接了一个网站开发项目，项目要求采用 PHP 程序来完成，并能在 Windows 和 Linux 操作系统下运行。项目经理要求开发工作人员在项目编码的前一天，要搭建好 PHP 的开发环境，于是项目开发工作人员开始搭建 PHP 的开发环境。开发环境采用两种架构，分别是 WAMP 架构和 LAMP 架构。WAMP 网站架构包括 Windows 操作系统、Apache 服务器、PHP、MySQL 数据库服务器；LAMP 网站架构包括 Linux 操作系统、Apache 服务器、MySQL 数据库以及 PHP 编程语言。

📖 **相关知识**

2.1　学习 PHP 前的准备工作

在安装 PHP 开发环境之前，先了解动态网站开发所需的 Web 构件以及 PHP 开发环境对硬件设备、操作系统、数据库服务器的需求。

2.1.1　动态网站开发所需的 Web 构件

动态网站开发需要多种开发技术结合在一起使用，每种技术相对独立而且又要相互配合才能完成一个动态网站的开发。对于初学者，要了解以下 Web 构件。

➢ 客户端不同浏览器（IE 浏览器、Firefox 浏览器、Google 浏览器）。

➢ HTML 标记语言。

➢ CSS 层叠样式表。

➢ 客户端脚本编程语言 Javascript 等。

➢ Web 服务器 Apache。

➢ 服务器端编程语言 PHP、ASP、JSP 等。

➢ 数据库 MySQL、SQL Server、Oracle。

1. 浏览器

浏览器是显示网页或者档案系统内的文件，并让用户与这些文件交互的一种软件。它用来显示在万维网或局部局域网络等内的文字、影像及其他资讯。这些文字或影像，可以是连接其他网址的超链接。网页一般是超文本标记语言 HTML 的格式。有些网页需特定的浏览器才能正确显示。手机浏览器是运行在手机上的浏览器，可以通过"通用分组无线电业务"（英文缩写：GPRS）进行上网浏览互联网内容的。

➢ IE 浏览器

IE 浏览器是微软公司推出的，是当今最流行的浏览器。它发布于 1995 年，是 Windows 操作系统中默认的浏览器，现在有很多版本，如 IE6、IE7、IE8、IE9、IE10 等，最新版本已经到 IE13。

➢ Firefox 浏览器

Firefox 中文名通常称为"火狐"或"火狐浏览器"，是一个开源网页浏览器，使用 Gecko 引擎（非 IE 内核），支持多种操作系统如 Windows、Mac 和 Linux。Firefox 由 Mozilla 基金会与社区数百个志愿者开发。

➢ Google 浏览器

Google Chrome，又称 Google 浏览器，是一个由 Google（谷歌）公司开发的网页浏览器。该浏览器基于其他开源软件所撰写。目前有 Windows、Mac OS X、Linux、Android、iOS 以及 Windows Phone 版本提供下载。2013 年 9 月，Chrome 已达全球份额的 43%，成为使用最广的浏览器。2014 年 2 月，谷歌在 PC 版 Chrome 中整合了语音搜索功能。

2. HTML 超文本标记语言

HTML（Hyper Text Mark-up Language）即超文本标记语言，是构成网页文档的主要语言。HTML 语言主要是通过各种"标记"来标识文档的结构和超链接、图片、文字、段落、表单等信息，通过浏览器读取 HTML 中这些标签来显示页面，形成用户的操作界面。HTML 在浏览器显示效果和源文件，如图 2-1 所示。

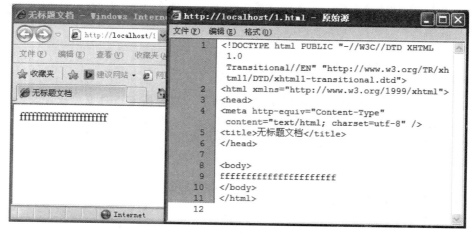

图 2-1 HTML 在浏览器显示效果以及源文件

3. CSS 叠成样式

CSS 样式是一种用来表现 HTML（标准通用标记语言的一个应用）或 XML（标准通用标记语言的一个子集）等文件样式的计算机语言。如果要对页面进行更好的布局和美化，则需要采用 CSS 样式来实现。目前 CSS 广泛使用的版本是 CSS2，但是 CSS 最新版本为 CSS3，新版本中能够做到网页表现和内容分离，它支持几乎所有的字体、字号、样式，拥有对网页对象和模型样式编辑的能力，并能够设计网页的交互。网页中 CSS 样式的使用如图 2-2 所示。

图 2-2 网页中的 CSS 样式

4. 客户端脚本编程语言 JavaScript

HTML 用来在页面中显示数据，而 CSS 用来对页面进行布局和美化，客户端脚本语言 JavaScript 则是对因特网浏览器行为进行编程，用来编写网页特效，能够实现用户和浏览器之间的互动。JavaScript 是为网页设计者提供的一种编程语言，能对事件进行反映，可以修改 HTML、元素的属性并被用来验证数据。JavaScript 在网页中的应用如图 2-3 所示。

图 2-3　JavaScript 在网页中的应用

2.1.2　LAMP 环境介绍

LAMP 是基于开源产品的 Web 架构，在 1998 年 Michae Kunze 写了一篇论文，创建了 LAMP 这个名词。LAMP 是 PHP 的一种开发环境，它是一种组合。主要包含了 Linux 操作系统、Apache 服务器、MySQL 数据库和 PHP 语言。根据 PHPChina 资料统计，在 Alexa 排名中国前 200 名的网站中 61% 都采用的 LAMP 架构，包括腾讯、百度、雅虎、新浪、搜狐、Tom 等一些 IT 巨头公司，LAMP 架构已经成为互联网行业一盏真正的明灯。

1. Apache 服务器

Apache 一直以来都是世界排名第一的 Web 服务器软件，它的市场占有率为 60%。其特点是简单、速度快、性能稳定，并能支持多种方式的 HTTP 认证，支持 SSL 技术。它跟 Linux 系统一样都是开源的自由软件，成功源于两个原因，一是源代码开源，有一支开放的开发队伍；二是支持跨平台的应用，可以运行 UNIX、Linux、Windows 等系统平台，有超强的可移植性，所以 Apache 服务器是作为 Web 服务器的最佳选择。

图 2-4　Apache 图标

2. MySQL 数据库

MySQL 数据库是一个开放源代码的软件，MySQL 数据库系统使用最常用的结构化 SQL 进行数据查询，是一个多线程、多用户的数据库服务器。MySQL 可以在 UNIX、Linux、Windows 和 Mac OS 等大多数操作系统中运行。MySQL 可以与 C、C++、Java、PHP、Python、Ruby 等多种程序语言结合，来开发 MySQL 应用程序，其中与 PHP 的结合非常完美。MySQL 运行非常稳定并且性能优越。

3. PHP 编程语言

PHP 是 "Hypertext Preprocessor" 的缩写，即 "超文本预处理器"，是一种服务端可以嵌入 HTML 中的脚本语言，是 Web 应用程序的理想工具。PHP 需要安装 PHP 应用程序服务器去解释执行，也是一个开源的软件。目前 PHP 与 Apache 和 MySQL 组合已经成为 Web 服务器的一种配置标准。

PHP 程序可以做什么？

PHP 主要是用于服务端的脚本程序，因此，可以用 PHP 来完成任何其他的 CGI 程序能够完成的工作。它主要用于以下三个领域。

➢ 服务端脚本

这是 PHP 的主要目标领域。

➢ 命令行脚本

可以编写一段 PHP 脚本，不需要任何服务器或者浏览器来运行它，仅仅需要 PHP 的解释器来执行就可以了。

➢ 编写桌面应用程序

对于有着图形界面的桌面应用程序来说，PHP 或许不是一种最好的语言，但是可以用 PHP-GTK 来编写这些程序。用这种方式，还可以编写跨平台的应用程序，PHP-GTK 是 PHP 的一种扩展，在通常情况下，PHP 并不包含它。

2.1.3　WAMP 环境介绍

WAMP 也是 PHP 的一种开发环境，它主要由 Windows 操作系统、Apache 服务器、MySQL 数据库以及 PHP 语言组成。WAMP 拥有越来越高的兼容性，共同组成一个强大的 Web 应用程序平台。

2.2　集成环境 WampServer 的搭建

WampServer 是国外知名的 Apache+PHP+MySQL 数据库的整合安装软件,也叫集成环境。它具有很多的优点,可以免去开发人员烦琐的环境配置过程,从而提高环境搭建的效率,使得开发人员腾出更多的精力去做网站开发工作。它在 Windows 操作系统下将 Apache 服务器、PHP 程序以及 MySQL 数据库集成起来,可以通过简单的图形界面和菜单方式进行安装和配置,对于 PHP 中的扩展和 Apache 模块的使用,通过【开启】/【关闭】就可以实现,开发人员不用亲自去修改配置文件。总的来说,WampServer 具有安全性高、版本稳定性好、操作简单等特点。

WampServer 的安装过程步骤如下:

【步骤 1】　下载 WampServer 软件

登录到 WampServer 的官方网站,网址为 http://www.wampserver.com/en/,选择 DownLoad 下载 WampServer,目前该软件的版本为 2.4。

图 2-5　下载 WampServer

【步骤 2】　选择版本

根据自己操作系统的性能,选择软件版本。

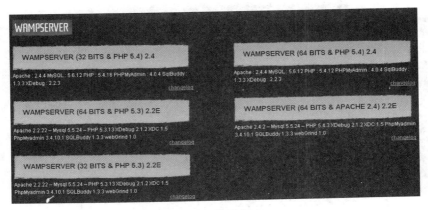

图 2-6　选择版本

【步骤 3】 选择下载

图 2-7　点击下载

【步骤 4】 安装 WampServer

点击 WampServer📦 Wampserver2.4-x86.exe 的安装文件，就可以安装 WampServer 集成环境了，在安装过程中根据安装向导进行选择。

（1）选择同意接受和设置安装路径，见图 2-8。

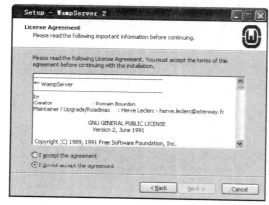 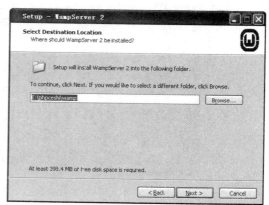

图 2-8　选择 "I accept the agreement" 和设置安装路径

（2）创建快捷方式和桌面图标，见图 2-9。

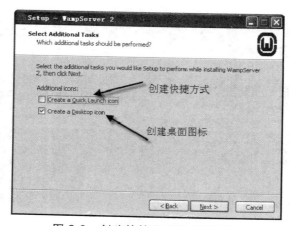

图 2-9　创建快捷方式和桌面图标

这样 WampServer 就安装好了。安装好以后就可以直接启动了，默认语言是英文，可以通过设置修改为中文。

【步骤 5】　启动 WampServer

点击桌面 WmapServer 的快捷图标，就可以启动了。启动后在任务栏的右下角就会有 WampServer 的小图标。WampServer 默认语言是英文，为了操作便捷，我们可以把默认语言设置为中文。点击任务栏的■小图标，单击右键，选择【english】/【chinese】，就可以设置默认语言。操作如图 2-10 所示。

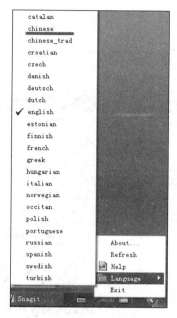

图 2-10　设置默认语言为中文

接下来，启动 WampServer，点击 WampServer【■】小图标，选择【Localhost】，操作如图 2-11 所示。在默认浏览器中显示如图 2-12 所示，则说明 WampServer 安装好了。

图 2-11　选择 Localhost

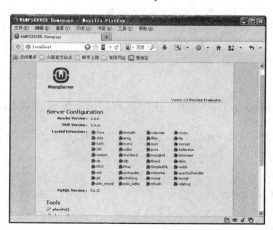

图 2-12　浏览器运行界面

📖 实战案例

案例 1：WWW 目录的配置

WampServer 安装完成之后，其默认的 WWW 目录在程序安装所在文件夹的 www 文件夹中。在实际的项目开发中，默认的 WWW 目录不是我们想要的目录，可以重新配置来更改 WWW 目录的路径。假设 Web 站点主目录为 E:\phpceshi\web，配置过程如下。

【步骤 1】 寻找安装程序文件夹中的 Scripts 文件夹中的 config.inc.php 文件

WampServer 的安装路径为 Wamp 文件夹，在该文件夹中找到 Scripts 文件夹，在该文件夹中找到 config.inc.php 文件，如图 2-13 所示。

图 2-13　寻找 config.inc.php 文件

【步骤 2】 修改 config.inc.php 中 $wwwDir 的值

把找到的 config.inc.php 文件采用记事本方式打开，在打开的文件中查找 $wwwDir，通过【Ctrl+F】快捷键方式查找。如图 2-14 所示，找到的结果为 "$wwwDir=$c_installDir.'/www'"，代表的意思是 www 目录的默认路径为安装环境下的 www 文件夹。接下来修改 $wwwDir 的值。

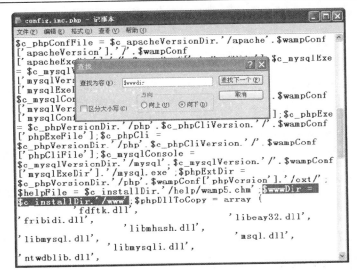

图 2-14　找到 $wwwDir

【步骤 3】　修改 $wwwDir 的值为 Web 站点主目录 E:\phpceshi\web

在 config.inc.php 文件中找到了 $wwwDir，将其值改为 Web 站点主目录，修改内容为 " $wwwDir='E:/phpceshi/web' "。操作过程如图 2-15 所示。

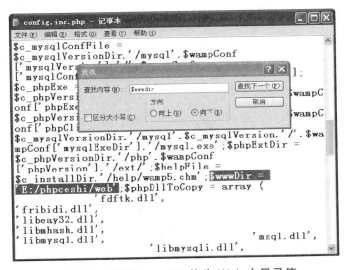

图 2-15　修改 $wwwDir 值为 Web 主目录值

注意

1. Web 主目录文件夹名称不能使用中文名称。

2. 修改 config.inc.php 文件中的 $wwwDir 中的值时，路径的写法如下：

在 Windows 操作系统中文件路径的写法为：E:\phpceshi\web。

在 config.inc.php 文件中 $wwwDir 中文件路径的写法为：**E:/phpceshi/web**。

【步骤 4】 测试 www 目录配置是否成功

将配置好的 config.inc.php 文件进行保存，重启 WampServer 服务。操作方法，点击 WampServer 小图标左键，选择【重新启动所有服务】，操作如图 2-16 所示。WampServer 重启后，选择【www 目录】，打开的文件夹是否为重新配置的 web 主目录文件夹，操作过程如图 2-17 所示，如果是，则表明 www 目录配置成功；否则配置失败。

图 2-16　重新启动服务

图 2-17　打开 www 目录

案例 2：Apache Web 服务器的配置

WampServer 集成环境安装好了，Apache 服务器也安装好了，就能直接支持 PHP 页面。Apache 服务器是 Web 服务器的一种，它是世界使用排名第一的 Web 服务器软件。在这里可以对主目录的路径、主页以及虚拟目录进行设置。以主目录 E:\phpceshi\web 为例，设置主目录操作过程如下：

【步骤 1】 找到 Apache 下的 httpd.conf 文件

启动 WampServer 软件，在任务栏中点击 WampServer【 ■ 】小图标，选择【Apache】下的 httpd.conf 文件。操作过程如图 2-18 所示。

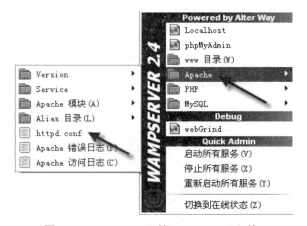
图 2-18　Apache 下的 httpd.conf 文件

【步骤 2】　修改 httpd.conf 文件下的 DocumentRoot

　　用记事本打开 httpd.conf 文件，在文件中查找"DocumentRoot"，注意前面没有"#"号，在打开的文件中去查找 $DocumentRoot，通过【Ctrl+F】快捷键方式查找。DocumentRoot 修改其值为"E:/phpceshi/web/"，保存 httpd.conf 文档。操作过程如图 2-19 所示。

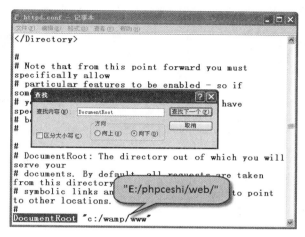

图 2-19　修改 DocumentRoot 的值

注意

　　修改 httpd.conf 文件中的 documentRoot 的值，改为主目录路径"**E:/phpceshi/web**"，其中斜线用"/"。

【步骤 3】　继续在 httpd.conf 中修改 directory

　　继续在 httpd.conf 中查找 directory，修改其值为主目录路径"E:/phpceshi/web/"，保存 httpd.conf 文档。操作过程如图 2-20 所示。

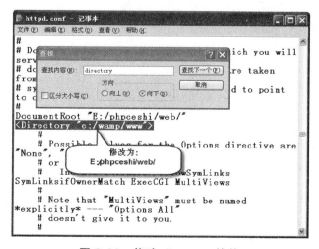

图 2-20　修改 directory 的值

【步骤4】 重启服务

保存修改好的 httpd.conf 文档后，重新启动 WampServer 服务，在任务栏中点击 WampServer【 ■ 】小图标，选中【Localhost】，这时观察浏览器的显示页面是否有变化，显示是否为主目录的文件列表。如果浏览器显示为主目录的文件列表，则说明 Apache 站点的主目录配置成功，否则配置失败，如图 2-21 所示。

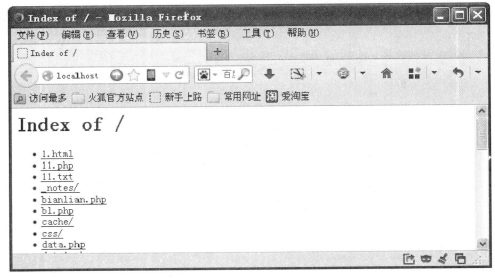

图 2-21　浏览器显示效果

案例3：网站首页设置

网站的起始页通常也叫首页。当打开网站时，首先看到的页面就是网站的首页。网站起始页面常用为 index.php、index.html、index.html、defaul.html、index.asp、index.jsp 等。WampServer 默认的网站起始页面有 index.php、index.php3、index.html、index.htm，当用户访问服务器时，Apache Web 服务器会自动在 Web 的主目录里去寻找列表里匹配的文件名，并按照优先级高低返回给客户。如 Web 主目录里有 index.php、index.html 文件，这时 Apache Web 服务器会执行 index.php 而不是 index.html，并将执行结果传送给用户。Apache 服务器允许用户自己定义起始页的文件名和优先级。设置方法如下：

【步骤1】 打开 httpd.conf 文件

与上一节方法一样，在任务栏中点击 WampServer【 ■ 】小图标，选择【Apache】下的 httpd.conf 文件，用记事本打开。

【步骤2】 找到 DirectoryIndex，在后面添加主页的文件名，用空格隔开

在 httpd.conf 文件中，找到 DirectoryIndex，在后面通过添加主页文件名，名称之间用空格隔开。主页的优先级按从左到右依次递减。

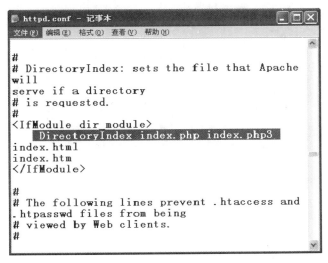

图 2-22　设置主页

案例 4：设置虚拟目录

在实际工作中，Web 服务器除了设置 Web 主目录外，有时还需要设置虚拟目录。虚拟目录不出现在 Web 目录列表中，一般情况下将虚拟目录设置到不同的文件夹中，这个文件夹不在 Web 主目录中，虚拟目录通过映射同样达到相同的效果。用户要访问虚拟目录，必须知道虚拟目录的别名，并在浏览器中输入 URL 地址，还可以在页面中创建超链接。在 WampServer 环境中虚拟目录设置过程如下：

【步骤 1】　选择【Apache】/【Alias 目录】

在任务栏中点击 WampServer 图标，选择【Apache】/【Alias 目录】。操作过程如图 2-23 所示。

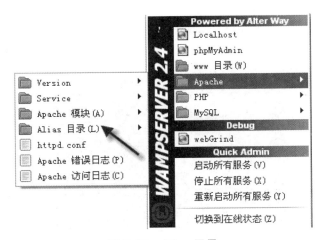

图 2-23　Alias 目录

【步骤2】　添加"Alias"虚拟目录

在【Alias】中选择【添加一个 Alias】，操作如图 2-24 所示。

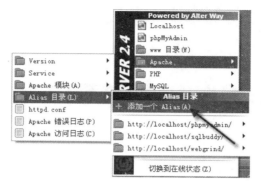

图 2-24　添加一个 Alias

【步骤3】　设置虚拟目录的别名

选择【添加一个 Alias】后，接下来设置虚拟目录的别名，操作如图 2-25 所示。

图 2-25　输入虚拟目录别名

【步骤4】　设置虚拟目录的路径

接下来设置虚拟目录的实际路径，以"e:/news/"为例，此处需注意，路径中的斜线用正斜线。操作如图 2-26 所示。

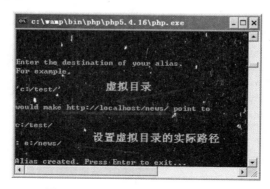

图 2-26　设置虚拟目录实际路径

【步骤 5】　重启 Apache Web 服务器

要使虚拟目录生效，必须重新启动 Apache Web 服务器。选择【 Apache 】/【 Alias 目录 】，查看新建的虚拟目录，操作过程如图 2-27 所示。

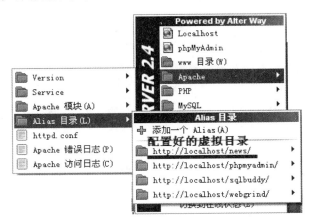

图 2-27　设置好的虚拟目录

案例 5：phpMyAdmin 的使用

WampServer 集成环境，包括了 phpMyAdmin。phpMyAdmin 是一个以 PHP 为基础的、采用 Web-Base 架构在网站主机上的 MySQL 的数据库管理工具，使用者可以直接通过 Web 接口管理 MySQL 数据库。phpMyAdmin 是通过 Web 服务器执行的，你可以在任何地方任何时间通过 Web 服务器去管理 MySQL 数据库。

打开 phpMyAdmin 的方式，直接点击任务栏中 WampServer 的小图标，选择 phpMyAdmin 就可以了，进入了 phpMyAdmin 的登录界面，输入用户名和密码。其中用户名为 root，密码为空，如图 2-28、图 2-29 所示。

图 2-28　打开 phpMyAdmin

图 2-29　登录 phpMyAdmin 界面

用户名和密码输入正确后，进入 phpMyAdmin 界面，如图 2-30 所示。

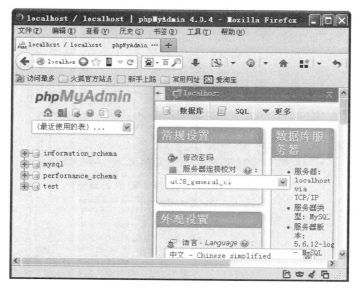

图 2-30 phpMyAdmin 界面

未经过配置的 phpMyAdmin 是很不安全的，很容易受到攻击，或者根本不能正常使用。修改 MySQL 数据库用户名和密码的方法很多，可以直接通过 phpMyAdmin 来修改用户名和密码，操作方法如下：

【步骤 1】 打开 phpMyAdmin 选择【用户】

单击 phpMyAdmin 主页面中的超链接，选择【用户】，就可以进入用户操作界面，如图 2-31 所示，在该页面中，拥有添加用户、删除用户、编辑用户等权限的操作。

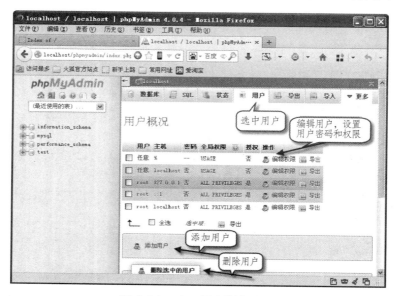

图 2-31 php 用户操作界面

【步骤 2】　修改 root 用户登录密码

选择修改用户 root，选择【编辑权限】，在该页面中找到【修改密码】，选中【密码】，输入新密码。操作界面如图 2-32 所示。

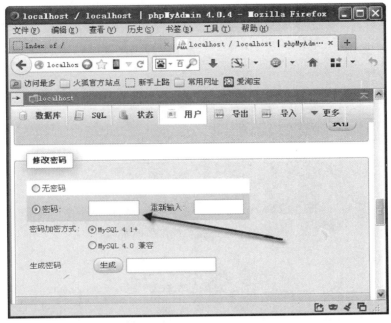

图 2-32　设置用户密码

【步骤 3】　如果是火狐浏览器，清除历史记录

如果是火狐浏览器，在菜单栏【历史】菜单中，选择【清除最近的历史记录】，清除全部历史记录，如图 2-33 所示，然后关闭 phpMyAdmin。

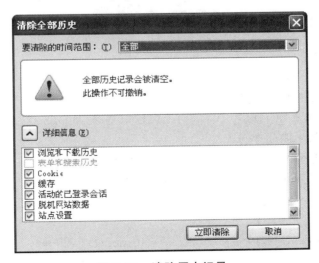

图 2-33　清除历史记录

【步骤4】　重新打开 phpMyAdmin，输入用户名和新密码

重新打开 phpMyAdmin，页面显示为输入用户名和密码，能成功进入 phpMyAdmin 界面，说明密码修改成功。如图 2-34 所示。

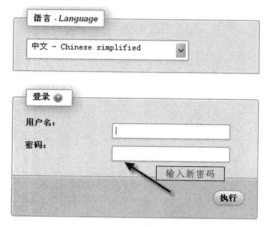

图 2-34　用户名和修改后的密码

本章主要内容包括 Web 的构建介绍，如 Apache 服务器、浏览器、MySQL 数据库等；WampServer 集成环境的安装。通过实战案例，详细介绍了 Apache Web 服务器的配置、WWW 目录的配置、虚拟目录的设置、主页的设置、phpMyAdmin 通过 Web 服务器管理 MySQL 的操作方法。

1. 列举 5 种浏览器。

2. 简述 LAMP 架构的组成。

3. 简述 WAMP 架构的组成。

4. 在 WampServer 官网下载适合自己电脑配置版本的 WampServer，并安装 WampServer 软件，测试 Apache 服务器是否能正常运行。

5. 在 E 盘下创建 phpweb 文件夹，该文件夹将成为 Web 站点的主目录，通过配置 WWW 目录和 Apache Web 服务器，设置 E:/phpweb 目录为 Web 主目录。

6. 在 E 盘根目录下，创建一个文件夹 News，设置该目录为 Apache 的虚拟目录，虚拟目录别名为 news。

7. 通过 phpMyAdmin，修改 MySQL 数据库中 root 账户的密码，密码自定。

第 3 章　PHP 语言基础

通过前面两个章节的学习，读者对 PHP 的概念以及如何搭建 PHP 开发环境已经有一个了解。本章将在搭建的环境中，开始着手学习 PHP 语法基础，编写简单的 PHP 程序。

不管是一窍不通的"菜鸟"，还是经验丰富的"高手"，没有扎实的基础都是不行的。本章主要是为后续的编程打好一个扎实的基础。PHP 易学、易用，但基础很重要，随着知识的深入，PHP 会越来越难，基础的重要性就更加明显。

- ➤ 了解 PHP 的标记风格
- ➤ 掌握 PHP 的注释的三种方式
- ➤ 掌握 PHP 的各种数据类型
- ➤ 了解 PHP 的各种运算符
- ➤ 掌握 PHP 的各种表达式
- ➤ 了解 PHP 的编码规范

📖 引导案例

学习一门语言，首先要学习这门语言的语法，PHP 也不例外。本章既是 PHP 的基础，也是 PHP 的核心内容。不管是网站制作，还是应用程序开发，没有扎实的基本工夫是不行的。在项目中开发一个功能模块，如果一边编写程序，一边查看手册，需要花 20 天时间，那么一个基础好的程序员只需要 3 ~ 5 天，甚至更少的时间。为了以后提高用 PHP 语言开发 Web 程序的效率，现在就要从基础学习，打好坚实的 PHP 语言基础。本章节中将引入多个案例，通过这些案例的分析和学习，加深读者对 PHP 语法的记忆。

📖 相关知识

3.1　PHP 的基本语言

语法是一门语言的基础。PHP 也有语法，它的基本语法主要包括其语言风格、标识符、注释和输出命令等。下面将详细介绍 PHP 的基本语言。

3.1.1 PHP 的标记风格

语言风格是一种编程语言形成的约定或者习惯，PHP 也有自己的一套书写习惯和约定，它在使用的时候一般是嵌套到 HTML 语言中，使用标签来区分 HTML 或 PHP 语言。PHP 一共支持 4 种标记风格，下面一一介绍。

1. XML 风格

```
<?php
    //echo 代表输出
    echo "这是一种 XML 标记风格"; //echo 表示输出
?>
```

XML 风格的标记是本书所使用的标记，也是推荐使用的标记，服务器是不能禁用的，这种风格在 XML、XHTML 都可以使用。

2. 脚本风格

```
<script language="php">
    //echo 代表输出
    echo "这是一种脚本风格";
</script>
```

3. 简短风格

```
<? echo "这是简短风格";?>
```

4. ASP 风格

```
<%
    echo "这是简短风格";
%>
```

> **注意**
>
> 在 PHP 四种标记风格中，这里推荐使用 XML 风格的标记，原因是一种编码的规范。
> 在 PHP 四种编码风格中，其中简短风格和 ASP 风格，需要在 PHP.ini 配置文件中进行设置，该文件在系统文件 Windows 目录下，如操作系统在 C 盘，那么该文件的位置为 c:\Windows\php.ini，打开 php.ini 文件，找到 short_open_tag 和 asp_tags，设置为 on，接着重新启动 Apache 服务器就可以了。

示例 3-1

打开 DreamWeaver 软件，在站点主目录下新建一张 PHP 程序文件，其中站点主目录在上一章节已经配置好了，保存文件取名为 3_1.php，在该文件中键入如下程序代码。

```
<!DOCTYPE    html    PUBLIC    "-//W3C//DTD    XHTML    1.0    Transitional//EN"
"http://www.w3.org/TR/xhtml1/DTD/xhtml1-transitional.dtd">
    <html xmlns="http://www.w3.org/1999/xhtml">
```

```
<head>
<meta http-equiv="Content-Type" content="text/html; charset=utf-8" />
<title>无标题文档</title>
</head>

<body>
<?php
    //echo 表示输出，输出的内容"第一个 PHP 程序文件，今天是:"
    echo "第一个 PHP 程序文件，今天是:";
    //date 是时间函数，输出的时间格式为****年**月**日
    echo date('Y 年 m 月 d 日');
?>
</body>
</html>
```

【运行过程与结果】 启动 WampServer 集成环境，打开浏览器 IE 或者其他浏览器，在浏览器地址栏中，键入地址 http://localhost/3_1.php，查询运行结果，效果如图 3-1 所示。

图 3-1 运行效果

【代码解析】 在程序中利用 "<?php ?>" 标记的是 PHP 程序，其他是 HTML 标记语言，在 PHP 代码中 "echo" 代表是输出函数，"echo date('Y 年 m 月 d 日')" 这句代码表示 date 是时间函数，输出的时间格式为****年**月**日。

3.1.2 PHP 的分隔符

PHP 的指令分隔符是表示一条 PHP 语句的结束，也称为结束符。在 PHP 中每写完一条 PHP 语句用 ";" 分号进行分割并进行强制结束。如果是固定的语句，则用 "}" 大括号来进行结束。

```php
<?php
    //定义变量a，赋值为true
    $a=true;
    if($a){
        echo "固定语句使用}作为结束符号";
    }
?>
```

3.1.3 PHP 的注释方式

在 PHP 的程序中，加入注释的方式很灵活。建议读者养成良好的注释书写习惯，这对任何语言汇总都是一样的。对于一段在几个月前写的程序，即使程序编写者自己也会忘记其中的关键步骤或者算法，适当地添加注释可以帮助人对程序的理解和读写。

在 PHP 中注释的方式有以下几种：

➢ //：双斜线方式（单行注释）；

➢ #：井号注释（单行注释）；

➢ /*和*/：斜线配合星号注释（多行注释）。

```php
<?php
    $a=true;       //定义变量a，赋值为true
    if($a){
        echo "固定语句使用}作为结束符号";    //单行注释，echo 输出语句
    }
    /*多行注释，下列代码实现a+b运算，并把运算结果输出来
    $n=12;
    $b=13;
    echo $n+$b;
    */
?>
```

注意

注释符将不会被解析，服务器执行脚本语言时也不会受影响，用户要养成使用注释符对代码进行简要说明的习惯，便于程序的读写。

3.1.4 使用 echo 输出

PHP 中 echo 表示输出函数，可以输出一个或者多个字符串。它的语法：echo Strings。echo 的具体用法可以通过示例 3-2 来说明。

示例 3-2

```php
<?php
    //定义一个字符串变量 $str
    $str = "我个一个字符串变量";
```

```
//输出$str 变量，注意这里没有用引号
echo $str;
//输出了 html 代码，注意这里用了引号
echo "<hr />";
//同时输出了$str 和 html 以及字符串，注意变量与字符串之间用了连接符号.或者，
echo $str."<hr/ />我与 HTML 代码同时输出";
$b=12;
//同时输出了 str 和 b 变量，注意变量与变量同时输出之间用了连接符号. 或者，
echo "<hr/>".$str.$b
?>
```

【运行过程与结果】　　如图 3-2 所示。

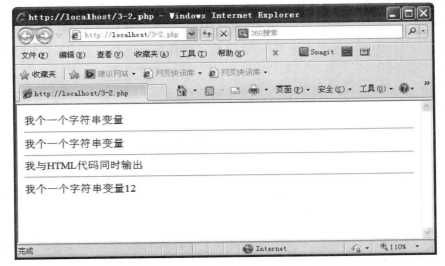

图 3-2　示例 3-2 运行结果

【总结】　　关于输出，总结一些小窍门，字符串输出用""双引号或者''单引号引起来，变量直接输出，变量与变量同时输出中间用连接符号"."或者"，"，变量与字符串同时输出中间也需要用连接符号"."或者"，"，HTML 标记语言输出，需要用""双引号或者''单引号引起来。

关于单引号和双引号的区别，单引号里的变量和运算符不会被解释，原样输出；而双引号里的会解释为相应的内容。

注意

echo 实际上不是一个函数，因此您无需对其使用括号。不过，如果希望向 echo() 传递一个或多个参数，那么使用括号会发生解析错误。提示：echo 比 print 快一点点。

3.1.5　使用 print 输出命令

print 也表示输出一个或多个字符串，它的使用方式与 echo 类似，用下列代码来说明它的使用方法。

```php
<?php
    $str = "Who's John Adams?";
    print $str;
    print "<br />";
    print $str."<br />I don't know!";
?>
```

print 实际上不是函数，使用时不必对它使用括号。它的运行速度要稍慢于 echo。

3.1.6　PHP 的语法标识符

什么叫语法标识符？简单来说就是程序员为程序中的变量、常量、函数、类或者方法取的名称。而这些名称的取名有一定的规则，规则为标识符只能由字母（所有英文字符，以及 ASCII 码值 127 ~ 255 之间的所有字符）、数字和下划线来组成，并且标识符只能以字母或者下划线开头。程序员在定义这些标识符时，注意不要与 PHP 内置的关键字重名，避免冲突。PHP 的标识符与其他程序语言的标识符要求是一致的。

PHP 内置关键字如表 3-1 所示，该表中标注了那些 PHP5 以上版本新增的关键字。

表 3-1　PHP 的内置关键字

and	or	xor	__FILE__	exception (PHP 5)
__LINE__	array()	as	break	case
class	const	continue	declare	default
die()	do	echo	else	elseif
empty()	enddeclare	endfor	endforeach	endif
endswitch	endwhile	eval()	exit()	extends
for	foreach	function	global	if
include	include_once	isset()	list()	new
print	require	require_once	return	static
switch	unset()	use	var	while
FUNCTION	class	METHOD	final (PHP 5)	php_user_filter (PHP 5)
interface (PHP 5)	implements (PHP 5)	extends	public (PHP 5)	private (PHP 5)
protected (PHP 5)	abstract (PHP 5)	clone (PHP 5)	try (PHP 5)	catch (PHP 5)
throw (PHP 5)	cfunction (PHP 4 only)	this (PHP 5 only)		

3.2　PHP 数据类型

在 PHP 语言中可以支持多种数据类型，主要包括 8 种数据类型，分别是四种标量类型 string（字符串）、integer（整型）、float（浮点型也叫 double）、boolean（布尔类型）；两种复合类型 array（数组类型）、object（对象）；最后两种特殊类型 resource（资源）、NULL（空值）。

3.2.1　标量数据类型

标量数据类型是数据结构中最基本的单元，只能存储一个数据。在 PHP 中标量的数据类型有 4 种。

1. 布尔型（boolean）

布尔型也叫逻辑型，它保存一个 true 值或者一个 false 值。它是 PHP4 中新增的数据类型，通过用在判断中，设置一个布尔类型的变量，赋值为 true 或 false 即可。

示例 3-3

boolean 类型赋值，代码如下：

```php
<?php
    $a=true;    //定义 a 变量，赋值为 true
    $b=false;   //定义 b 变量，赋值为 false
    echo $a."</br>";
    echo $b."<br/>";
?>
```

【运行效果】　当布尔类型变量为 true 时，输出的结果为 1；当布尔类型变量为 false，则没有输出。如图 3-3 所示。

图 3-3　布尔类型输出结果

示例 3-4

通过 boolean 类型来判断，代码如下：

```php
<?php
    $a=true;      //定义 a 变量，赋值为 true
    if($a)
        echo "a 变量的结果为 true";
    else
        echo "a 变量不为真";
?>
```

【运行效果】　a 变量的结果为 true。

注意

在 PHP 中不是只有 boolean 类型的值为假，在一些特殊的情况下非 boolean 类型的值也被认为是假。这些情况有：

0、0.0、"0"、空白字符串（""）、只声明没有赋值的数组等。

2. 字符串型（string）

字符串是连续的字符序列，由数字、字符和符号组成。字符串中每个字符占用一个字符。在 PHP 中，字符串的定义方式有三种，分别是一对双括号、一对单括号之间的一串字符、界定符（<<<）。引号必须匹配，以单引号开始，必须以单引号结束；以双引号开始，必须以双引号结尾。定义格式如下：

```php
<?php
    //用双引号定义字符串
    $str="hello,我用双引号定义字符串变量";
    //用单引号定义字符串
    $str1='hello,我用单引号定义字符串变量';
?>
```

用双引号和单引号都可以定义字符串，它们的区别在哪里？双引号中包含的变量会自动被替换成实际数值，而单引号中包含的变量则按普通字符串输出。

在某些字符串内部可能会出现单引号或者双引号，如下列代码：

```php
<?php
    //字符串中包含单引号
    $str="hello,there ' are many thing '";
    //字符串中包含双引号
    $str1='hello,there "are many thing"';
?>
```

从上面代码中可以看出，字符串中可以包含单引号或者双引号。另外字符串中有时还需要使用特殊字符，可以用反斜线 "\" 表示。常见的特殊字符如表 3-2 所示。

表 3-2　常见的特殊字符

字符形式	功　　能
\n	换行并归 0
\br	换行
\t	跳格
\'	单引号
\"	双引号
\$	$符号
\r	回车

示例 3-5

分别给变量 a，b，c 赋予 hello\n，php\r
，How are you，含有特殊字符的字符串，输出变量，查看输出结果的变化。程序代码如下：

```php
<?php
    $a="hello\n";
    $b="php\r<br>";
    $c="How are you";
    echo $a.$b.$c;
    echo "<br/>";
?>
```

【代码解析】　"echo $a,$b,$c;"输出定义三个变量，赋值包含有特殊字符串。特殊字符串可以参照表 3-2 查阅，通过源文件查看其编译后的效果，如图 3-4 所示。

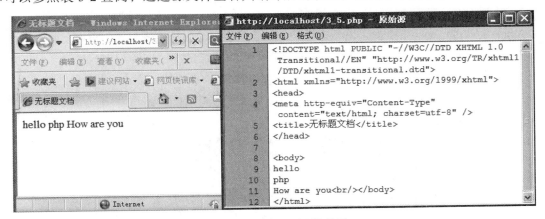

图 3-4　示例 3-5 运行效果

注意

在字符串定义时，采用单引号是一个更加合适的处理方式。如果使用双引号，PHP 将会花一些时间来处理字符串的转义和变量的解析。因此在定义字符串时，如果没有特别的要求应尽量使用单引号。

3. 整型

整型即为整数。在 PHP 中整型可以用十进制、十六进制或八进制的方式表示数值。如果是八进制，数字前面必须用 0；如果是十六进制，则需要加 ox。

示例 3-6

输出八进制、十进制、十六进制的结果，代码如下：

```php
<?php
    //定义一个十进制
    $str=1234567890;
    //定义一个十六进制
    $str1=0x12345678;
    //定义一个八进制
    $str2=0123456789;
    echo "<br/>输出十六进制：",$str1;
    echo "<br/>输出十进制：",$str;
    echo "<br/>输出八进制：",$str2;
    //比较十六进制与八进制
    if($str1==$str2){
        echo "<br/>数字相同的十六进制等于八进制";
    }else{
        echo "<br/>数字相同的十六进制与八进制不相同";
    }
?>
```

【代码解析】 "$str=1234567890; $str1=0x123456789; $str2=0123456789;"这段代码，定义了三个变量，分别是十进制、十六进制、八进制；"echo "
输出十六进制：",$str1; echo "
输出十进制：",$str; echo "
输出八进制：",$str2;"这段代码分别输出为十进制、十六进制、八进制，输出三个变量；"if($str1==$str2){echo "
数字相同的十六进制等于八进制";}else{echo "
数字相同的十六进制与八进制不相同";}"这段代码，比较十六进制与八进制，如果相同，则输出"数字相同的十六进制等于八进制"，否则输出"数字相同的十六进制与八进制不相同"。

【运行效果】 如图 3-5 所示。

图 3-5　示例 3-6 运行效果

注意

如果给定的数值超出了 int 型的最大范围，将会被当作 float 数据类型，这种情况称为整数溢出。如果表达式的运算结果超出了整数的范围，则会返回 float 数据类型。

4. 浮点型（float）

浮点数据类型可以用来存储小数也可以用来存储整数。它提供的精度比整数大很多，在 32 位的系统中，它的取值范围为 1.7E－38~1.7E+38。在 PHP4 版本以前，浮点类型叫 double 双精度浮点型，目前两者没有区别。

示例 3-7

设置浮点类型 $a，$b，$c 并对其输出，代码如下：

```php
<?php
    //定义一个浮点变量
    $n1=123.123;
    $n2=-123.123;
    //表示 1.23*10(-2)
    $n3=1.23e-2;
    $n4=1.23e3;
    echo "<br/>n1=",$n1;
    echo "<br/>n2=",$n2;
    echo "<br/>n3=",$n3;
    echo "<br/>n4=",$n4;
?>
```

【代码解析】　定义 4 个浮点变量，其中"$n3=1.23e-2;"这句代码表示定义 n3 变量赋值为 1.23×10^{-2}；"$n4=1.23e3;"表示，定义一个 n4 变量，赋值为 1.23×10^{3}；分别输出 4 个变量。

【运行效果】　如图 3-6 所示。

图 3-6　示例 3-7 运行效果

注意

浮点型的数值只是一个近视值，所以要尽量避免浮点型数值之间比较大小，因为最后的结果往往是不准确的。

3.2.2 复合数据类型

在 PHP 中，复合的数据类型主要包括两种类型，分别为数组和对象。

表 3-3 复合数据类型

类　型	说　明
array（数组）	一组类型相同变量组合
Object（对象）	对象类的实例，可以用 new 关键字来创建

1. 数　组

数组是一组数据的集合，把一系列数据组织起来，形成一组相同变量的整体。数组中可以包含多种数据类型，如标量数据、数组、对象、资源等。

在 PHP 中数组主要有两种类型索引数组和关联数组，本节只做简单的介绍，在第 5 章中进行详细的介绍。

数组中的每一个数据称为元素，其中索引数组中元素包括索引和值，关联数组中元素包括键名和值两部分。其中索引数组中的索引由数字组成，关联数组中的键名由字符串组成。

索引数组的定义方法如下：

```php
<?php
    //方法一：
    $a=array(12,13,'hello','上海',true);
    //方法二：
    $city[0]="北京";
    $city[1]="上海";
?>
```

关联数组定义方法如下：

```php
<?php
    //方法一：
    $a=array("id"=>1,"name"=>'张飞',"age"=>19);
    //方法二：
    $ages['Peter'] = "32";
    $ages['Quagmire'] = "30";
    $ages['Joe'] = "34";
?>
```

数组不仅包含一维数组，也包含多维数组。

2. 对　象

在 PHP5 中添加面向对象的思想，它的作用是使代码更加简单、更易于维护，并且具有更强的可靠性。对象是 PHP 中很重要的面向对象中的部分，对象的详细讲解在本书第 10 章。

3.2.3　特殊数据类型

特殊数据类型主要包括资源和空值两种，如表 3-4 所示。

表 3-4　特殊数据类型

类　　型	说　　明
resource（资源）	资源是一种特殊变量，也叫句柄，是保存外部资源的一个引用。它需要通过函数来调用
null（空值）	特殊的值，表示变量没有值，它唯一的值为 null

1. resource（资源）

资源 resource 是一种特殊的变量，它主要用于保存外部资源的一个引用。资源是通过专门的函数来建立和使用的。资源变量保存的类型有打开文件、数据库连接、图形画布区域等一些特殊的句柄，如资源函数 get_resource_type()。

示例 3-8

资源函数 get_resource_type()的使用。

```php
<?php
    $c = mysql_connect();
    echo get_resource_type($c)."\n";
    // 打印: mysql link
    $fp = fopen("foo","w");
    echo get_resource_type($fp)."\n";
    // 打印: file
    $doc = new_xmldoc("1.0");
    echo get_resource_type($doc->doc)."\n";
    // 打印: domxml document
?>
```

2. null（空值）

空值，顾名思义就是没有为该变量设置任何值。特殊的 NULL 值表示一个变量没有值，它不区分大小写，NULL 类型唯一可能的值就是 NULL。在下列情况中，一个变量被认为是 NULL：

➤ 被赋值为 NULL。

➤ 尚未被赋值。

➤ 被 unset()。

示例 3-9

null 空值的运用。

```php
<?php
    //定义变量 str1 为 null
    $str1=null;
    $str3='str';
    //is_null ( ) 函数式判断变量值是否为 null
    if(is_null($str1)){
        echo "str1=null";
    }
    //判断没有定义 str2 变量值是否为 null
    if(is_null($str2)){
        echo "str2=null";
    }
    //unset()函数表示注销变量，注销变量 str3
    unset($str3);
    //判断注销的 str3 变量值是否为 null
    if(is_null($str3)){
        echo "str3=null";
    }
?>
```

【代码解析】 在上列程序中，代码 " $str1=null;$str3='str';" 表示定义了两个变量，一个 str1 赋值为 null；一个变量为 str3，赋值为字符串 str；"if(is_null($str1)){echo "str1=null";}" 用条件语句判断 str1 变量是否为 null，在这里用到了 is_null()函数，这个函数的作用是判断变量是否为 null 值；接下来判断没有定义的 str2 变量是否为 null 值；代码 "unset($str3);" 表示注销 str3 变量，unset()函数的作用是注销变量，最后判断 str3 变量是否为空值。

【运行效果】 代码运行效果如图 3-7 所示。

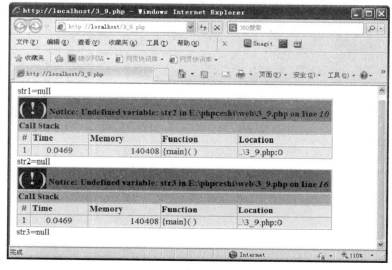

图 3-7　示例 3-9 运行效果

在运行结果页面中有两条 "(!) Notice: Undefined variable: str2 in E:\phpceshi\web\3_9.php on line 10" 警告语句，报错的原因 "Undefines variable" 表示有变量 str2 和变量 str3 没有定义。接下来如何修改代码呢？在程序代码中 "if(is_null($str2))" 和 "if(is_null($str3))" 条件里的变量 str2 和变量 str3 前分别加一个 "@" 符号，变为 " if(is_null(@$str2)) " 和 "if(is_null(@$str3))"，这样就可以避免 "Undefines variable" 错误了。修改代码如下：

```php
<?php
    //定义变量 str1 为 null
    $str1=null;
    $str3='str';
    //is_null ( ) 函数式判断变量值是否为 null
    if(is_null($str1)){
        echo "str1=null";
    }
    //判断没有定义 str2 变量值是否为 null
    if(is_null(@$str2)){
        echo "str2=null";
    }
    //unset()函数表示注销变量，注销变量 str3
    unset($str3);
    //判断注销的 str3 变量值是否为 null
    if(is_null(@$str3)){
        echo "str3=null";
    }
?>
```

重新运行代码，运行效果如图 3-8 所示。

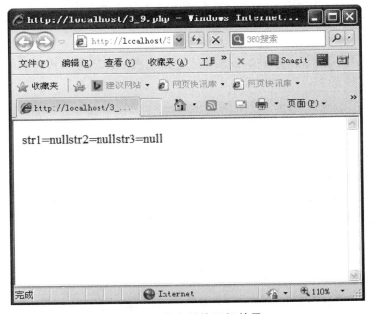

图 3-8　修改后的运行效果

3.2.4 转换数据类型

PHP 是弱类型语言，虽然很多时候不会注意到数据类型，当数据类型不符合逻辑时，PHP 会自动转换数据类型或者通过转换函数对数据类型进行转换。PHP 中类型转换跟 C 语言类似，可以在变量前面用 "( )" 将变量名括起来。

1. 允许转换的数据类型

允许转换的数据类型如表 3-5 中所列。

表 3-5　允许转换的数据类型

转换操作符	转换类型	示　例
(boolean)	转换为 boolean 类型	(boolean)$num、(boolean)$str
(string)	转换为字符型	(string)$bool、(string)$num
(integer)	转换为整型	(integer)$str、(integer)$bool
(float)	转换为浮点型	(float)$str
(array)	转换为数组	(array)$str
(object)	转换为对象	(object)$str

注意

在转换数据类型过程中应注意：
1. 转换 boolean 型时，null、0、未赋值的变量和数组会被转化为 flase，其他为 true；
2. 转换为整型时，bool 类型的 false 转为 0，bool 的 true 转为 1，浮点的小数被舍去，字符型如果是数字开头就截取到非数字位，否则转为 0。

2. 转换函数

转换函数还可以通过 settype() 函数来完成，该函数的作用是将指定的变量转换成指定的数据类型。语法格式如下：

```
bool settype(var,string type);
```

settype 函数中有两个参数，第一个参数表示要转换的变量名，第二个参数 type 表示要转换成什么数据类型，第二个参数 type 的可选值有 "boolean、float、integer、array、null、object、string"。如果转换成功则返回为 true，如果转换失败则返回为 false。

当字符串数据转换为整型或者浮点型时，如果字符串是数字开头的，先把数字转换为整型，再舍去后面的字符；如果数字中含有小数，会取到小数点前一位。

示例 3-10

转换数据类型综合示例，详细代码如下：

```php
<?php
    $s='123456 你好 89';
    $n='春天明媚,123go';
```

```
        //转换为 integer 类型
        echo "<br/>integer 转换为整型结果: ".(integer)$s;
        echo "<br/>原始的 s 变量为:",$s;
        //使用 settype()转换函数
        echo "<br/>settype() 转换函数结果: ",settype($s,"integer");
        //使用 settype()转换函
        echo "<br/>settype() 转换函数结果: ",settype($n,"integer");
        echo "<br/>原始的 s 变量为:",$s;
        echo "<br/>原始的 n 变量为:",$n;
    ?>
```

【代码解析】 代码 "settype($s,"integer")", 如果转换成功, 则结果为 true, 如果转换失败, 则结果为 false; 代码 "echo "
integer 转换为整型结果: ".(integer)$s;" 表示输出强制转换为整型的 s 变量的值。

【运行效果】 程序运行结果如图 3-9 所示。

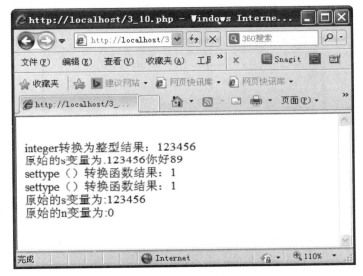

图 3-9　示例 3-9 运行结果

从示例 3-10 看出, 采用 integer 强制转换后的变量类型, 原变量不会发生改变, 采用 settype() 转换函数, 转换成功返回的 true, 输出为 1, 原变量改变了。在实际编程过程中, 根据具体情况选择不同的数据类型的转换方式。

3.2.5　检测数据类型

PHP 的类型检测函数很多, 通过检测函数可以判断变量是否属于指定的数据类型。如 is_null()、is_bool() 等, 如果是该数据类型, 则返回结果为 true; 否则返回结果为 false。

1. var_dump()

在详细介绍检测数据类型函数之前, 先介绍 var_dump() 函数, 该函数的作用是打印变量的相关信息。

示例 3-11

var_dump()打印函数的综合运用，具体代码如下：

```php
<?php
    //定义一个字符串变量
    $str="hello";
    //定义一个bool类型变量
    $b=true;
    //定义一个整数标量
    $n=123;
    //打印变量的数据类型信息
    var_dump($str);
    var_dump($b);
    var_dump($n);
?>
```

【运行效果】　如图 3-10 所示。

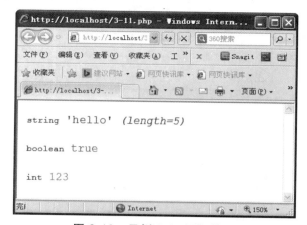

图 3-10　示例 3-11 运行效果

2. 检测函数

检测函数类型很多，如表 3-6 所示。

表 3-6　检测函数

函数	检测变量类型	示例
is_array	检测变量是否为数组	array_values($a);
is_bool	检测变量是否为布尔类型	is_bool(true);
is_string	检测变量是否为字符串类型	is_string('monday');
is_null	检测变量是否为 null	is_null(null);
is_float	检测变量是否为浮点类型	is_float(12,4);
is_double	检测变量是否为双精度浮点型	is_double(22.345);
is_int	检测变量是否为整型	is_int(15);
is_object	检测变量是否为对象	is_object($a);
is_numeric	检测变量是否为数字或有数字组成的字符串	is_numeric('3333');

示例 3-12

检测函数使用方法类似，使用 is_null，is_numeric，is_string 测试变量的数据类型，具体代码如下：

```php
<?php
    //定义一个字符串变量
    $str="hello";
    $str1="345.123";
    //定义一个 bool 类型变量
    $b=true;
    //定义一个整数标量
    $n=123;
    //打印变量的数据类型信息
    if(is_null(@$n1))
        echo "<br/>n1 变量没有定义，其值为 null";
    if(is_string($str))
        echo "<br/>str 变量为字符串数据类型";
    if(is_numeric($str1))
        echo "<br/>str1 变量为由数字组成的字符串";
    if(is_bool($b))
        echo "<br/>b 变量为 boolean 类型";
?>
```

【运行效果】　示例 3-12 采用 is_null()，is_bool()，is_string()，is_numeric()检测函数，判断变量的数据类型，运行结果如图 3-11 所示。

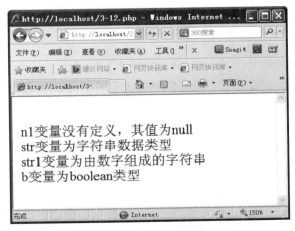

图 3-11　示例 3-12 运行结果

3.3　常量与变量

本节主要介绍 PHP 中的常量和变量，以及常量和变量的声明和使用，还有一些预定义常量。

3.3.1　常量的声明和使用

在程序中常量怎么来理解？常量就是一个不变的值，如圆周率 PI=3.14，如 1 千克为 1 000 克等。常量在程序中值被定义后，在脚本的其他任何地方值都不会改变。常量名定义规则是由英文字母、下划线和数字组成，首字母必须由字母或下划线组成。

PHP 的常量包含两种：一种为默认常量，另一种为用户自定义常量。

1.　默认常量

PHP 本身提供了很多预先定义好的常量供程序员使用，这种常量称为默认常量，如表 3-7 所示。

表 3-7　PHP 默认常量名

默认常量名	含　义
__FILE__	当前正在分写着的脚本的文件名。如果用在一个被 include 和 require 包含的文件，则该常量数给出的是 include 所包含的文件名，而不是当前文件名
LINE	当前正在分析的行在脚本中的行数
PHP_VERSION	一个描述当前用着的 PHP 处理器的版本的字符串
PHP_OS	正在运行本 PHP 处理器的操作系统的名称
TRUE	真值
FALSE	假值
E_ERROR	指示一个不可恢复的语法错误
E_WARNING	指示如下的一种状态：PHP 知道某处出错了，但仍可以继续运行，这些错误能被脚本自动捕获
E_PARSE	PHP 在脚本一个语病中被阻塞了，不可恢复
E_NOTICE	出现了可能是一个错误也可能不是的情况

表 3-7 中 PHP 预定义常量，可以随时调用，这些可以帮助我们理解当前系统的情况。

示例 3-13

通过预定义常量 PHP_OS 和 PHP_VERSION，查看当前操作系统和使用的 PHP 的版本，具体代码如下：

```php
<?php
    //输出操作系统
    echo '<br/>你的操作系统为:'.PHP_OS;
    //输出 php 版本
    echo '<br/>你使用的 PHP 版本为:'.PHP_VERSION;
    //输出脚本文件
    echo '<br/>你的脚本文件:'.__FILE__;
    //运行脚本的行数
    echo '<br/>运行脚本的行数:'.__LINE__;
?>
```

【代码解析】　代码中"PHP_OS"预定义常量，表示操作系统；"PHP_VERSION"表示 PHP 的版本。

【运行效果】　运行效果如图 3-12 所示。

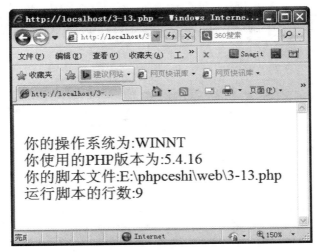

图 3-12　示例 3-13 运行效果

注意

__FILE__ 和 __LINE__ 中的"__"表示两条下划线，而不是一条"_"。

2. 用户自定义常量

PHP 中预定义常量有时不能满足程序员的需求，PHP 允许用户自行定义常量，自定义常量的结构如下：

```
define('name',number);
```

第一个参数表示常量名，第二个参数表示赋予常量的值，该值可以是数值，也可以是字符串。

将 1000 赋予一个常量 kg，换算单位千克与克。具体代码如下：

```php
<?php
    //定义常量 KG
    define('KG',1000);
    //定义一变量赋值为 10 千克
    $n=10;
    echo $n.'千克='.(KG*$n)."克";
?>
```

【代码解析】 "define('KG',1000);" 定义一个常量 kg，取值为 1000；"$n=10;" 定义了一个变量$n 取值为 10 千克，换算公式为(KG*$n)。

【运行效果】 运行结果如图 3-13 所示。

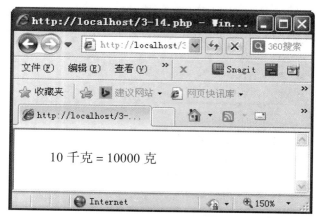

10 千克 = 10000 克

图 3-13 示例 3-14 运行结果

注意

常量前面没有$符号。

3.3.2 变量的声明和使用

程序中的变量怎么来理解？变量就是在程序过程中值可以改变的量。变量如何来取名？变量名如何来定义？变量名与常量名的取名规则一致，只是变量名前要加"$"符号。在程序中，系统会为程序中的每一个变量分配一个存储单元，变量名实际上就是计算机内存单元的名字，可以借助变量名来访问内存中的数据。

1. 变量的声明和使用

不同程序语言对变量声明和使用有不同的规则，大致分为两种：一种变量使用前必须事先声明，另一种变量使用之前不事先声明。PHP 属于后者，PHP 使用变量之前不需要事先声明变量（PHP4 之前需要事先声明变量），只需为变量赋值即可。PHP 中的变量名称需要用"$"和标识符来表示，变量名是区分大小写的。

变量赋值，给变量一个具体的值，格式如下：

```
$name="kity";
$n=123;
$b=true;
$_c=123;
```

给变量赋值时，要注意变量取名是否规范合法，下列哪些变量不合规范？

```
//变量名不能以数字开头
$12a="111";
//变量名前要$符号
n="Sunday";
//变量名首字母只能以"_"和字母开头
$@name=15;
$你好=89;
```

2. 变量的赋值

变量的赋值除了直接赋值外，还有两种方式可以为变量声明和赋值，一种是变量间的赋值。

示例 3-15

变量赋值后，变量值可以改变，具体代码如下：

```
<?php
    //声明变量 s1,s2
    $s1="hello";
    $s2="kity";
    //改变变量 s2 的值
    $s2="cidin";
    echo $s2;
?>
```

【运行效果】　cidin

另一种变量赋值的方式为引用赋值，在 PHP4 以后，就有了"引用赋值"的概念，即用不同的名字访问同一个变量的内容，当改变其中一个变量的值时，另一个也跟着改变。应用赋值需要使用"&"符号来表示引用。

示例 3-16

变量的引用赋值，如果变量$j 是变量$i 的引用，当变量$i 赋值后，变量$j 也会随之变化，具体代码如下：

```
<?php
    //声明变量 i,j
    $i="hello";
    //使用了引用赋值，变量$j 是变量$i 的引用,这时变量$j 的值为 hello
    $j=&$i;
    echo  "<br/>变量 j 是变量 i 的引用，其值为:".$j;
    $i="kity";
    echo "<br/>i 变量值改变后 j 变量的值为:".$j;
?>
```

【代码解析】　"$j=&$i;"表示变量$j 是变量$i 的引用，"$i="kity";"表示变量$i 发生变化，变量$j 值也随之变化。

【运行效果】　运行结果如图 3-14 所示。

图 3-14　示例 3-16 运行结果

3.3.3　变量类型的自动转换

变量的数据类型就是指数据值的数据类型，也是本章 3.2 节中讲到的数据类型。在 PHP 中，变量的数据类型在变量赋值时便会自动确定，在以后的使用中，其数据类型会根据程序的需要进行强制的改变。变量的数据类型自动转换主要依靠操作符，如用 "=" 可自动转换为字符，用 "+=" 会强制转换为数字，在字符转换为数字时，如果字符串中包含了 "e"、"E"、"、"、"." 会将其转换为浮点型数据，否则转换为整型。

示例 3-17

给变量$s赋予字符串 12,然后将其强制转化为整数加上 15,再加上小数 1.5,通过 gettype() 函数查看其数据类型的变化，具体代码如下：

```php
<?php
    //声明变量
    $s='15';
    echo 's 变量为'.gettype($s)."数据类型<br/>";
    $s+=12;
    echo 's 变量为'.gettype($s)."数据类型<br/>";
    $s+=1.5;
    echo 's 变量为'.gettype($s)."数据类型<br/>";
?>
```

【代码解析】　"$s+=12;" 将$s 变量强制转换为整数；"$s+=1.5;" 将 $s 变量强制转换为浮点数。

【运行效果】　如图 3-15 所示。

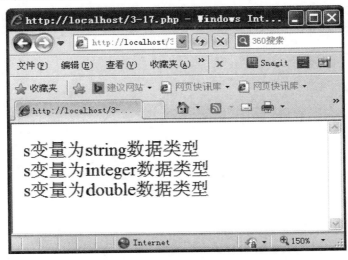

图 3-15　示例 3-17 运行效果

3.4　运算符及表达式

运算符指定了要执行的运算操作，PHP 支持大多数编程语言中的运算符，主要有算术运算符、赋值运算符、比较运算符、逻辑运算符。这些运算符可以归为两种类型：一元运算符和二元运算符。

3.4.1　算术运算符

算术运算符是最基本的运算符。PHP 中的算术运算符包括加法（＋）、减法（－）、乘法（＊）、除法（／）、取余数（％）、取反（－）。如表 3-8 所示。

表 3-8　算术运算符

运算符	名　　称	示　　例	运算结果
＋	加	\$n=5+5;	\$n 的值 10
－	减	\$n=10－5;	\$n 的值 5
＊	乘	\$n=5*5;	\$n 的值 25
／	除	\$n=10/5;	\$n 的值 3
％	取余数	\$n=6%5;	\$n 的值 1
－	取反	\$n=－5;	\$n 的值－5

示例 3-18

算术运算符综合运用。

```php
<?php
    //声明变量
    $n=5+5;
    echo "<br>n=".$n;
    $n=10-5;
    echo "<br>n=".$n;
    $n=5*5;
    echo "<br>n=".$n;
    $n=12/5;
    echo "<br>n=".$n;
    $n=6%5;
    echo "<br>n=".$n;
    $n=-5;
    echo "<br>n=".$n;
?>
```

【运行效果】 运行结果如图 3-16 所示。

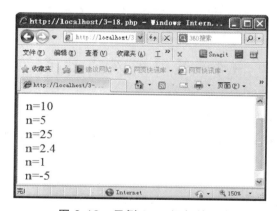

图 3-16 示例 3-18 运行结果

3.4.2 赋值运算符

赋值运算符是最简单的一种运算符。基本的赋值运算符就是最常见的"="，但此时并非为"等于"，它的执行的操作就是一种，将等号右边的值赋予给左边的变量。赋值运算是一个一元运算符。赋值运算符如表 3-9 所示。

表 3-9 赋值运算符

操作符	名 称	示 例	运算结果
=	赋值	$a=10;echo $a;	10
+=	加	$a=10;$a+=10;echo $a;	20
− =	减	$a=10;$a − =10;echo $a;	0
*=	乘	$a=10;$a*=10;echo $a;	100
/=	除	$a=10;$a/=10;echo $a;	1
%=	取余数	$a=10;$a%=10;echo $a;	0
++	自增	$i=1;$i++;echo $i;	2
− −	自减	$i=2;$i ++i;echo $i;	3

示例 3-19

赋值运算的综合实例，详细代码如下：

```php
<?php
    //声明变量
    $a=10;
    //+=
    $a+=5;
    echo "<br/>+=运算后 a=".$a;
    //-=
    $a-=10;
    echo "<br/>-=运算后 a=".$a;
    //*=
    $a*=2;
    echo "<br/>*=运算后 a=".$a;
    //=
    $a/=2;
    echo "<br/>/=运算后 a=".$a;
    //%=
    $a%=2;
    echo "<br/>/=运算后 a=".$a;
    //++
    $i=1;
    $i++;
    echo "<br/>++运算后 i=".$i;
    //--
    $j=2;
    $i--;
    echo "<br/>--运算后 j=".$j;
?>
```

【运行效果】　运行效果如图 3-17 所示。

图 3-17　示例 3-19 运行效果

3.4.3　字符串运算符

在 PHP 中字符串也可以运算，没有接触过程序的读者对字符串进行运算会产生疑问，字符串怎么可以做运算呢？程序中的字符串运算指的是字符串的连接运算。PHP 中字符串的运算符只有一个，就是"."。它的作用将两个字符串连接起来，结合成一个新的字符串。

示例 3-20

字符串运算实例，具体代码如下：

```php
<?php
    //声明字符串变量
    $str1="我喜欢";
    $str2="春暖花开";
    $str3="面朝大海　";
    //字符串连接
    $str4="雨后天晴，空气格外清晰；";
    $str5="草坪的水珠清澈欲滴，心境悠然；";
    $s=$str3.$str2."<hr/>";
    //输出字符串
    $s1=$str4."<hr/>";
    $s2=$str5."<hr/>";
    echo "<font size=4><b>",$s,$s1,$s2,"</b></font>";
?>
```

【代码解析】　"$s=$str3.$str2."<hr/>";"这段代码表示$str3 与$str2 变量连接后，在与<hr/>横线标记连接，"echo "<font size=4><b>",$s,$s1,$s2,"</b></font>";"这段代码表示输出，其中<font size=4>表示设置字体大小设置为 4 号字，<b>表示 html 标记加粗字体的效果。

【运行效果】　运行效果如图 3-18 所示。

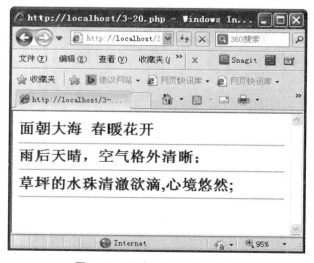

图 3-18　示例 3-20 运行效果

3.4.4 符逻辑运算符

程序运算还包括了逻辑运算。逻辑运算是程序中非常重要的一种运算。PHP 中的逻辑运算符如表 3-10 所示。

表 3-10 逻辑运算符

操作符	名 称	示 例	运算结果
&&或 and	逻辑与	$n and $m	当$n 和$m 为真，结果为真，否则都为假
‖或者 or	逻辑或	$n or $m	当$n 和$m 都为假，结果为假，否则都为真
xor	逻辑异或	$n xor $m	当$n 和$m 一真一假时，结果为真，否则为假
!	逻辑非（求反）	!$n	取反，当$n 为真，结果为假

在逻辑运算中，最常用的逻辑运算符为（&&、and、‖、or、!），其中前四种都是双目运算，! 是单目运算。

示例 3-21

逻辑运算综合实例，具体代码如下：

```php
<?php
    //声明逻辑变量
    $b=true;
    $m=false;
    if($b&&$m){
        echo "<br/>两个条件都满足";
    }
    if($b||$m){
        echo "<br/>只要有一个条件满足就可以了";
    }
    if(!$b){
        echo "<br/>只要 b 变量为假的，对其取反就为真";
    }
    if(!$m){
        echo "<br/>只要 b 变量为假的，对其取反就为真";
    }
?>
```

【代码解析】 "$b=true;$m=false;"定义量变量赋值为 boolean 类型，在"if($b&&$m){echo "
两个条件都满足";}"代码中，"$b&&$m"运算结果为假，所以 if（条件）中的条件是不成立的，"echo "
两个条件都满足";"语句是没有执行的；在 "if($b||$m){echo "
只要有一个条件满足就可以了";}"代码中"$b||$m"运算结果为真，if(条件)中条件是成立的，所以语句 "echo "
只要有一个条件满足就可以了";""是执行的；在 "if(!$m){echo "
只要 b 变量为假的，对其取反就为真";}"代码中，"!$m"运算结果为真，条件语句成立，所以 "echo "
只要 b 变量为假的，对其取反就为真;""语句是执行的。

【运行效果】 运行结果如图 3-19 所示。

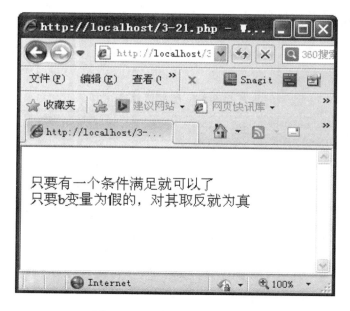

图 3-19　示例 3-21 运行结果

3.4.5　关系运算符

关系运算是表示变量或表达式之间的大小关系的运算符，运算的结果为 boolean 类型，如果比较结果为真，则返回为 true；如果比较结果为假，则返回为 false。PHP 中的关系运算符如表 3-11 所示。

表 3-11　关系运算符

操作符	名　称	示例（$n=12;$m=10;$a=1;.$b='12';）	运算结果
<	小于	$n<$m	false
>	大于	$n>$m	true
>=	大于等于	$n>=$m	true
<=	小于等于	$n<=$m	false
==	相等	$a==$b	true
!=	不等	$a==$b	false
===	恒等	$a===$b	false
!==	非恒等	$a!==$b	true

在表 3-11 所示的关系运算符中，"==="表示恒等，恒等的意思不仅是值相同，还包括数据类型要一致；"=="表示相等，只要值相等，就为 true，不考虑数据类型。

示例 3-22

关系运算符综合实例，详细代码如下：

```php
<?php
    //定义变量
    $n=12;
    $m=10;
    $a=12;
    $b="12";
    //输出关系运算运行结果,运算结果为true,则输出为1,运算结果为false,则没有输出
    echo "<br/>n>m 运算结果:";
    echo $n>$m;
    echo "<br/>n<m 运算结果:";
    echo $n<$m;
    echo "<br/>n>=m 运算结果:";
    echo $n>=$m;
    echo "<br/>n<=m 运算结果:";
    echo $n<=$m;
    echo "<br/>a==mb 运算结果:";
    echo $a==$b;
    echo "<br/>a!=b 运算结果:";
    echo $a!=$b;
    echo "<br/>a===mb 运算结果:";
    echo $a===$b;
    echo "<br/>a!=mb 运算结果:";
    echo $a!==$b;
?>
```

【运行效果】　运行结果如图 3-20 所示 。

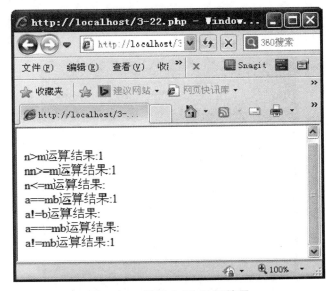

图 3-20　示例 3-22 运行结果

3.4.6　位运算符

程序语言中有一种运算叫作位运算。对没有接触过程序的读者来说，这是一种新的运算方式。什么叫作位运算呢？位运算就是对二进制从低位到高位对其后的值进行运算。在 PHP 中位运算符如表 3-12 所示。

表 3-12　位运算符

操 作 符	说 明	示 例	操 作 符	说 明	示 例
&	按位与	$n&$m	~	按位取反	$m~$n
|	按位或	$n\|$m	<<	向左移动	$m<<$n
^	按位异或	$n^$m	>>	向右移动	$m>>$n

示例 3-23

位运算综合示例，详细代码如下：

```php
<?php
    //定义变量
    $m=8;
    $n=12;
    $mn=$m&$n;
    echo $mn."<br/>";
    $mn=$m|$n;
    echo $mn."<br/>";
    $mn=$m^$n;
    echo $mn."<br/>";
    $mn=~$m;
    echo $mn."<br/>";
?>
```

【运行效果】　运行效果如图 3-21 所示。

图 3-21　示例 3-23 运行效果

3.4.7　三元运算符

在 PHP 中有一种运算叫三元运算，其运算符为(?:)，也称为三目运算符。它的作用是根据一个表达式在另两个表达式中选择一个，而不是用来在两个语句或者程序中选择。三目运算最好是放在括号中使用。

示例 3-24

三目运算示例，详细代码如下：

```php
<?php
    $a=10;
    //三目运算，如果$a<10为true，则三目运算的结果为5，否则三目运算的结果为15
    $b=($a<10)?5:15;
    echo $b;
?>
```

注意

强调注意：在编写程序时，应该在语句后面用分号";"结束。

3.4.8　优先级运算符

在 PHP 中表达式的运算也要有优先级，就跟算术运算中的四则运算一样，与"先乘除，后加减"是一个道理。那么在 PHP 中运算符的优先级是怎样的呢？

在 PHP 中遵循的优先级的规则为：优先级高的先执行，优先级低的后执行，同一优先级别则按从左到右的顺序执行。

表 3-13　优先符运算符

优先级别	运算符	优先级别	运算符
1	or、and、xor	9	++ 、 --
2	赋值运算符	10	+ 、- (正负号)
3	‖、&&	11	== 、 != 、 <>
4		、 ^	12	< 、<= 、 > 、 >=
5	& 、.	13	? :
6	+ 、-	14	->
7	/、 * 、%	15	=>
8	<< 、 >>		

在表 3-13 中有很多的优先符运算，记起来很烦琐，也没有必要。在程序中写算术表单时很复杂，可以通过括号"()"来强调优先运算，这样就会减少一些犯错的机会。

📖 实战案例

案例 1：计算一个圆形的面积

计算一个圆形的面积，这是一个简单的数学运算题，在程序中如何实现呢？程序的编程思路为，圆的面积和周长的公式分别为"r²*PI"和"2*r*PI"，公式中 PI 是固定的值 3.14，可以把 PI 定义成常量，"define('PI',3.14)"，圆中的半径定义为变量，假设圆的半径为 10，运用公式计算圆的周长和面积。详细代码如下：

```php
<?php
    //定义常量PI值为3.14;
    define('PI',3.14);
    //定义圆的半径为10,圆周长公式为：2*r*PI,圆的面积公式为:PI*r*r;
    $r=10;
    $area=$r*$r*PI;
    $zhouchang=2*$r*PI;
    echo "半径为".$r."的圆";
    echo "<br/>周长为:".$zhouchang;
    echo "<br/>面积为:".$area;
?>
```

【代码解析】 "define('PI',3.14);"表示定义常量 PI，取值为 3.14。"$area=$r*$r*PI; $zhouchang=2*$r*PI;"代码表示定义了圆面积变量$area 和圆周长变量$zhouchang，其值分别为圆的周长公式和面积公式计算出来所得值。

【运行效果】 案例 1 运行效果如图 3-22 所示。

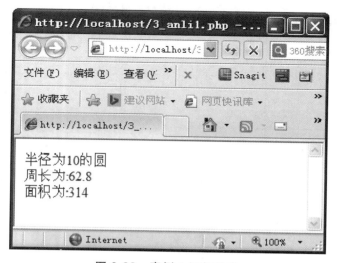

图 3-22 案例 1 运行效果

案例 2：当数字遇到字符串

在 PHP 函数手册中经常会看到一些返回值为 boolean 类型的函数，函数手册的讲解可能是：当满足条件返回值为 1，否则返回为 0。按照我们正常的思维返回值应该是 true 或 false，因为它们才是真正的 boolean 类型，其实这些都是数据类型转换的结果。本案例中将展示数据类型是如何进行转换的。

```php
<?php
    $a=10;
    $b="18";
    $n=true;
    //$b 变量自动进行数据类型转换，从字符类型自动转换为整数
    $e=$a+$b;
    //$n 变量自动进行数据类型转换，从字 boolean 型自动转整数 1
    $f=$a+$n;
    echo "e=".$e;
    echo "<br/>f=".$f;
    //强制数据类型转换,将$a 强制转换为字符类型
    $s=$b.(string)$a;
    echo "<br/>f=".$s;
    //强制数据类型转换,将$a 强制转换为数组类型
    $s1=(array)$a;
    var_dump($s1);
?>
```

【代码解析】　"$e=$a+$b;"在代码中，其中$a 是整数，$b 是字符串，它们之间做加法运算，这时$b 字符串会自动转换为整数。"$f=$a+$n;"代码中，其中$a 是整数，$n 是 boolean型，这时$n 会自定转换为整数，其值为 1。在代码"$s=$b.(string)$a;"中，"(string)$a"表示将整型变量$a 强制转换为字符串，然后用字符串运算符"."做字符串连接运算。"$s1=(array)$a;"代码中，把$a 强制转换为数组，用"var_dump($s1);"函数输出数据类型。

【运行效果】　案例 2 运行结果如图 3-23 所示。

图 3-23　案例 2 运行结果

PHP 中数据类型转换和其他语言区别很大，本案例的关键点是运用数据类型转换的特点进行输出。PHP 中的数据类型转换分为自动转换和强制转换，在转换过程有很多的细节需要注意，现总结如下：

1. 字符串型转化为整型

字符串转化整型，可以分成三种情况。

➤ 字符串全部为数字

如果字符串全部为数字，则直接全部转换为整型；如果有小数点，则会去除小数点后面的内容，如"12"和"12.3"转换为整型后都为 12。

➤ 字符串以字母开头

如果字符串以字母开头，则不管中间或后面有多少数字或小数点，转换为整型后都为 0。如"ab12.3c"转换为整型后为 0。

➤ 字符串数字开头包含了字符

如果字符串以数字开头，则会去掉数字后面的字符，如果有小数点则去除小数点后面的。如"123.4abc"、"123abc"转换为整型后都为 123。

2. 布尔型转化为整型

布尔型转换为整型时，值为 true 会转换为 1，值为 false 会转换为 0。其中 NULL 转换为整型后为 0，所以执行语句 if(NULL==0){echo "NULL 等于 0";}则返回"NULL 等于 0"。

3. 浮点型转化

➤ 整型直接转化为浮点型

整型直接转化为浮点型，数值不变。

➤ 字符串转换为浮点型

字符串转换为浮点型跟字符串转换为整型基本上是一样的，只不过当字符串之间有小数点时，小数点会保留。如"12.3abc"转换之后为 12.3，与其他形式的是一样的方法。

➤ 布尔型转换为浮点型

布尔类型转换为浮点型，true 会转换成浮点型 1，false 跟 NULL 转换为浮点型结果为 0。

4. 其他类型转化为 boolean 布尔型

➤ 字符串转换为布尔型

空字符串转换为布尔型结果为 false，非空字符串转换为 boolean 型时，其值为 true。

➤ 整型和浮点型转换为布尔型

整型和浮点类型转换为布尔类型时，如果值为 0 则转换为布尔型为 false，其他都为 true。

➤ NULL 转换为布尔型

NULL 值转换为布尔型其值为 false。

案例 3：通过 PHP5 新型字符串动态输出 Javascript 代码

JavaScript 语言是一门强大的客户端脚本语言，它可以跨平台，在网站交互和用户体验方面 JavaScript 发挥了很大的作用。PHP 程序中也可以使用 JavaScript 编码。本案例通过 PHP5 新型字符串动态输出 JavaScript 脚本。

具体代码如下：

```php
<?php
//定义新型字符串,以<<<开始
$str=<<<ea
//包含了 HTML 代码
<font color='red'>
ddkdkdkdk
</font>
//包含了 javascript 代码
<script language="javascript">
alert('php5 新型字符串的输出');
</script>
ea;
echo $str;
?>
```

【运行效果】　案例 3 运行效果如图 3-24 所示。

图 3-24　案例 3 运行效果

本案例运用了 PHP5 新型字符串。在 PHP5 中新型字符串是以 "<<<" 开始的，后面紧跟字符串开始标记，其中字符串开始标记可以自己定义，之后紧跟字符串内容，最后以标记加分号作为结束。在这里要特别强调的是在标记后面不能有空格，如果有空格就会报错。新型字符串一般应用于 HTML 和 JavaScript 代码的格式输出。

案例 4：区分单引号与双引号

字符串的定义离不开单引号和双引号的修饰，它们有实质上的区别，本案例运用单引号和双引号操作符向用户说明单引号和双引号的区别。案例详细代码如下：

```php
<?php
    $a="青青草原";
    //双引号输出
    echo "输出变量的值$a";
    //单引号输出
    echo '<br/>输出变量的值$a';
    $b="怪兽出没";
    //双引号输出
    echo "<br>输出变量的值$a$b";
    //单引号输出
    echo '<br>输出变量的值$a$b';
?>
```

【运行效果】　案例 4 运行结果如图 3-25 所示。

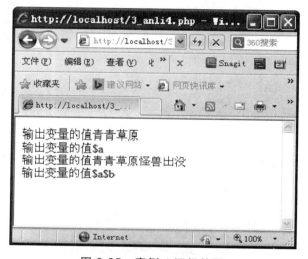

图 3-25　案例 4 运行结果

在本案例中的关键点是单引号和双引号在修饰字符串时的区别，双引号中包含的变量会按变量的实际值输出，而在单引号中的变量则把其看成普通字符串。

案例 5：PHP 的编码规范

对初学者而言不知道什么是编码规范，并对其不以为然，认为编码规范对程序没有实质性的作用，这种认知和想法是错误的。在如今的 Web 项目开发中，不是一个程序员来完成一个项目的编码工作，大家都是协同合作来完成项目开发工作的。尤其是一些大型的项目，编程工作由一个团队来完成，并且在开发过程中会有人员的变更，有人离开也有人加入，那么新加入的成员在遇到前任留下的代码时，会遇到很多问题。比如这个变量是什么意思？这个函数有什么作用？这时编码规范就显得尤为重要了。

编码规范是开发人员长期积累的经验，形成的一种良好的统一的编程风格，这种风格在团队开发或二次开发时起到了事半功倍的作用。编码规范是一种总结性的说明和介绍，并不是强制性的规则。从项目长期发展以及团队协作角度来说，编码规范是十分必要的。

PHP 编码规范总结如下：

1. 缩　进

使用制表符【 Tab 】建，每个缩进 4 个空格。项目开发时，每个参与项目的开发人员在编辑器（ UltraEdit、EditPlus、Zend Studio 等）中进行设定，以防在编写代码时遗忘而造成格式上的不规范。缩进规范适用于 PHP、JavaScript 中的函数、类、逻辑结构、循环等。

2. 大括号{}

{}首括号与关键词同行，尾括号与关键字同列；{}使用范围 if、switch、for、方法、类等。

➢ if 语句的大括号

if 结构中，if 和 else if 与前后两个圆括号同行，左右各一个空格，所有大括号都单独另起一行。另外，即便 if 后只有一行语句，仍然需要加入大括号，以保证结构清晰。

```
if($exp){
    …..
}
```

➢ switch 语句的大括号

switch 结构中，通常当一个 case 块处理后，将跳过之后的 case 块处理，因此大多数情况下需要添加 break。break 的位置视程序逻辑，与 case 同在一行，或新起一行均可，但同一 switch 体中，break 的位置格式应当保持一致。

```
switch($var){
    case 1: echo 'var is 1'; break;
    case 2: echo 'var is 2'; break;
    default: echo 'var is neither 1 or 2'; break;
}
```

3. 关键字、小括号、函数、运算符

➢ 不要把小括号和关键字紧贴在一起，要用空格隔开它们；

➢ 小括号和函数要紧贴在一起，以便区分关键字和函数；

➢ 运算符与两边的变量或表达式要有一个空格（除了连接符号）；

➢ 当代码段较大时，段上和段下应加入空白行，两个代码段之间使用一个空行，禁止使用多行；

➢ 尽量不要在 return 返回语句中使用小括号。

本章的知识点很多，主要是 PHP 的语法基础。学习编程语言，首先要打好语法基础，其次是其编程程序的规范，写程序首先必须要按照语言的规范来写，如果不按照其规范来做，不管你思想多么创新，都是不能实现的。本章的内容主要包括了数据类型、常量、变量、各

种运算符、表达式等。在本章的最后一节引用了 5 个案例，对本章前 4 节的知识做了一个综合的练习，特别强调了数据类型转换、单引号和双引号的区别，并对 PHP5 的新型字符串的内容进行了扩展，在最后进行了一个编码规范的说明。

❀ 本章习题

1. 定义两个不同的数值型变量，然后对这两个变量进行数学运算并输出运算结果。

2. 定义一个逻辑变量，赋值为 true，定义一个字符串变量赋值为"123"，然后对这两个变量进行加法运算，并输出运算结果。

3. 运用 PHP5 新字符类型，定义下列 HTMl 和 Javascript 代码为字符串，并输出

```
<font size='4' color='red'>php5 新字符类型</font>
<script language='javascript'>alert('测试 javascript');</script>
```

4. 编写一个程序，将字符串"美丽的"与"普吉岛"进行连接，并输出连接后的结果。

5. 编程一个程序，使用三目运算对指定整数进行判断，看其是否为偶数，并根据判断结果输出相应的内容。

第4章　流程控制语句

　　前面几章介绍了 PHP 语言中数据类型、变量、常量等构成元素，相信读者对 PHP 语言的基本语法和基本运算有了一定的了解。在生活中经常碰到这类问题：输出大学英语课程的平均成绩、输出大学英语的最高分、输出 1 到 200 之间自然数的和等，在本章中将学习流程控制语句来编写程序解决生活中的实际问题。

　　本章将运用这些流程控制元素实现一些逻辑的控制流程。所有程序的流程控制主要由 3 种最基本的结构构成，如顺序结构、分支结构和循环结构。在 PHP 中通过 if、switch、for 等语句来实现流程控制结构。合理地使用这些流程控制语句可以使程序流程变得清晰、可读性强，从而提高工作效率。

　➢　熟练掌握 if...else 语句的使用
　➢　熟练掌握 switch 语句的使用
　➢　熟练掌握 for 循环语句的使用
　➢　熟练掌握 foreach 循环语句
　➢　能区分 while 和 do...while 语句
　➢　能区分 break 和 continue 语句

📖 引导案例

　　流程控制语句是程序语言中经常用到的语句，学习一门语言，首先要学习这门语言的语法，PHP 也不例外。本章既是学习 PHP 的基础，也是学习 PHP 的核心内容。不管是网站制作，还是应用程序开发，没有扎实的基本工夫是不行的。所以现在必须打好坚实的 PHP 语法基础，只有做到了这一点，才能在以后的开发过程中事半功倍。本章将引入多个案例，通过这些案例的分析和学习，使得读者对 PHP 语法记忆深刻。

📖 相关知识

4.1　程序的三种控制结构

　　PHP 程序都是由语句来构成，计算机通过执行这些语句来完成特定的功能。一般情况下，程序执行都是从第一条语句开始执行的，按顺序逐条执行到最后一条语句，但可利用逻辑结构，来控制程序的执行顺序，这就是程序的流程控制。

程序流程控制有 3 种结构，分别为：顺序结构、选择结构和循环结构，通过这三种控制结构，可以改变程序的执行顺序。三种控制结构如图 4-1 所示。

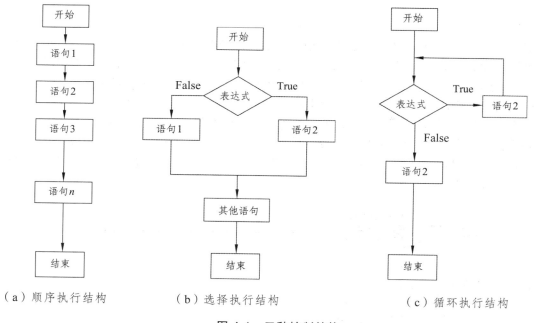

（a）顺序执行结构　　　　　（b）选择执行结构　　　　　（c）循环执行结构

图 4-1　三种控制结构

顺序结构执行过程为：从程序第一条语句开始执行，按顺序执行到最后一条语句；选择结构执行过程：程序根据选择条件是否成立，执行不同的语句；循环执行结构：可以使程序满足某种指定的条件，使某些语句重复地执行多次。

4.2　条件控制语句

在 PHP 中条件控制语句有两种，分别为 if 语句和 while 语句，首先来看 if 语句。

4.2.1　if 语句的使用

if 语句是根据判断条件，有选择地执行程序的一组语句。换句话说，当程序执行过程中遇到了两种选择时，通过 if 语句来选择执行的方向，所以 if 语句也被称为条件控制语句。if 语句实现有 3 种情况，下面分别对这 3 种情况进行介绍。

1. 只含 if 的条件语句

只含 if 的语句，单纯只做判断，然后决定是否执行，换句话说就是"若发生了某事该怎么处理"。它的基本结构：

```
if(表达式){
    执行语句体
}
```

在结构中的"表达式"值为逻辑值，如果值为 True，则执行语句体，否则就跳过该语句，继续向下执行。如果表达式为 True 需要执行的语句不止一条语句，这时就需要"{}"，在"{}"中的语句被称为语句组，如果表达式为 True，需要执行的语句只有一条语句，这时可以省略"{}"。执行的流程图如图 4-2 所示。

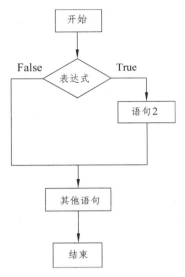

图 4-2　只含 if 语句执行流程图

示例 4-1

判断一个数是不是偶数，详细代码如下：

```php
<?php
    //变量 n 赋值为随机数，其中 rand 是随机函数
    $n=rand(1,100);
    //判断变量 n 对 2 取余数，如果余数为 0，则说明变量是偶数
    if($n%2==0){
        echo $n."是偶数";
    }
?>
```

【运行效果】　打开浏览器，在地址栏键入 http://localhost/4-1.php，查看运行结果。运行效果如图 4-3 所示。

【代码解析】　在代码 "$n=rand(1,100);" 中 rand() 是随机函数，它的作用可以取得一个随机的整数，使用方法：rand(int min,int max)，表示在 min 和 max 之间随机取一个数，如果 rand() 里面没有参数则表示返回 0~RAND_MAX 之间的一个随机数。在代码 "if($n%2==0){echo $n."是偶数";}"，其中 "if($n%==2)" 表示变量$n 对 2 取余数，如果值为 True，则执行 "{ }" 里面的语句体。

图 4-3　示例 4-1 运行效果

注意

在 if 结构中如果只有一条执行语句，则可省略大括号。当执行语句大于一条语句时，大括号绝对不能省略，否则会发生逻辑上的错误。if 语句可以无限制地嵌套其他的 if 语句，但是要注意它们之间的逻辑关系。

2.　if…else 结构

if 语句的第一种结构，当选择条件为 true 时，则执行语句；选择条件为 false 时，则不执行。第二种结构 if…else 语句，必须在两个语句体中选择其中一个来执行，可以这样理解"若发生了某事，则怎样处理，没有发生某事，则又怎样处理"。语法基本结构如下：

```
if(表达式){
    执行语句体 1
}
else{
    执行语句体 2
}
```

在上面结构中，如果表达式值为 True，则执行语句体 1，不执行语句体 2；如果表达式为 False，则跳过执行语句体 1，直接执行语句体 2。其执行的流程图如图 4-4 所示。

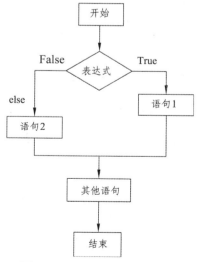

图 4-4　if…else 执行流程图

判断一个数的奇偶性，详细代码如下：

```php
<?php
    //变量n赋值为随机数，其中rand是随机函数
    $n=rand(1,100);
    //判断变量n对2取余数，如果余数为0，则说明变量是偶数
    if($n%2==0){
        echo $n."是偶数";
    }
    else{
        echo $n."是奇数";
    }
?>
```

判断是否为星期天，如果是星期天，则"盼来了周末，我们班组织组织春游吧"，否则"现在是学习时间，继续努力学习中"。详细代码如下：

```php
<?php
    //定义变量
    $week="sunday";
    if($week=="sunday"){
        echo "盼来了周末，我们班组织去春游吧";
    }
    else{
        echo "现在是学习时间，继续努力学习中";
    }
?>
```

3. 嵌套的 if...else 结构

前面的两种分支结构都只能实现两条路的分支，当程序结构中还有 if...else 语句时多路分支，此结构称为 if...else 嵌套。其基本结构如下：

```
if(表达式1){
    语句体1
}
else if(表达式2){
    语句体2
}
else if(表达式3){
    ...
}
else
```

上述结构中，如果表达式 1 为 True，则执行语句 1。否则转入后面的 else...if 语句，表达式 2 值为 True，则执行语句体 2。否则转入后面的语句，直到某一语句被执行，才跳出整

个的 if...else 循环。这种嵌套包含了多个 if 语句，可以不含 else 语句，即为 if...else...if 语句。其执行的流程图如图 4-5 所示。

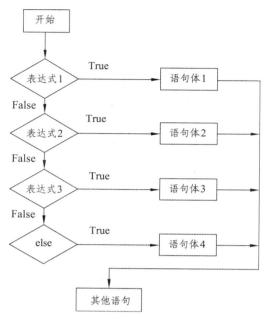

图 4-5 嵌套 if...else 执行流程图

示例 4-4

判断学生成绩，如果大于 90 则输出优；80～90 则输出良；70～80 则输出中；60～70 则输出及格；小于 60，则输出不及格；不在 0～100，则输出"成绩有误"。

【题目分析】 如果在 0～100，成绩是有效的，如果 90～100，则输出优，80～90 则输出良……，如果不在 0～100，则成绩有误。详细代码如下：

```php
<?php
    $score=67;
    //设置成绩的有效范围 0～100
    if($score>0 and $score<100){
        //成绩在 90～100
        if($score>=90 and $score<100 ){
            echo $score."成绩为优";
        }
        //成绩在 80～90
        else if($score>=80 and $score<90){
            echo $score."成绩为良";
        }
        //成绩在 70～80
        else if($score>=70 and $score<80){
            echo $score."成绩为中";
        }
        //成绩在 60～70
```

```
        else if($score>=60 and $score<70){
            echo $score."成绩为及格";
        }
        //成绩在 0～60
        else {
            echo $score."成绩为不及格";
        }
    }
    else{
        echo "成绩有误";
    }
?>
```

【运行效果】 运行效果如图 4-6 所示。

图 4-6 示例 4-4 运行效果

【代码解析】 代码 "if($score>0 and $score<100){} else{echo "成绩有误";}" 是判断成绩是否在 0～100 之间，如果在 0～100 之间，继续判断成绩的范围，如果成绩不在 0～100 之间，则输出成绩有误。代码 "if($score>=90 and $score<100){echo $score."成绩为优";}" 判断成绩是否在 90～100 之间，否则继续判断，代码 "else if($score>=80 and $score<90){echo $score."成绩为良";}" 判断成绩是否在 80～90 之间，否则继续判断，直到满足条件，跳出条件语句。

> **注意**
>
> 嵌套的 if...else 结构简单，层次比较清晰，比较容易掌握，但是要注意逻辑关系，使用时容易犯逻辑上的错误。

4.2.2 switch 条件分支语句

switch 分支语句与 if 语句非常类似，需要判断条件，在根据判断条件结果值 True 和 False 来选择不同的语句来执行。switch 语句和 if 语句的语法格式不同。其语法格式如下：

```
switch(表达式){
    case var1:
        statement;
        break;
    case var2:
        statement;
        break;
    case var3:
        statement;
        break;
    …
    default:
        statement;
}
```

switch 语句在开始时并没有语句执行，而是首先计算表达式的值，将表达式的值与 case 后的条件体 var1、var2、var3 依次做比较，如果条件成立，将执行相应条件 ":" 后面的代码段并继续向下执行。如果没有符合条件的内容，系统将自动执行 default 后面的代码段，并且 default 是可以省略的。读者会注意到在每个 case 代码段后面都有一个 break 语句，break 语句是为了在执行符合条件的代码段后跳出函数体，不再向下执行，提高了执行效率。

示例 4-5

通过 switch 语句判断成绩等级，详细代码如下：

```php
<?php
    //定义成绩变量
    $score=85;
    switch($score){
        case $score==100:
            echo "满分";
            break;
        case $score>=90 and $score<100:
            echo "优秀";
            break;
        case $score>=80 and $score<90:
            echo "良好";
            break;
        case $score>=70 and $score<80:
            echo "中等";
            break;
        case $score>=60 and $score<70:
            echo "及格";
            break;
        case $score>=0 and $score<60:
            echo "不及格";
            break;
        default:
            echo "无效成绩";
    }
?>
```

【运行效果】 运行效果如图 4-7 所示。

图 4-7 示例 4-5 运行效果

【代码解析】 代码 "switch($score)" 通过 $score 变量来作为判断，如果成绩为 100，则输出 "满分"，break 跳出 switch 语句；成绩在 90～100，输出 "优秀"，break 跳出 switch 语句；成绩在 80～90，则输出 "良好"，break 跳出 switch 语句；成绩在 70～80，输出 "中等"，break 跳出 switch 语句；成绩在 60～70，输出 "及格"，break 跳出 switch 语句；成绩在 0～60，输出 "不及格"，break 跳出 switch 语句；条件都不满足，输出 "成绩无效"。

4.3　循环控制语句

在 PHP 语言中，经常会用到循环控制语句，当某些语句需要重新执行时，就可以采用循环语句来实现。常见的循环控制语句有 for 循环、while 循环以及 do-while 循环语句。

4.3.1　while 循环语句

while 语句是 PHP 中最简单的循环语句，其语法格式如下：

```
while(表达式){
    statement;
}
```

当表达式中的值为 True 时，则反复执行语句 statement。表达式的值在每次执行时都检查，如果值为 True，则反复执行 statement；如果值为 False，则执行循环体结束。while 语句的执行流程图如图 4-8 所示。

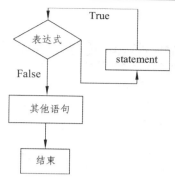

图 4-8 while 语句的流程

示例 4-6

采用 while 语句，循环输出 10 次"php 中 while 语句的使用"，详细代码如下：

```php
<?php
    //定义成绩变量
    $a=1;
    while($a<=10){
        echo "循环第".$a."次  php 中 while 语句的使用.<hr/>";
        $a++;
    }
?>
```

【运行效果】 示例 4-6 运行效果如图 4-9 所示。

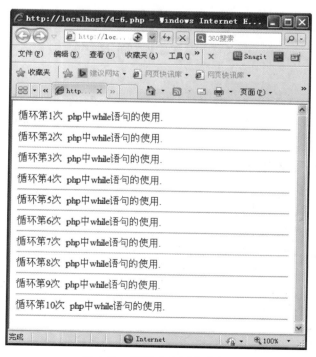

图 4-9 示例 4-6 运行效果

【代码解析】 代码中"while($a<=10)"设置的循环条件为$a<=10,每次循环的变化量为$a++,$a 变量加 1,直到$a=10 则循环结束。

4.3.2 do-while 循环语句

do-while 语句也是循环控制语句中的一种,使用方法与 while 语句相似,通过判断表达式来运行循环体。其语法如下:

```
do{
    statement;
}while(表达式);
```

do while 语句的操作流程,先执行一次指定的循环语句,然后判断表达式的值,当表达式的值为 False 时,跳出循环体;当表达式为 True 时,返回重新执行循环语句。其特点是先执行循环体,然后判断循环条件是否成立。do-while 循环语句的流程图如图 4-10 所示。

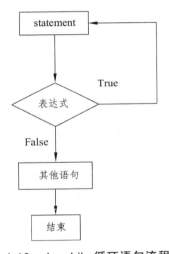

图 4-10 do-while 循环语句流程图

示例 4-7

运用 do-while 语句,计算 1+2+3+…+100 的和,详细代码如下:

```php
<?php
    //定义成绩变量
    $sum=0;
    $i=1;
    do{
        $sum+=$i;
        $i++;
    }while($i<=100);
    echo "1+2+3+4+...+".$i."=".$sum;
?>
```

【运行效果】 示例 4-7 运行效果如图 4-11 所示。

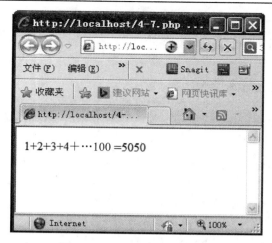

图 4-11　示例 4-7 运行效果

4.3.3　for 循环语句

for 语句是循环语句使用频率最高的语句，也是循环语句中结构最复杂的语句。它的语法格式如下：

```
for(expr1;expr2;expr3){
    statement;
}
```

其中，expr1 表示循环的初始值；expr2 表示循环的条件；expr3 表示每次循环的变化值。如果 expr2 的值为真，则循环继续执行，如果 expr2 的值为假，则跳出循环；expr3 表达式是每次循环后执行。for 循环语句的流程控制图如图 4-12 所示。

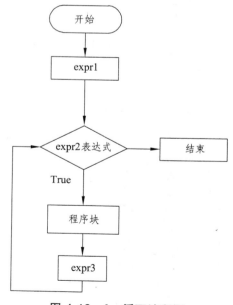

图 4-12　for 循环流程图

示例 4-8

通过 for 循环计算 100!，具体代码如下：

```php
<?php
    $sum=1;
    for($i=1;$i<=100;$i++){
        $sum*=$i;
    }
    echo "1*2*3*....*100=".$sum;
?>
```

【运行效果】　示例 4-8 运行效果如图 4-13 所示。

图 4-13　示例 4-8 运行效果

【代码解析】　代码" for($i=1;$i<=100;$i++){"中，$i=1 表示循环的初始值为 1，$i<=100 表示循环的条件为<=100；$i++表示循环变量每次循环结束后都加 1；"$sum*=$i;"表示循环体的内容，每次循环为 sum=sum*I，最后输出循环的结果。

4.3.4　foreach 循环语句

foreach 语句是从 PHP4 引进来的，它只能用于数组。在 PHP5 中它还可以支持对象，该语句的语法结构如下：

```php
foreach(array_exp as $value){
    statement;
}
```

或

```php
foreach(array_exp as  &key=>$value){
    statement;
}
```

foreach 循环将遍历数组，每次循环时，将当前数组中的值赋予$value（或$key 和$value），同时，数据指针向后移动直到遍历结束。当使用 foreach 循环语句时，数组指针自动被重置，所以不需要手动设置指针位置。

示例 4-9

定义一个键值对数组，采用 foreach 循环遍历数组中的元素。

```php
<?php
    $a=array("new1"=>"国际新闻","new2"=>"国内新闻","new3"=>"娱乐新闻","new4"=>"军事新闻");
    foreach($a as $key=>$value){
        echo $value."  |  ";
    }
?>
```

【运行效果】 示例 4-9 运行效果如图 4-13 所示。

图 4-14 示例 4-9 运行效果

【代码解析】 代码 "$a=array("new1"=>"国际新闻","new2"=>"国内新闻","new3"=>"娱乐新闻","new4"=>"军事新闻");" 表示定义一个键值对数组$a，该数组一共有 4 个元素，采用 foreach 循环遍历该数组。

注意

当 foreach 语句作用于其他数据类型或者未初始化的变量时会产生错误。为了避免这种问题，可以使用 is_array()函数先对变量进行判断是否为数组类型，如果是，再进行其他的操作。

4.4 跳转语句

在流程控制语句中，有时会使用跳转语句，在 PHP 中跳转语句有 break、continue 和 exit 语句。

4.4.1 break 跳转语句

break 跳转语句可以结束 for、foreach、while、do-while 和 switch 语句，在实例中用到了 break 语句，用于中断整个 for、while、switch 语句。下面用 for 语句为例来说明 break 语句中断 for 循环。

示例 4-10

双重 for 循环中 break 语句，代码如下：

```php
<?php
    for($i=9;$i>=1;$i--){
        if($i<5)                  //如果 i<5,则使用 break 退出 for 循环
        break;
        for($j=$i;$j>1;$j--){        //双重循环
            if($j<5)
                break 1;        //如果 j<5 则退出第二个 for 循环，这里 break 1 表示退出。
        echo "$j*$i=".$j*$i."  ";
        }
        echo "<br/>";
    }
?>
```

【运行效果】 运行效果如图 4-15 所示。

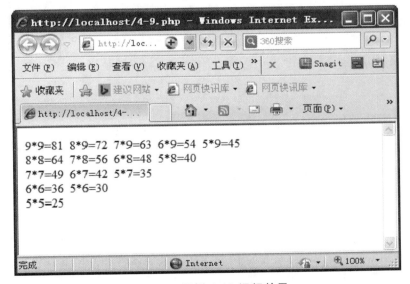

图 4-15 示例 4-10 运行效果

使用 break 语句可以将深埋在嵌套循环中的语句退出指定层数或者直接退出到最外层，break 是接收一个可选的数字来决定跳出几重语句。

示例 4-11

break 语句跳出多重语句，代码如下：

```php
<?php
    $i=0;
    while(++$i){
        switch($i){
            case 5:
                echo "变量为 5 时，退出 switch 语句<hr/>";
                break 1;
            case 10:
                echo "当变量为 10，不仅要退出 switch 而且还退出 while 语句<hr/>";
                break 2;
        }
    }
    echo "i=".$i;
?>
```

【运行效果】　示例 4-11 运行效果如图 4-16 所示。

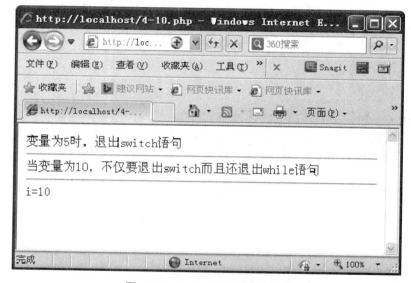

图 4-16　示例 4-11 运行效果

4.4.2　continue 语句

continue 语句只能使用在循环语句的内部，它的功能是跳过该次循环，继续执行下次循环。在 while 和 do-while 语句中 continue 语句跳转到循环条件处开始继续执行，在 for 循环中 continue 语句执行下一次循环，变量更新。

continue 的功能如下：

➤ 和 break 语句一样，continue 语句通常在循环中使用，也可以接受一个可选的数字参数来决定跳出多重循环。

➤ 在循环中遇到 continue 语句后，就不会执行该次循环中位于 continue 后面的语句。

➤ continue 语句用于结束当次循环，继续下一次循环。

示例 4-12

continue 语句的运行，代码如下：

```php
<?php
$sum=0;
for($i=1;$i<=100;$i++){
    if($i%10==3)
    continue;
    $sum=$sum+$i;
}
echo "结果为 $sum";
?>
```

【代码解析】 上列循环中加了一个 if 判断语句，如果 sum 的个位数为 3，就跳转执行下一次循环。

4.4.3 exit 语句

程序执行到 exit 语句时，不管在哪种结构中，都会直接退出当前程序，exit() 是一个函数，die() 函数是 exit() 函数的别名，可以带一个参数来输出一条信息，并退出当前脚本。常使用在连接数据库、选择数据、sql 语句中，执行失败的语句中。可以使用三种方式输出错误信息。

示例 4-13

exit 的三种方式输出，代码如下：

```php
<?php
//连接 mysql 数据库了，如果连接失败使用 exit()函数输出连接失败的信息，并退出当前脚本
$conn=mysql_connect("localhost","root","123") or exit("连接失败");
//选择数据库，如果失败采用 die()函数输出失败信息
mysql_select_db("db") or die("选择数据库失败");
$result=mysql_query("select * from table")
if($result){
    exit;
}
?>
```

📖 实战案例

案例 1：用 if 语句判断 100 以内的奇数偶数

【算法分析】 如何判断一个数的奇偶性，如果能被 2 整除表示偶数，不能被 2 整除表示奇数。

【详细代码】

```php
<?php
    $jishu="奇数：";
    $oushu="偶数：";
    for($i=1;$i<=100;$i++){
        //判断偶数
        if($i%2==0){
            $oushu.="、".$i;
        }
        else{
            $jishu.="、".$i;
        }
    }
    echo $oushu."<hr/>".$jishu;
?>
```

【运行效果】 运行效果如图 4-17 所示。

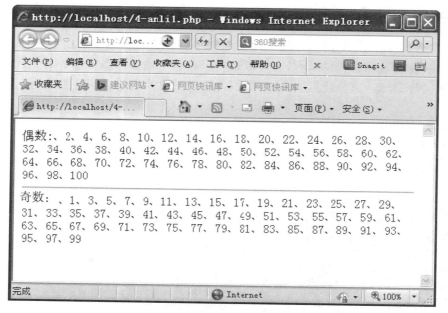

图 4-17 案例 1 运行效果

案例 2：美女征婚系统

【案例描述】 美女在网上进行征婚，征婚条件有：年龄 25～33 岁；身高 170～185 cm；体重 125～145 斤；学历：本科及以上。

【算法分析】 定义 4 个变量，分别为 age、hight、weight、xueli。年龄在 25～33 岁，采用 if 条件实现；身高在 170～185 cm，采用 if 条件实现；体重在 125～145 斤，采用 if 语句实现；学历本科以上，有本科、硕士、博士、博士后，可采用 if 语句实现。假设一个应征男嘉宾年龄 28 岁，学历本科，身高 168 cm，体重 125 斤，请问该男士能满足美女的征婚条件吗？

【详细实现】

```php
<?php
$age=28;
$height=168;
$weight=125;
$xueli="本科";
$bool=true;
if($age>=25 && $age<=33 ){
    if($height>=170 && $height<=185){
        echo "身高:$height  ";
    }
    else{
        $bool=false;
        echo "身高不符合  ";
    }
    if($weight>=125 && $weight<=145){
        echo "体重:$weight  ";
    }
    else{
        $bool=false;
        echo "体重不符合";
        break;
    }
    if($xueli=="本科" || $xueli=="硕士" ||$xueli=="博士" ||$xueli=="博士后"){
        echo "学历:$xueli  ";
    }
    else{
        $bool=false;
        echo "学历不符合  ";
    }
    echo "年龄 : $age";
}
else{
    echo "年龄不符合  ";
}
if($bool){
    echo "<hr/>结论：该男士符合征婚条件";
}
else{
    echo "<hr/>结论：该男士不符合征婚条件";
}
?>
```

【运行效果】　　运行效果如图 4-18 所示。

【代码解析】　　在代码中定义了一个 bool 类型 "$bool=true;" 主要用于判断男士是否符合征婚条件，如果不符合征婚条件，其值为 false ，所以在代码中有 "if($bool){echo "<hr/>结论：该男士符合征婚条件"; } else{echo "<hr/>结论：该男士不符合征婚条件";}" 这段代码来说明征婚男士的结论。

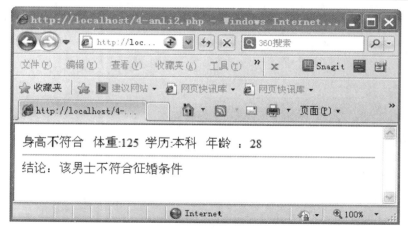

图 4-18　案例 2 运行效果

案例 3：用 switch 语句实现员工生日祝福系统

【案例描述】　某公司为了营造良好的企业文化，拉近与员工的距离，特制作一个员工生日祝福系统。该公司员工共计 9 人。

表 4-1　员工生日

姓名	周浩	王青	刘宗敏	赵清月	方世玉	杨青青	周悦	刘浩	王铭
生日	10-1	10-15	02-23	09-11	10-2	07-18	10-2	06-27	04-01

【算法分析】　公司 9 个员工的姓名以及生日可以采用二维数组来实现，获取当前时间可以通过时间函数来获取，通过 switch 语句判断当前的日期是否与员工生日相同，如果当前时期与员工的生日相同，就输出祝福该员工生日快乐，公司送出生日礼金 200 元。

【详细代码】

```php
<?php
//定义一个二维数组，包括员工的姓名和生日
 $yg=array(array("周浩","10-1"),
            array("王青","10-15"),
            array("刘宗敏","02-23"),
            array("赵清月","09-11"),
            array("方世玉","10-2"),
            array("杨青青","07-18"),
            array("周悦","10-2"),
            array("刘浩","06-27"),
            array("王铭","04-01"),
 );
 //获取当前时间的月和日
 $d=date("m-d");
 switch($d){
      case $yg[0][1]:
       echo "今天的日期为：$d <br/>";
       echo $yg[0][0]."今天是你的生日，全公司的员工祝你生日快乐，特送你 200 元生日
```

```
礼金，礼金已经打到你工资卡上了";
            break;
        case $yg[1][1]:
        echo "今天的日期为：$d <br/>";
        echo $yg[1][0]."今天是你的生日，全公司的员工祝你生日快乐，特送你 200 元生日
礼金，礼金已经打到你工资卡上了";
            break;
        case $yg[2][1]:
        echo "今天的日期为：$d <br/>";
        echo $yg[2][0]."今天是你的生日，全公司的员工祝你生日快乐，特送你 200 元生日
礼金，礼金已经打到你工资卡上了";
            break;
        case $yg[3][1]:
        echo "今天的日期为：$d <br/>";
        echo $yg[3][0]."今天是你的生日，全公司的员工祝你生日快乐，特送你 200 元生日
礼金，礼金已经打到你工资卡上了";
            break;
        case $yg[4][1]:
        echo "今天的日期为：$d <br/>";
        echo $yg[4][0]."今天是你的生日，全公司的员工祝你生日快乐，特送你 200 元生日
礼金，礼金已经打到你工资卡上了";
            break;
        case $yg[5][1]:
        echo "今天的日期为：$d <br/>";
        echo $yg[5][0]."今天是你的生日，全公司的员工祝你生日快乐，特送你 200 元生日
礼金，礼金已经打到你工资卡上了";
            break;
        case $yg[6][1]:
        echo "今天的日期为：$d <br/>";
        echo $yg[6][0]."今天是你的生日，全公司的员工祝你生日快乐，特送你 200 元生日
礼金，礼金已经打到你工资卡上了";
            break;
        case $yg[7][1]:
        echo "今天的日期为：$d <br/>";
        echo $yg[7][0]."今天是你的生日，全公司的员工祝你生日快乐，特送你 200 元生日
礼金，礼金已经打到你工资卡上了";
            break;
        case $yg[8][1]:
        echo "今天的日期为：$d <br/>";
        echo $yg[8][0]."今天是你的生日，全公司的员工祝你生日快乐，特送你 200 元生日
礼金，礼金已经打到你工资卡上了";
            break;
    }
?>
```

【运行效果】　运行效果如图 4-19 所示。

【代码解析】　定义一个二维数组"$yg=array(array("周浩","10-1"),...)"，该二维数组包括了员工的姓名和生日，代码"$d=date("m-d");"定义当前日期变量，通过 date()函数获取当前日期的月和日，代码"switch($d){case $yg[0][1]:...}"通过 switch 语句来比较当前日期与员工是否相同，如果相同，则输出生日祝福。

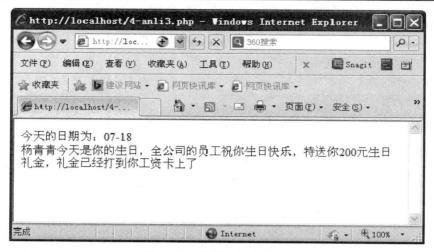

图 4-19　案例 3 运行效果

本章的主要内容为顺序结构、选择结构、循环结构，它们并不是孤立的，在循环结构中可以有顺序结构、选择结构。其实不管是哪种结构，都可以看作是语句。在实际的编程过程中常用这三种结构相互结合来实现各种算法，设计出相应的程序，但如果是一个大的项目，就可能出现编程量大、代码复杂、结构重复、程序长等问题，从而造成程序可读性差，难以理解。解决这个问题的方法是把程序模块化，我们将在第 6 章中进行详细的介绍。

1. 输出 10 次 "for 循环语句
"。

2. 根据时间函数 date 和 switch 语句，输出今天是星期几。

3. 输入一个人的年龄，判断他是否为退休人员。男士的退休年龄为 60，女士的退休年龄为 55。

4. 用 for 循环求 20!。

5. 求 456、897、234 这三个数的百位数、十位数、个位数的和。

第5章　数　组

数组是PHP中最重要的数据类型之一，在PHP中的应用非常广泛。数组在PHP中提供了丰富的数组处理函数和方法，数组变量可以存储任意多个、任意类型的数据，并且可以实现其他数据类型中的堆、栈、队列等数据结构的功能。使用数组的目的，就是将多个相互关联的数据，组合成一个集合，作为一个单元使用，从而达到批量处理数据的目的。在本章中主要介绍了数组的作用、数组的类型、数组的声明方式、数组的遍历方式以及数组强大的内置函数，并结合实际的案例运用数组、分析数组。

学　习　目　标

➢ 掌握数组的概念
➢ 掌握数组的类型
➢ 掌握数组的常用操作
➢ 能熟练进行数据的输出和数组的遍历
➢ 掌握数组函数
➢ 熟练掌握数组拆分、合并

📖 引导案例

数组是PHP中最重要的数据类型之一，在代码编写过程中程序员经常会使用数组，把有关联的数据定义成一个数组，可以减少代码冗余。在PHP中数组跟其他编程语言区别很大，在PHP中数组有两种类型，一种与其他编程语言的数组类型相似，叫索引数组；另一种与其他编程语言的数组差别很大，叫关联数组。本章运用丰富的案例来详细讲解不同数组的使用方法和遍历方法。

📖 相关知识

5.1　数组的概述

数组的本质是存储、管理和操作的一组变量。数组也是PHP中的8种数据类型之一，它属于复合数据类型。数组用来存储一系列变量值的命名区域，因此，可以使用数组来组织多个变量，对数组的操作也是对这些基本组成部分的操作。初始学习数组感觉有些复杂，但功能是十分强大的，在 PHP 中数组存放数据的容量可以根据里面元素个数的增减来自动调整。

在表 5-1 中有 3 条记录，每条数据中有 5 列信息，在程序中如何使用这些数据呢？如果按一个数据一个变量来定义，那么要定义 15 个变量，如果该表中 100 条记录，那么则需要定义 500 个变量，显然这种做法是不现实的。这不仅在声明变量时需要大量的时间，也会直接带来烦琐的代码，导致有大量冗余的代码。如何解决这个问题？可以使用复合数据类型去声明表 5-1 中的数据。

表 5-1　学生联系表

学　号	姓　名	性　别	年　龄	联系方式
120301001	周　浩	男	18	1352367×××××
120301001	刘明珠	女	19	1896784×××××
120301001	王青云	男	18	1852318×××××

数组的使用目的，就是将多个相互关联的数据组织成一个集合，作为一个数据单元来使用。表 5-1 中的数据，可以把每一条数据定义成一个一维数组，也可以将这个表中的所有数据定义成一个二维数组，实现了一个表中的数据使用一个变量来声明的目的，只要对二维数组进行操作就可以对表 5-1 中的数据进行操作了。例如，可以使用双重循环将二维表中的每个数据都遍历出来，以用户定义的形式输出到浏览器中，也可以将数组中数据一起插入数据库中，还可以将数组直接转换为 XML 文件使用等。

5.2　数组的类型

PHP 中的数组可以分为一维数组、二维数组和多维数组，不管是一维数组还是二维数组，都可以统一将数组分为索引数组和关联数组两种。其中索引数组与其他编程语言的数组都采用下标 0 开头，但是定义方法、遍历不一样。关联数组是 PHP 程序中使用非常广泛的一种数组，它与其他编程语言的数组区别很大。

5.2.1　索引数组

存储在数组中的单个值称为数组的元素，每个数组元素都有一个相关的索引，可以视为数据内容在此数组中的别名，通常也叫数组的下标。可以用数组的下标来访问对应的数组元素。索引数组的索引值是整数，以 0 开始，依次递增。通过位置标识数组元素时，可以使用索引数组。索引数组的最大特点是下标从 0 开始，依次递增，在 PHP 中数组大小是没有限制的，可以通过索引下标递增的方式再添加数组元素。

在表 5-2 中，一条记录为数组变量$a，其中 "120301001" 数据为$a 数组变量中的一个元素，可以直接用数组下标$a[0]表示，下标是一组有序的整数，从 0 开始，依次递增。"18"也为数组变量$a 的一个元素，可以直接用数组小标$a[3]表示。

表 5-2　索引数组下标

120301001	周浩	男	18	13523671872
[0]	[1]	[2]	[3]	[4]

5.2.2　关联数组

关联数组中每个数组元素都有一个键（key），每一个键都对应一个值（value）。关联数组以字符串来作为索引值，在其他编程语言中十分少见，在 PHP 中使用字符串作为下标的关联数组使用起来也非常方便，通过键名来标识数组元素时，可以使用关联数组。

关联数组是键和值对的无序集合，每一个键都是一个唯一的字符串。在表 5-3 中，一条记录为数组变量$a，其中"120301001"数据为 $a 数组变量的一个元素，可以直接使用键名$a["学号"]表示。关联数组中的键名是无序的，键名是由字符串来组成，并且是唯一的。如数据"18"可以直接用$a["年龄"]表示。

表 5-3　关联数组下标

120301001	周浩	男	18	13523671872
["学号"]	["姓名"]	["性别"]	["年龄"]	["联系方式"]

5.3　数组的定义

在 PHP 中数组定义十分灵活，与其他编程语言中的数组不同，PHP 数组的定义不需要在创建数组时指定数组的大小，甚至不需要在使用数组前先进行声明，也可以在同一个数组中存储任何数据类型的数据。PHP 支持一维数组、二维数组和多维数组，用户可以自由定义，也可以直接从数据库处理函查询数据库生成数组，以及一些函数返回数组。

在 PHP 中数据定义方法有以下两种：

➢ 直接为数组元素赋值即可声明数组；
➢ 使用 array()函数声明数组。

5.3.1　直接赋值方法声明数组

数组中索引值（下标）只有一个数组称为一维数组，在数组中这是最简单的一种，也是最常见的一种。使用直接为数组元素赋值方法声明一维数组的语法如下：

```
//其中下标可以为数字也可以为字符串，如果下标为数字则说明是索引数组，如果下标为字符串
则说明为关联数组
$数组变量名[下标]=值    ;
```

在 PHP 中数组的大小是没有限制的，所以在数组初始化的同时就可以对数组进行声明，在数组变量名通过"[]"中使用数字声明的是索引数组，使用字符串声明的是关联数组。直

接赋值方法声明数组详见示例 5-1。

示例 5-1

直接赋值方式声明数组，详细代码如下：

```php
<?php
    //直接赋值方式声明索引数组
    $a[0]="120301001";
    $a[1]="周浩";
    $a[2]="男";
    $a[3]="18";
    $a[4]="13523671872";
    //直接赋值方式声明关联数组
    $b["学号"]="120301001";
    $b["姓名"]="周浩";
    $b["性别"]="男";
    $b["年龄"]="18";
    $b["联系方式"]="13523671872";
    //数组元素的输出
    echo  "索引数组元素值：".$a[0]."、".$a[1]."、".$a[2]."、".$a[3]."、
".$a[4]."<br/>";
    echo  "关联数组元素值：".$b["学号"]."、".$b["姓名"]."、".$b["性别"]."、".$b["
年龄"]."、".$b["联系方式"]."<br/>";
    ?>
```

【运行效果】 示例 5-1 运行效果如图 5-1 所示。

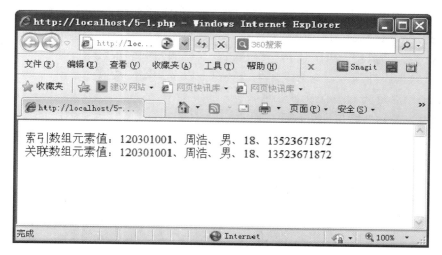

图 5-1　示例 5-1 运行效果

【代码解析】 在上列代码中声明了两个变量$a 和$b，其中$a 变量采用直接赋值方法实现，代码 "$a[0]="120301001";$a[1]="周浩";……$a[4]="13523671872"; $b["学号"]="120301001"; $b["姓名"]="周浩";"，从这段代码中可以看出，变量$a 数组共有 5 个元素，由于 PHP 中对数组大小没有限制，可以通过直接赋值方法添加数组元素，如 "$a[5],$a[6]"。数组的访问也可

以通过下标方式进行，如代码 "echo"索引数组元素值："$a[0]."、".$a[1]."、".$a[2]."、".$a[3]."、".$a[4]."
";echo"关联数组元素值："$b["学号"]."、".$b["姓名"]."、".$b["性别"]."、".$b["年龄"]."、".$b["联系方式"]."
";"，就可直接访问数组元素。

5.3.2　打印数组函数

在程序的调试过程中，如果只想查看程序中数组的所有元素和下标，可以使用 print_r() 函数或者 var_dump() 函数打印数组中所有的元素。

示例 5-2

打印数组中的所有元素和下标，详细代码如下：

```php
<?php
    //直接赋值方式声明索引数组
    $a[0]="120301001";
    $a[1]="周浩";
    $a[2]="男";
    $a[3]=18;
    $a[4]="13523671872";
    $a[5]="120301";
    $a[6]="软件工程";
    $a[7]="篮球、游泳、足球、K 歌";
    //直接赋值方式声明关联数组
    $b["学号"]="120301001";
    $b["姓名"]="周浩";
    $b["性别"]="男";
    $b["年龄"]=18;
    $b["联系方式"]="13523671872";
    $b["班级"]="120301";
    $b["专业"]="软件工程";
    $b["爱好"]="篮球、游泳、足球、K 歌";
    //使用 var_dump()函数打印数组元素
    echo '使用 var_dump()函数打印数组变量$a 中的元素和下标<hr/>';
    var_dump($a);
    //使用 print_r()函数打印数组元素
    echo '使用 print_r()函数打印数组变量$a 中的元素和下标<hr/>';
    print_r($a);
    //使用 var_dump()函数打印数组元素
    echo '使用 var_dump()函数打印数组变量$b 中的元素和下标<hr/>';
    var_dump($b);
    //使用 print_r()函数打印数组元素
    echo '<hr/>使用 print_r()函数打印数组$b 元素<hr/>';
    print_r($b);
?>
```

【运行效果】　示例 5-2 运行结果如图 5-2 所示。

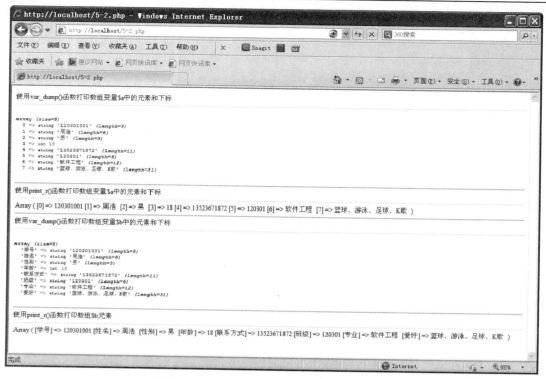

图 5-2　打印函数输出数组的元素和下标

【代码解析】　　示例 5-2 中，使用 print_r()函数打印输出结果有元素下标和值，使用 var_dump()函数打印输出结果，有数组元素下标、元素数据类型和值。

示例 5-3

采用下标数字和字符串混合方式声明数组变量。采用这种方式声明一维数组，一般情况下很少使用。详细代码如下：

```php
<?php
    //使用下标数字和字符串混合方式定义数组
    $a[0]="120301001";
    $a[1]="周浩";
    $a[2]="男";
    $a[3]=18;
    $a[4]="13523671872";
    $a["班级"]="120301";
    $a["专业"]="软件工程";
    $a["爱好"]="篮球、游泳、足球、K歌";
    //使用 var_dump()函数打印数组元素
    echo '使用 var_dump()函数打印数组变量$a 中的元素和下标<hr/>';
    var_dump($a);
    //使用 print_r())函数打印数组元素
    echo '<hr/>使用 print_r()函数打印数组变量$a 中的元素和下标<hr/>';
    print_r($a);
?>
```

【运行效果】　示例 5-3 运行效果如图 5-3 所示。

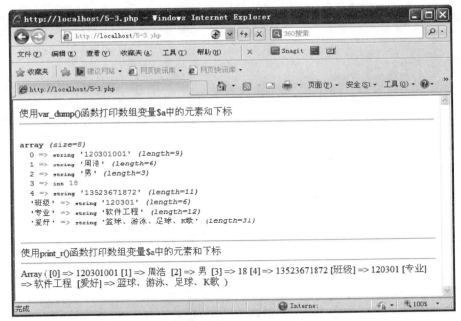

图 5-3　使用数字和字符串下标混合定义数组

示例 5-4

不带下标声明数组，详细代码如下：

```php
<?php
    //不带下标数字和字符串混合方式定义数组
    $a[]="120301001";
    $a[]="周浩";
    $a[]="男";
    $a[]=18;
    $a[]="13523671872";
    $a[]="120301";
    $a[]="软件工程";
    $a[]="篮球、游泳、足球、K歌";
    //使用 print_r()函数打印数组元素
    echo '<hr/>使用 print_r()函数打印数组变量$a 中的元素和下标<hr/>';
    print_r($a);
?>
```

【代码解析】　不带下标声明数组，其索引值自动为 0、1、2、3、4、5、6、7。采用这种简单的赋值方式，可以非常简便初始化索引值为连续递增的索引数组。在 PHP 中索引下标也可以是非连续的值，只要在初始化时指定非连续的下标值即可。如果指定的下标值已经声明过，则属于对变量重新赋值。如果没有指定索引值的元素与指定索引值的元素混在一起赋值，没有指定的索引值的元素为默认索引值，紧跟在指定索引值元素的最高的索引值后依次递增。

```php
<?php
    //不带下标数字和字符串混合方式定义数组
    $a[]="120301001";
    $a[4]="周浩";
    $a[]="男";
    $a[7]=18;
    $a[]="13523671872";
    $a[]="120301";
    $a[]="软件工程";
?>
```

在上列代码混合声明变量$a中，下标值分别为 0、4、5、7、8、9、10。

5.3.3 使用 array()函数声明数组

数组声明的另一种方法就是使用 array()函数来新建一个数组，创建关联数组时，采用 key=>value 键值对，用逗号进行分割。语法格式如下：

```php
//创建索引数组
$a=array(值 1, 值 2, 值 3……);
//创建关联数组
$b=array(key1=>value1,key2=>value2,key3=>value3……,keyn=>valuen);
```

示例 5-5

使用 array()函数创建数组，详细代码如下：

```php
<?php
    //使用 array()定义索引数组
    $a=array("120301001","周浩","男",18,"13523671872");
    //使用 array()关联索引数组，方法一
    $b=array("学号"=>"120301001",
            "姓名"=>"周浩",
            "性别"=>"男",
            "年龄"=>18,
            "联系方式"=>"13523671872"
            );
    //使用 array()关联索引数组，方法二
    $c["学号"]="120301001";
    $c["姓名"]="周浩";
    $c["性别"]="男";
    $c["年龄"]=18;
    $c["联系方式"]="13523671872";
    echo '<hr\>输出数组变量$b<hr\>';
    print_r($b);
    echo '<hr\>输出数组变量$c<hr\>';
    print_r($c);
?>
```

【运行效果】　示例 5-5 运行效果如图 5-5 所示。

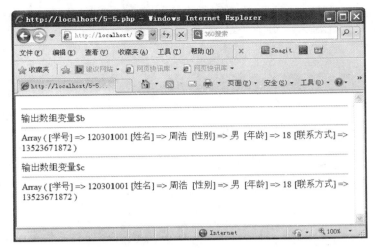

图 5-4　示例 5-5 运行效果

【代码解析】　使用 array()函数定义索引数组，默认的索引值从 0 开始，依次递增。使用 array()函数定义关联数组，就必须使用"=>"符号，数组元素用","相隔。

5.3.4　多维数组的创建

数组是用来存储一系列变量值的命名区域。在 PHP 中，数组可以存储 PHP 支持的各种类型的数据，也包括在数组中存储数组类型的数据。如果数组中的元素仍为数组，就构成了包含数组的数组，即多维数组。

如何把表 5-4 的数据定义成一个数组？可以将一条记录看成一个数组，4 条记录看成是 4 条一维的数组，如果记录很多时，就可以把这些一维数组的数据存放到另外一个数组，一个一维的数组作为另一个数组的一个元素，这样存放的多个一维数组就组成了一个二维数组。表 5-4 中的数据就可以存放在一个数组变量中，只要程序对这个二维的数据进行处理，就可以对整个表进行操作。

表 5-4　图书信息表

图书编号	图书名	出版社	作者	出版时间
J-C1000101	C 语言程序设计	清华出版社	周铭	2012-03
M-T2000502	图形设计 Photoshop	大连理工出版社	王明海	2011-09
J-C000204	PHP 程序设计	铁道出版社	刘浩	2013-12

二维数组的声明与一维数组的声明是一致的，只是将数组的每个元素声明成一个一维的数组，也可以直接为数组元素赋值和使用 array()函数进行声明。

示例 5-6

二维数组的声明，详细代码如下：

```php
<?php
    //直接赋值方式声明二维数组，数组的元素为一维数组
    $a["图书编号"]=array("J-C1000101","M-T2000502","J-C000204");
    $a["图书名"]=array("C 语言程序设计","图形设计 Photoshop","PHP 程序设计");
    $a["出版社"]=array("清华出版社","大连理工出版社","铁道出版社");
    $a["作者"]=array("周铭","王明海","刘浩");
    $a["出版时间"]=array("2012-03","2011-09","2013-12");
    echo '使用 print_t()打印数组<hr/>';
    print_r($a);
    //使用 array()函数声明二维数组
    echo "<hr/>使用 array()函数声明二维数组";
    $b=array(
            array("J-C1000101","C 语言程序设计","清华出版社","周铭","2012-03"),
            array("M-T2000502","图形设计 Photoshop","大连理工出版社","王明海","2011-09"),
            array("J-C000204","PHP 程序设计","铁道出版社","刘浩","2013-12")
            );
    echo '使用 print_t()打印数组<hr/>';
    print_r($b);
    //使用 array()函数声明二维关联数组
    echo "<hr/>使用 array()函数声明二维关联数组";
    $c=array(
            array("图书编号"=>"J-C1000101","图书名"=>"C 语言程序设计","出版社"=>"清华出版社","作者"=>"周铭","出版时间"=>"2012-03"),
            array("图书编号"=>"M-T2000502","图书名"=>"图形设计 Photoshop","出版社"=>"大连理工出版社","作者"=>"王明海","出版时间"=>"2011-09"),
            array("图书编号"=>"J-C000204","图书名"=>"PHP 程序设计",    "出版社"=>"铁道出版社","作者"=>"刘浩","出版时间"=>"2013-12")
            );
    echo '使用 print_t()打印数组<hr/>';
    print_r($c);
?>
```

【运行效果】 示例 5-6 运行效果如图 5-5 所示。

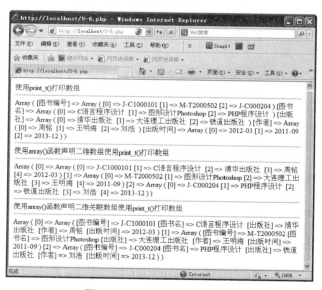

图 5-5 示例 5-6 运行效果

前面讲过，访问一维数组使用数组名称和索引值，二维数组的访问方式与一维数组的访问方式一致。

```
$b=array(
        array("J-C1000101","C 语言程序设计","清华出版社","周铭","2012-03"),
        array("M-T2000502","图形设计 Photoshop","大连理工出版社","王明海","2011-09"),
        array("J-C000204","PHP 程序设计", "铁道出版社","刘浩","2013-12")
        );
```

该代码为创建一个索引的二维数组，访问第一元素$b[0][0]，访问第二行第三列元素$b[1][2]，其中 0 代表第一个元素。

```
echo "第一本书的图书号为".$b[0][0];
echo "第三本书的作者：".$b[2][3];
```

如果二维数组元素中包含了数组，就构成了三维数组，但是三维数组并不常用。以示例5-7进行说明。

示例 5-7

创建一个三维数组，见表 5-5 ~ 5-7。

表 5-5　制作部 6 月份员工工资表

编　号	姓　名	职　位	工　资
01	刘昊	制作部经理	10000
02	王忠	副经理	8000
03	周浩青	职员	4000

表 5-6　市场部 6 月份员工工资表

编　号	姓　名	职　位	工　资
01	周权	市场部经理	12000
02	刘梅	副经理	10000
03	张昊明	职员	4500

表 5-7　财务处 6 月份员工工资表

编　号	姓　名	职　位	工　资
01	向红	财务处经理	8000
02	龙悦	副经理	6000
03	刘青州	职员	3000

创建一个三维数据存储表 5-5 ~ 5-7 中的数据，代码如下：

```php
<?php
    //创建一个三维数组
    $a=array(
            "制作部"=>array(
                array("01","刘昊","制作部经理",10000),
                array("02","王忠","副经理",8000),
```

```
          array("03","周浩青    ","职员",4000),
          ),
        "市场部"=>array(
          array("01","周权","市场部经理",12000),
          array("02","刘梅","副经理",10000),
          array("03","张昊明    ","职员",4500),
          ),
        "财务部"=>array(
          array("01","向红"," 财务处经理",8000),
          array("02","龙悦","副经理",6000),
          array("03","刘青州    ","职员",3000),
          ),
      );
  //打印制作部的数据
  echo "打印制作部的数据<hr/>";
  print_r($a["制作部"]);
  echo "<BR/>打印市场部的数据<hr/>";
  print_r($a["市场部"]);
  echo "<br/>打印财务部的数据<hr/>";
  print_r($a["财务部"]);
  echo "<br/>打印市场部的第2个元素的数据<hr/>";
  print_r($a["市场部"][1]);
  echo "<br/>打印['制作部'][1]的第3个元素的数据<hr/>";
  print_r($a["制作部"][1][2]);
?>
```

【运行效果】示例 5-7 运行效果如图 5-6 所示。

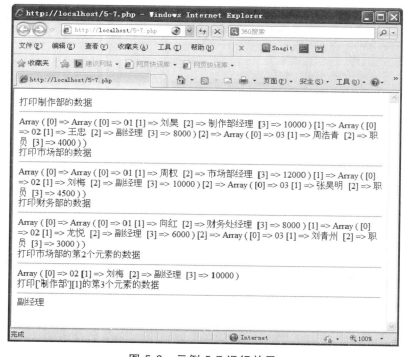

图 5-6 示例 5-7 运行效果

【代码解析】 示例 5-7 中，定义一个三维数组，存放了 3 个部门的工资，每个部门定义了一个二维数组，存放部门员工的工资数据。使用 "print_r($a["制作部"]);" 打印制作部的二维数组，使用 "print_r($a["市场部"][1]);" 打印一维数组，使用 "print_r($a["制作部"][1][2]);" 打印一个数据。

5.4 数组的输出与遍历

在 PHP 中，使用数组的目的就是将多个相互关联的数据，组织在一起形成一个集合，作为一个单元使用，达到批量处理数据的目的，大部分的数据是要通过遍历来处理数组中的每个元素。

5.4.1 使用 for 循环来遍历数组

在其他的编程语言中，常常使用 for 循环来遍历数组，通过数组的下标来访问数组中的每一个元素，但要求数组下标是连续的。for 循环常使用在索引数组遍历中，关联数组不适合使用 for 循环进行遍历。

示例 5-8

遍历一维数组，详细代码如下：

```php
<?php
    //定义一个一维数组
    $a=array("01","刘昊  ","制作部经理",10000);
    //使用 for 循环遍历一维数组
    for($i=0;$i<4;$i++){
        echo "第".$i."个数组的元素的值: ".$a[$i]."</br/>";
    }
?>
```

【运行效果】 示例 5-8 运行效果如图 5-7 所示。

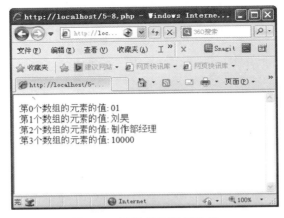

图 5-7 示例 5-8 运行效果

【代码解析】 采用 for 循环来遍历数组，代码"for($i=0;$i<4;$i++){echo "第".$i."个数组的元素的值: ".$a[$i]."</br>";}"。但实际的编码过程中，常常把数据遍历的结果放在 html 的表格中输出到浏览器中。使用 count（ ）函数来获取数组的长度，for 循环的次数由数组的长度决定。代码如下：

```php
<?php
    //定义一个一维数组
    $a=array("01","刘昊 ","制作部经理",10000);
    //制作表格表头
    echo '<table width="500" border="1">';
    echo '<caption><h1>制作部工资表</h1></caption>';
    echo '<tr>';
    //输出字段名称
    echo '<th>员工编号</th><th>姓名</th><th>职位</th><th>薪资</th></tr><tr>';
    //使用 for 循环遍历一维数组
    for($i=0;$i<count($a);$i++){
        echo "<td>".$a[$i]."</td>";
    }
    echo "</tr></table>";
?>
```

【运行效果】 带表格遍历输出一维数组，运行效果如图 5-8 所示。

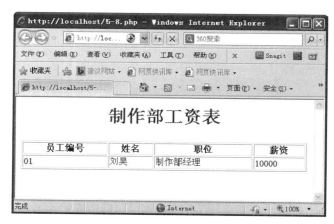

图 5-8　带表格遍历输出一维数组运行效果

遍历多维数组时，可以使用嵌套循环来实现，在使用 for 循环的嵌套时，必须是连续的索引值。

示例 5-9

使用双重 for 循环遍历二维数组，详细代码如下：

```php
<?php
    //创建一个二维数组
    $a=array(
            array("01","刘昊 ","制作部经理",10000),
```

```
            array("02","王忠","副经理",8000),
            array("03","周浩青","职员",4000)
        );
    //使用双重循环遍历二维数组
    for($i=0;$i<count($a);$i++){
        echo "<hr/>";
        //遍历二维数组中的一维数组
        for($j=0;$j<count($a[$i]);$j++){
        echo $a[$i][$j]."  ";
        }
    }
?>
```

【运行效果】 示例 5-9 运行效果如图 5-9 所示。

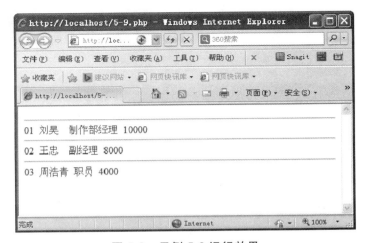

图 5-9 示例 5-9 运行效果

5.4.2 使用 foreach 循环来遍历数组

PHP4 以上引入了 foreach 结构，foreach 是专门为遍历数组而设计的语句，是遍历数组的简易方法。使用 foreach 数组与下标无关，不管是否连续的数字索引还是关联的字符串下标索引，都可以使用 foreach 语句来遍历数组。foreach 循环只能用于数组和对象。

foreach 语句有两种语法格式：

```
//第一种语法格式：
foreach(array_expression as $value){
    循环体
}
//第二种语法格式：
foreach(array_expression as $key=>$value){
    循环体；
}
```

第一种 foreach 遍历给定数组变量，每次循环中，当前元素的值被赋予$value，并且把数组内部的指针向后移动一步，因此每一次将会得到数组的下一个元素，直到数组的结尾停止循环，这样就遍历了整个数组。

示例 5-10

使用 foreach 第一语法格式遍历数组，详细代码如下：

```php
<?php
    //定义一个一维数组
    $a=array("01","刘昊 ","制作部经理",10000);
    $i=0;
    //使用 foreach 第一种语法格式遍历数组
    foreach($a as $value){
        echo "第".++$i."元素的值: ".$value."<hr/>";
    }
?>
```

【运行效果】 示例 5-10 运行效果如图 5-10 所示。

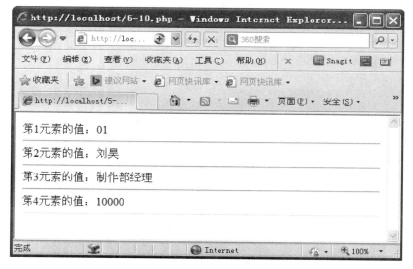

图 5-10 示例 5-10 运行效果

foreach 第二种语法格式与第一种语法格式类似，只是当前元素的键名会在循环时被赋给 $key。

示例 5-11

使用 foreach 第二种遍历数组，详细代码如下：

```php
<?php
    //创建一个二维数组
    $b=array("学号"=>"120301001",
             "姓名"=>"周浩",
             "性别"=>"男",
```

```
            "年龄"=>18,
            "联系方式"=>"13523671872"
            );
    //使用 foreach 第二种方法遍历二维数组
    foreach($b as $key=>$value){
        echo $key.":".$value."<br/>";
    }
?>
```

【运行效果】 示例 5-11 运行效果如图 5-11 所示。

图 5-11 示例 5-11 运行效果

使用 foreach 循环来遍历多维数组，以示例 5-7 中的三维数组为例。详细代码如下：

```
<?php
    //创建一个三维数组
    $a=array(
            "制作部"=>array(
                array("01","刘昊 ","制作部经理",10000),
                array("02","王忠","副经理",8000),
                array("03","周浩青    ","职员",4000),
                ),
            "市场部"=>array(
                array("01","周权 ","市场部经理",12000),
                array("02","刘梅","副经理",10000),
                array("03","张昊明    ","职员",4500),
                ),
            "财务部"=>array(
                array("01","向红","  财务处经理",8000),
                array("02","龙悦","副经理",6000),
                array("03","刘青州    ","职员",3000),
                ),
            );
```

```
//使用 foreach 遍历三维数组
foreach($a as $sec=>$table){
    //最外层的 foreach 循环遍历出 3 个表格,遍历出键名和值
    echo "<table border=1 width=600 align=center>";
    echo '<caption><h2>'.$sec.'6月工资表</h2></caption>';
    echo '<tr><th>编号</th><th>姓名</th><th>职位</th><th>薪资</th></tr>';
    //第二次 foreach 循环每个表格的行
    foreach($table as $row){
        echo "<tr>";
        //第三层循环
        foreach($row as $col){
            echo "<td>".$col."</td>";
        }
        echo "</tr>";
    }
    echo "</table>";
}
?>
```

【运行效果】 foreach 遍历三维数组运行效果如图 5-12 所示。

图 5-12 foreach 遍历三维数组运行效果

5.5　数组函数以及数组拆分合并

PHP 提供了非常多的数组函数，多达 110 个，在实际运用中，只需要掌握极为常用的函数即可。这是一种比较好的学习方法，在编程过程中，遇到不熟悉的函数，通过查找 PHP 函数手册就可以找到相应的函数用法。

5.5.1　常见的数组函数

1. 判断变量名是否为数组

在实际应用过程中经常需要对某些变量进行判断，检查是否为数组类型或者其他类型，内置函数 is_array() 进行判断变量是否为数组。

```
格式：
//返回结果为 boolean 类型，如果为数组则返回 rue，否则返回 false
boolean is_array(表达式);
```

示例 5-12

判断变量是否为数组，详细代码如下：

```php
<?php
    $a=array(1,"dd","dddd");
    if(is_array($a))
        echo '变量a是数组类型';
    else
        echo '变量a不是数组类型';
?>
```

2. 在数组头添加元素

array_unshift() 函数用于在数组头添加元素，所有已有数组键都会做相应的修改，重新反映在数组中新的位置。

```
格式：
int array_unshift(array  &$array,mixed $var[,mixed $var]);
```

示例 5-13

在数组头添加元素，详细代码如下：

```php
<?php
    $a=array(1,"dd","dddd");
    print_r($a);
    array_unshift($a,"hello","数组");
    print_r($a);
?>
```

【运行效果】 示例 5-13 的运行效果如图 5-13 所示。

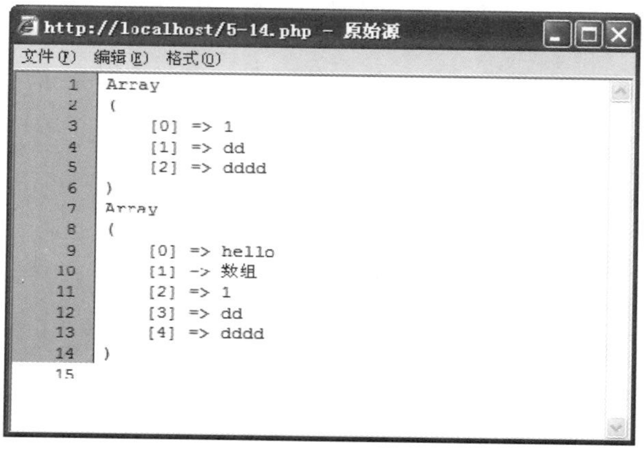

图 5-13 示例 5-13 的运行效果

3. 从数组头删除元素

array_shift()函数用于将数组的第一个单元移除并作为结果进行返回，数组的长度减 1 并将其他元素向前移动一位，如果数组为空，则返回值为 NULL。

```
格式：
mixed array_shift(array &$array);
```

示例 5-14

从数组头删除元素，详细代码如下：

```
$a=array(1,"dd","dddd");
array_shift($a);
```

4. 获取数组键

array_keys()函数返回包含数组中所有键名的一个新数组。

```
格式：
array array_keys($array)
```

示例 5-15

获取数组的键，详细代码如下：

```php
<?php
    $a=array("a"=>1,"b"=>"dd","c"=>"dddd");
    $key=array_keys($a);
    print_r($key);
?>
```

【运行效果】 示例 5-15 运行效果如图 5-14 所示。

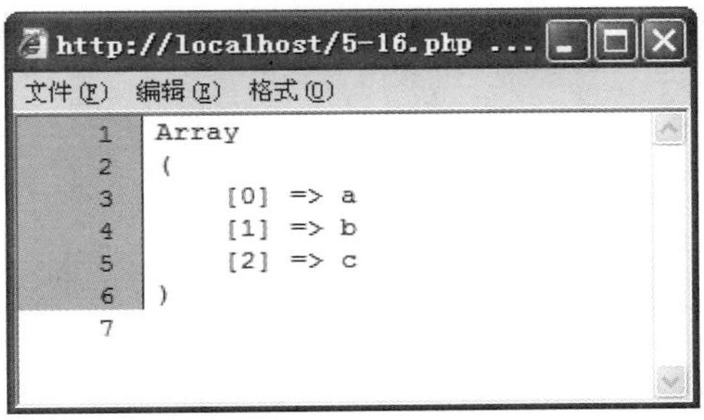

图 5-14 示例 5-15 运行效果

5. 获取数组的值

array_values()函数返回一个包含给定数组中所有键值的数组，但不保留键名。

```
格式：
array array_values(array $a);
```

6. 移除数组中重复的值

array_unqiue()函数移除数组中重复的值，并返回数组。

```
格式：
array array_unqiue(array $a);
```

5.5.2 数组的合并

implode()函数式用于将数组中的每一个元素通过自定义分界符号组合成字符串。

```
格式：
string implode(string $str,array $arr)
参数说明：
$str:可选。规定数组元素之间放置的内容。默认为""（空字符串）。
$arr:必须。要结合为字符串的数组。
```

示例 5-16

数组组合成一个字符串，详细代码如下：

```php
<?php
    $a=array("a"=>1,"b"=>"dd","c"=>"dddd");
    echo implode(",",$a);
?>
```

【运行效果】 示例 5-17 运行效果如图 5-15 所示。

【代码解析】 implode()函数，是将数组合并成一个字符串，数组中的各元素的值可以通过设置参数进行区分开来，代码 "echo implode(",",$a);" 参数采用的 "," 将数组元素用 ","隔开。

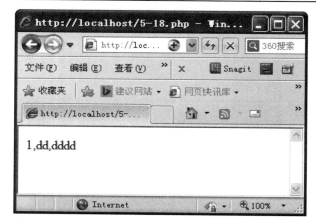

图 5-15　示例 5-16 运行效果

5.5.3　数组的合并

explode()函数将字符串分割成数组，该函数返回的结果为数组。新数组中的每一个元素都是原字符串的子元素，用",""分割开来。

```
格式：
array  explode(string $separator ,string $a)
```

示例 5-17

字符串分割，组成一个数组，详细代码如下：

```php
<?php
    $s="php,Linux,Appach,HTML,Xml";
    $a=explode(",",$s);
    print_r($a);
?>
```

【运行效果】　示例 5-17 运行效果如图 5-16 所示。

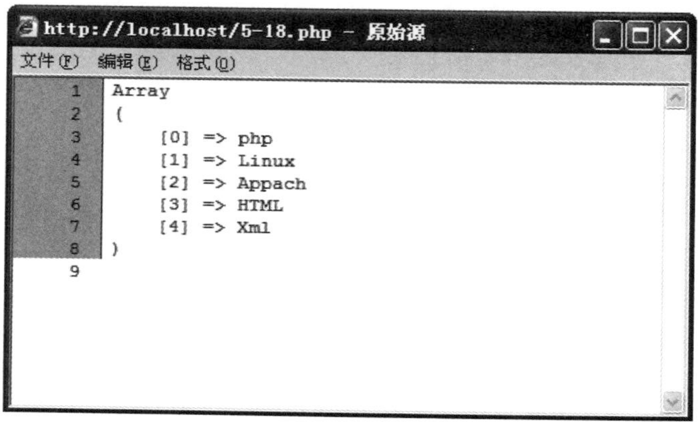

```
Array
(
    [0] => php
    [1] => Linux
    [2] => Appach
    [3] => HTML
    [4] => Xml
)
```

图 5-16　示例 5-17 运行效果

实战案例

案例1：统计平均年龄、最小年龄、最大年龄

【案例描述】 统计学生信息表中平均年龄、最大年龄和最小年龄，如表5-8所示。

表5-8 学生信息表

学 号	姓 名	性 别	年 龄	联系方式
120301001	周浩	男	18	13523671872
120301001	刘明珠	女	19	18967845612
120301001	王青云	男	20	18523189100

【算法分析】 表5-8是一个二维表，如何把该表中的所有数据存放在一个变量中？可以通过定义一个二维数组来存放该表中的数据。如何获得平均年龄，可对下标为年龄的元素求和再除以年龄一维数组的个数，即可求得平均年龄。如何获得最小年龄和最大年龄，可通过if语句来实现。

【详细代码】

```php
<?php
    /*学号    姓名 性别 年龄 联系方式
    120301001    周浩男   18   13523671872
    120301001    刘明珠   女   19   18967845612
    120301001    王青云   男   18   18523189100
    */
    //把表中的数据定义成一个数组;
    $stu=array(
            "学号"=>array("120301001","120301001","120301001"),
            "姓名"=>array("周浩","刘明珠","王青云"),
            "性别"=>array("男","女","男"),
            "年龄"=>array(18,19,20),
            "联系方式"=>array("13523671872","18967845612","18523189100")
            );
    //定义最小值初始值,最大值初始值
    $min=100;
    $max=0;
    $sum=0;
    //通过循环求平均年龄,最小年龄,最大年龄
    for($i=0;$i<count($stu["年龄"]);$i++){
        $sum+=$stu["年龄"][$i];
        //  求最小值
        if($stu["年龄"][$i]<$min)
            $min=$stu["年龄"][$i];
        //求最大值
        if($stu["年龄"][$i]>$max)
            $max=$stu["年龄"][$i];
    }
```

```
        echo "平均年龄为:".$sum/count($stu["年龄"])."  最大年龄:
".$max."  最小年龄:".$min;
    ?>
```

【运行效果】　运行效果如图 5-17 所示。

图 5-17　案例 1 运行效果

【代码解析】　案例 1 中，把表 5-6 中的数据定义成二维数组，其中每一列为一维关联数组，如"学号"、"姓名"、"性别"、"年龄"、"联系方式"都是一维数组。求最大值、最小值、平均值，先定义三个变量并赋初始值，分别为 $sum=0，$min=100，$max=0，接下来对"年龄"一维数组进行遍历，求出平均值、最小值和最大值。

案例 2：打印乘法表

【案例描述】　打印乘法表，其效果图如图 5-18 所示。

```
1 * 1 = 1
1 * 2 = 2    2 * 2 = 4
1 * 3 = 3    2 * 3 = 6    3 * 3 = 9
1 * 4 = 4    2 * 4 = 8    3 * 4 = 12    4 * 4 = 16
1 * 5 = 5    2 * 5 = 10   3 * 5 = 15    4 * 5 = 20   5 * 5 = 25
1 * 6 = 6    2 * 6 = 12   3 * 6 = 18    4 * 6 = 24   5 * 6 = 30   6 * 6 = 36
1 * 7 = 7    2 * 7 = 14   3 * 7 = 21    4 * 7 = 28   5 * 7 = 35   6 * 7 = 42   7 * 7 = 49
1 * 8 = 8    2 * 8 = 16   3 * 8 = 24    4 * 8 = 32   5 * 8 = 40   6 * 8 = 48   7 * 8 = 56   8 * 8 = 64
1 * 9 = 9    2 * 9 = 18   3 * 9 = 27    4 * 9 = 36   5 * 9 = 45   6 * 9 = 54   7 * 9 = 63   8 * 9 = 72   9 * 9 = 81
```

图 5-18　乘法表

【算法分析】　乘法表，数字逐渐递增，每行循环的列数小于等于行数，可以采用双重循环来实现。

【详细代码】

```php
<?php
    for($i=1;$i<=9;$i++){
        echo "<br/>";
        for($j=1;$j<=$i;$j++){
            echo "$j * $i =".$i*$j."  ";
        }
    }
?>
```

【运行效果】　案例 2 的运行效果如图 5-19 所示。

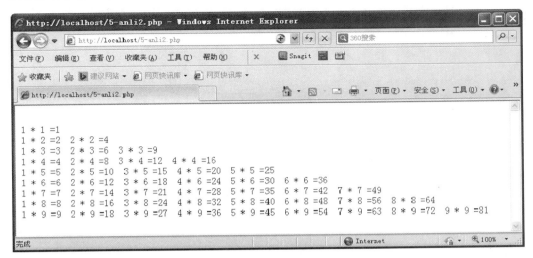

图 5-19　案例 2 的运行效果

【代码解析】　代码 "for($j=1;$j<=$i;$j++){echo "$j * $i =".$i*$j." ";}" 实现每行的循环，每行循环结束后进行换行。

案例 3：打印一级导航和二级导航

【案例描述】　某网站有一级导航 "新闻、星座、理财、今日头条、娱乐、论坛"。二级导航，其中新闻一级导航的二级导航有 "国内新闻、国际新闻、今日头条、体育新闻、时政新闻、地方新闻"，星座的二级导航有 "金牛座、处女座、射手座、摩羯座、狮子座、白羊座"，理财二级导航 "我要贷款、我要理财"，娱乐二级导航 "香港娱乐新闻、国内娱乐新闻、国际娱乐新闻"。

【算法分析】　把导航信息定义成二维数组，其中 "新闻、星座、理财、娱乐" 为一维关联数组。

【详细代码】

```php
<?php
    //定义导航为二维数组
    $nav=array(
            //新闻为一级数组
            "新闻"=>array("国内新闻","国际新闻","今日头条","体育新闻","时政新闻","地方新闻"),
            //星座为一级数组
            "星座"=>array("金牛座","处女座","射手座","摩羯座","狮子座","白羊座"),
             //理财为一级数组
            "理财"=>array("我要贷款","我要理财"),
            "今日头条"=>"今日新闻",
             //娱乐为一级数组
            "娱乐"=>array("香港娱乐新闻","国内娱乐新闻","国际娱乐新闻"),
            "论坛"=>"娱乐"
```

```
                    );
//输出一级导航
foreach($nav as $sec=>$table){
    echo "<B> ".$sec." | </B>";
}
echo "<br/>";
echo "<hr/>新闻二级导航 <hr/>";
foreach($nav["新闻"] as $sec=>$table){
    echo "<B> ".$table." | </B>";
}
echo "<hr/>星座二级导航 <hr/>";
foreach($nav["星座"] as $sec=>$table){
    echo "<B> ".$table." | </B>";
}
echo "<hr/>理财二级导航 <hr/>";
foreach($nav["理财"] as $sec=>$table){
    echo "<B> ".$table." | </B>";
}
echo "<hr/>娱乐二级导航 <hr/>";
foreach($nav["娱乐"] as $sec=>$table){
    echo "<B> ".$table." | </B>";
}
?>
```

【运行效果】 案例 3 的运行效果如图 5-20 所示。

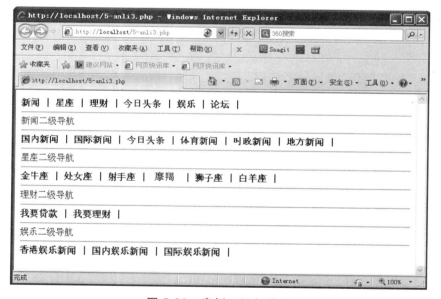

图 5-20 案例 3 运行效果

【代码解析】 定义一个二维数组，用于存放导航的所有信息，其中"新闻、星座、理财、娱乐"为一级数组。首先输出一级导航，代码 "foreach($nav as $sec=>$table){echo "<B> ".$sec." | </B>";}"，接下来分别输出"新闻、星座、理财、娱乐"输出一级导航，如代码 "foreach($nav ["新闻"] as $sec=>$table){echo "<B> ".$table." | </B>";}"。

本章的主要内容有数组的分类、数组的定义、一维数组与多维数组，以及数组的遍历。本章中运用大量的示例和案例来详细讲解数组的运用，因为数组是 PHP 中十分重要的数据类型，在编程过程中，也会经常使用数据，特别是数据的遍历、foreach 循环的使用等。本章需重点掌握数组的不同定义方法、数据的不同遍历方法，以及索引数组和关联数组各自的特点。

1. 采用两种方法定义数据"周皓"，"王明"，"刘庆禄"。
2. 把表 5-9 中的数据定义成一个数组。

表 5-9　商品信息表

商品编号	商品名	商品价格（元）
100010101289	康师傅冰红茶	2.5
100010301673	康师傅方便面	2
10001010567	康师傅冰糖雪梨	2.5

3. 编写一段程序，打印出如图 5-21 所示的效果。

```
1
1 2
1 2 3
1 2 3 4
1 2 3 4 5
1 2 3 4 5 6
1 2 3 4 5 6 7
1 2 3 4 5 6 7 8
1 2 3 4 5 6 7 8 9
```

图 5-21

4. 定义表 5-10 为一个数组。

表 5-10　学生信息表

姓　名	性　别	年　龄	系　部	专　业
周名	男	19	互联网工程系	网站开发
刘向阳	男	18	电子商务系	工程造价

（1）输出第 2 行第 2 列的元素。
（2）打印"性别"列的数据。
（3）打印出表 5-8 的效果图。

第 6 章 函 数

　　函数就是由多条语句组成的具有一定功能的语句块，定义函数的目的是将程序按功能进行分块，程序在编写过程中可以减少冗余的代码，通过调用具有某功能的函数有利于程序的使用、管理、阅读和调试。PHP 中的函数有两种，一种是别人写好的或者是系统内置函数，另一种是自己编写的函数。对于别人写好的函数或者系统内部函数，只要知道这个函数是做什么的，怎么用，在程序编写过程中直接拿过来用即可。

　　➤ 掌握函数的定义与调用
　　➤ 掌握引用函数
　　➤ 能熟练运用常用的函数
　　➤ 掌握运用时间函数
　　➤ 熟练掌握字符串函数
　　➤ 掌握正则表达式
　　➤ 熟练掌握包含函数
　　➤ 能区分 include、require、include_once、require_once 函数的使用

📖 引导案例

　　函数的概念比较抽象，初学者感觉难以理解。可以举个形象的例子：把函数比作一台取款机，取款机提供一些参数如银行卡、取款、存款、转账、查询、修改密码等，之后取款机根据选择的参数，完成相应的操作。如选择取款操作，取款机就会吐出相应的取款金额，又如存款，取款机就会接受存钱，把相应的钞票数额存到指定的账户中。作为使用者不需要去考虑取款机具体是如何工作的，你只需要会使用它就可以了。这跟我们的函数是一样的道理。本章主要介绍函数的定义、函数的调用，以及内置函数的使用方法。

📖 相关知识

6.1　函数的定义与调用

　　在数学中接触过函数，如 $y = f(x)$，其中 x 可以看作是参数，y 可以看作是函数的返回值。

函数需要函数名，它是实现一定功能的程序代码段，可以给调用程序返回一个值。

6.1.1　函数的概述

1.　函数中的各部分定义

➢ 函数有唯一名称。每个函数都有一个唯一的名称，在程序的其他部分使用该名称，称为调用函数。

➢ 函数是独立的。函数具有一定的功能，无须其他程序部分进行干预，函数定义好了，只有函数被调用，函数才会运行。

➢ 函数可以将一个返回值返回给调用它的程序。程序调用函数时，将执行函数中的程序段，而这些程序段可以将信息返回给调用它们的程序。

PHP 的程序模块化结构是通过调用函数或者对象来实现的，函数将复杂的程序分成不同的功能，每个功能编成一个函数，然后通过调用函数或函数调用函数来实现一些大型、复杂的 PHP 程序。

2.　函数的优势

➢ 提高程序的重用性。
➢ 提高软件的可维护性。
➢ 提高软件的开发效率。
➢ 提高软件的可靠性。
➢ 降低程序设计的复杂性。

函数是程序开发中十分重要的内容。因此，对函数的定义、调用和值的返回等，要注重理解和运用，通过不断的实例演示加深对其理解和应用。

6.1.2　函数的定义

在编写函数时，首先要明白编写这个函数的功能，这样编写起来才具有逻辑性。在 PHP 中可以自定义函数来实现某些功能，除了自定义函数，PHP 本身也提供了一些内置函数，对这些内置函数要学会其功能和使用方法。

在 PHP 中声明一个函数的语法格式：

```
function 函数名([参数1],[参数2]….){
    函数体；
return 返回值；
}
```

函数语法格式说明：

➢ 每个函数的第一行都是函数头，包括定义函数的关键字 function、函数名，这里特别注意函数名后面紧跟 "( )"，在 "( )" 里面可以放形参也可以不放形参，这要根据函数的功能来决定是否要放形参以及形参的个数与数据类型。

➢ 自定义函数必须要使用 "function" 关键字来声明。

> 函数名代表整个函数，可以将函数命名为任意名称但需要遵循定义变量的规则。每个函数名是唯一的，在 PHP 中不能使用函数的重载，所以不能重命名函数，自定义函数不能与系统函数重名。

> 声明函数时函数名"( )"后的"{}"是不能少的。函数的代码就写在这对"{}"里面，首先执行函数的第一条语句，当函数执行到 return 语句或最外面的花括号后结束，返回调用的函数。函数体中可以是 PHP 的任意有效的代码。

> 使用关键字 return 时，可以从函数中返回一个值，在 return 后面加一个表达式，函数返回值就是 return 后的表达式的值。

> 函数的参数列表和返回值都是可选的，其他部分都是必须有的。

函数的声明方式通常有以下几种方式。

```
//方式一：声明时不带参数
function 函数名(){
    函数体；
    return 返回值；
}
//方式二：声明时可以没有返回值
function 函数名([参数1,参数2…]){
    函数体；
}
//方式三：声明时可以不带参数也不带返回值
function 函数名(){
    函数体；
}
```

示例 6-1

定义一个求 $n!$ 的函数，详细代码如下：

```php
<?php
    //声明求 n! 的函数
    //函数头
    function jc($n){     //带了一个形参 n
        //函数体，循环语句求 n!
        $sum=1;
        for($i=1;$i<=$n;$i++){
            $sum*=$i;
        }
        //函数返回一个结果为 n!
        return $sum;
    }
?>
```

示例 6-2

如果在一个程序中有多个二维数组，二维数组输出为相同的表格，解决这样的问题就是将这个特定的任务编写成一个模块，这里的模块就是指函数，在程序需要输出这个表格时，就调用该函数。函数值被声明一次，但可以多次重复的调用，这样可以提高程序编写的效率，也可以提高代码的可重用性。如果表格需要修改，这时只需要修改声明函数一处就可以，从而可提高程序的可维护性。详细代码如下。

```php
<?php
    //编写输出表格的函数
    //设置3个形参，表格名（字符串），行数（整数），列数（整数）,值（二维数组）
    function t_b($name,$r,$c,$zhi){
        echo '<table width="600" border="1" cellspacing="0" cellpadding="0"
align="center">';
        echo '<caption><h1>'.$name.'</h1></caption>';
        //使用外出循环输出表格的行
        for($i=0;$i<$r;$i++){
            //设置不同行的背景颜色
            $bg=$i%2===0?"#E6E6E6":"#FFCC99";
            echo "<tr bgcolor= ".$bg.">";
            //使用内层循环输出列
            for($j=0;$j<$c;$j++){
                echo "<td>".$zhi[$i][$j]."</td>";
            }
            echo "</tr>";

        }
        echo "</table>";

    }
?>
```

【代码解析】　示例6-2中定义了一个输出表格的函数，t_b($name,$r,$c,$zhi)带有4个参数，分别表示表格名、表格的行数、表格的列数，以及表格单元格的值，其中第一个参数的数据类型为字符串类型，第二、三个参数的数据类型为整型，最后一个参数的数据类型为二维数组。函数定义好了，函数有没有运行呢？答案是没有，函数需要调用才能运行，接下来讲解函数的调用。

6.1.3　函数的调用

不管是自定义函数还是系统内置函数，如果函数不被调用，则函数不会执行。在需要的地方对函数进行调用，如何来调用函数呢？通过函数名和参数列表进行调用，函数调用后就开始执行函数体中的代码，执行完毕返回到调用的位置继续执行。

函数调用注意事项：

➢ 通过函数名称调用函数，并让函数体的代码运行，调用几次函数就会执行几次函数。

➢ 如果函数有参数，还可以通过函数名后面的"（）"传入对应的参数，函数体使用这些参数来改变函数内部代码进行执行。

➢ 如果函数有返回值return语句，当函数执行完毕时就会将return后面的值返回给函数调用处，这样就可以把函数名称当作函数返回值来使用。

在示例 6-1 中，定义了一个求 $n!$ 的函数，如何来调用呢？

示例 6-3

调用 $n!$ 函数 jc(n)，详细代码如下：

```php
<?php
    //声明求 n! 的函数
    //函数头
    function jc($n){    //带了一个形参 n
        //函数体，循环语句求 n!
        $sum=1;
        for($i=1;$i<=$n;$i++){
            $sum*=$i;
        }
        //函数返回一个结果为 n!
        return $sum;
    }
    //函数的调用
    echo "20! 的值为：".jc(20)."<br/>";
    echo "56! 的值为：".jc(56)."<br/>";
    echo "34! 的值为：".jc(34)."<br/>";
?>
```

【运行效果】　示例 6-3 运行效果如图 6-1 所示。

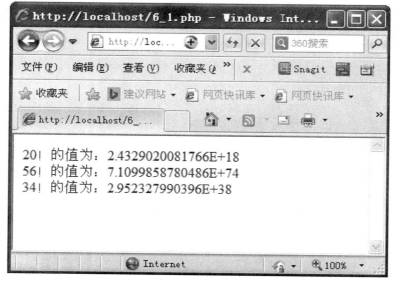

图 6-1　示例 6-3 运行效果

【代码解析】　在示例 6-3 中，求了 3 个数的阶乘，调用 jc() 函数 3 次，说明函数可以重复调用，根据程序的需要想在哪里调用都行。

示例 6-4

在示例 6-2 中定义了输出表格函数 t_b($name,$r,$c,$zhi)，在该函数中定义了 4 个参数，分别代表表格名、行数、列数和值。定义 2 个二维数组，调用 t_b()函数输出二维数组。详细代码如下：

```php
<?php
    //编写输出表格的函数
    //设置 3 个形参，表格名（字符串），行数（整数），列数（整数），值（二维数组）
    function t_b($name,$r,$c,$zhi){
        echo '<table width="600" border="1" cellspacing="0" cellpadding="0" align="center">';
        echo '<caption><h1>'.$name.'</h1></caption>';
        //使用外出循环输出表格的行
        for($i=0;$i<$r;$i++){
            //设置不同行的背景颜色
            $bg=$i%2==0?"#E6E6E6":"#FFCC99";
            echo "<tr bgcolor= ".$bg.">";
            //使用内层循环输出列
            for($j=0;$j<$c;$j++){
                echo "<td>".$zhi[$i][$j]."</td>";
            }
            echo "</tr>";
        }
        echo "</table>";
    }
    $b=array(
            array("J-C1000101","C 语言程序设计","清华出版社","周铭","2012-03"),
            array("M-T2000502","图形设计 Photoshop","大连理工出版社","王明海","2011-09"),
            array("J-C000204","PHP 程序设计", "铁道出版社","刘浩","2013-12")
            );
    t_b("图书信息表",count($b),count($b[1]),$b);
    $c=array(
            array("01","刘昊","制作部经理",10000),
            array("02","王忠","副经理",8000),
            array("03","周浩青","职员",4000)
            );
    t_b("制作部 6 月份工资单",count($c),count($c[1]),$c);
?>
```

【运行效果】　示例 6-4 运行效果如图 6-2 所示。

【代码解析】　在示例 6-4 中，定义了两个二维数组变量$b 和$c，都调用 t_b()函数来进行表格的输出，调用"t_b("图书信息表",count($b),count($b[1]),$b);"时，第一个形参是二维数组的表名，count($b)表示表的行数，count($b[1])表示表的列数，以及输出单元格的值为函数的元素。

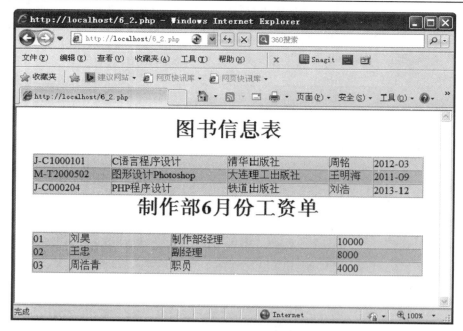

图 6-2　示例 6-4 运行效果

6.1.4　函数的参数传递

函数中的参数列表由零个、一个或多个参数组成。每一个参数是一个表达式，用逗号隔开。对于带参数的函数，在 PHP 脚本程序中和被调用函数之间有数据传递关系。定义函数时函数名后面括号内的表达式称为形式参数，简称形参，函数被调用后其后面括号中的表达式称为实际参数，简称实参。实参与形参之间需要按对应顺序来传递参数。如果函数没有参数，则函数执行的任务就是固定的。用户在调用函数时不能改变函数内部的执行行为。

如果函数使用了参数列表，函数参数的具体数据值就会从函数外部获得，也就是用户在调用函数时，在函数体还没有执行之前，将一些数据通过函数的参数列表传递到函数内部，这样函数在执行时，就可以根据用户传递的数据来决定函数内部如何执行。

6.2　PHP 常用函数

PHP 内置函数有很多，这里主要讲解时间函数、字符串函数以及数学函数。

6.2.1　日期时间函数

PHP5 中提供了多种获取时间和日期的函数，常用的时间函数 time（　）、日期函数 date（　）还可以通过 getdate（　）来获得当前时间等。

常用的时间和日期函数如表 6-1 所示。

表 6-1　时间函数

函数名	函数功能描述
date	格式化本地时间和日期
mktime	获得一个日期的 unix 时间（PHP5.3 中没有了）
time	返回当前 unix 时间戳
microtime	获得本地时间
date_default_timezone_get	获得一个脚本中所有日期与时间函数所使用的默认时区
date_default_timezone_set	设定一个脚本中所有日期与时间函数所使用的默认时区
date_sunrise	返回给定日期和地点的日出时间
date_sunset	返回给定日期和地点的日落时间
localtime	获取本地时间
getdate	获取日期/时间信息

通过表 6-1 可以看出，PHP 提供了 10 个时间函数，其中还有比较有趣的函数获得日出和日落的时间，不过这些函数使用价值不大，我们只需要熟练掌握其中几个重点函数的用法就可以了。

1. 将时间戳转换为用户日期和时间

getdate()函数是接收时间戳函数，并返回一个由其各部分组成的关联数组，该函数返回的各个部分都是基于当前日期和时间的数组。

格式：
```
array getdate([int $timestamp])
```

该函数共返回 8 个数组元素。

表 6-2　getdate 时间参数

键　名	说　明	返回值
seconds	秒	0-59
minutes	分	0-59
hours	时	0-23
mon	月份	1-12
month	完整的月份	July
year	4 位数的年	如 2014
0	Unix 纪元开始到至今的秒数	系统相关
weekday	星期几的完整文本	Sunday_Saturday

示例 6-5

getdate()函数使用，详细代码如下：

```php
<?php
    print_r(getdate());
?>
```

【运行效果】 示例 6-5 运行效果如图 6-3 所示。

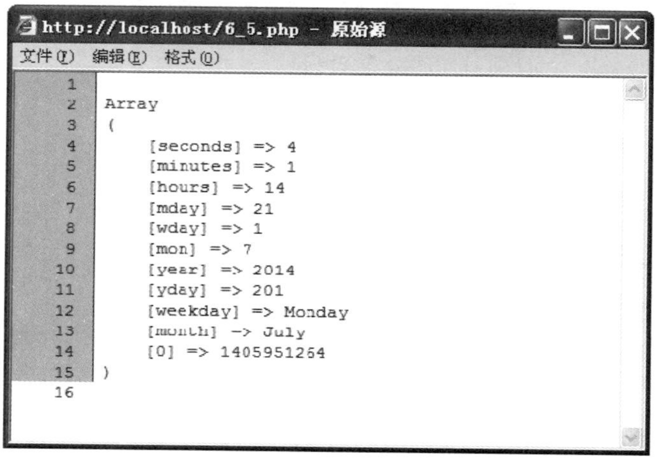

图 6-3 示例 6-5 运行效果

2. 将 UNIX 时间戳时间转换成字符串日期时间

date()函数用于将一个 UNIX 时间戳格式转化为指定的时间/日期格式。getdate()函数是获取时间的详细信息，但是很多时候并不需要获取如此具体的时间信息，将 UNIX 时间戳按照某种格式输出，这时就需要 date()函数。

格式：
```
string date(string $formate[,int $timestamp])
```

该函数直接返回一个字符串，这个字符串就是一个指定格式的日期时间，参数 formate 是一个字符串，用来指定输出的时间格式。可选参数 timestamp 是要处理的时间的 UNIX 时间戳，如果参数为空，那么默认值为当前时间的 UNIX 时间戳。

format 参数，必须由指定的字符构成，不同的字符代表不同的特殊含义，以下是格式化字符串中认定的字元。

➤ a—"am" 或 "pm"。

➤ A—"AM" 或 "PM"。

➤ B—网际网路时间样本。

➤ d—几日，例如："01" 到 "31"。

➤ D—星期几，以 3 个英文字表示，例如："Fri"。

➤ F—几月，以英文全名表示，例如："January"。

➤ g—小时，12 小时制不足 2 位数不补 0，例如："1" 到 "12"。

➤ G—小时，24 小时制不足 2 位数不补 0，例如："0" 到 "23"。

➤ h—小时，12 小时制，例如："01" 到 "12"。

➤ H—小时，24 小时制，例如："00" 到 "23"。

➤ i—几分，例如："00"到"59"。

➤ I (大写的 i)—"1" if Daylight Savings Time, "0" otherwise。

➤ j—几日，不足 2 位数不补 0，例如："1"到"31"。

➤ l (小写的 'L')—几日，以英文全名表示，例如："Friday"。

➤ L—布林值，判断是否为闰年，例如："0"或"1"。

➤ m—几月，例如："01"到"12"。

➤ M—几月，以 3 个英文字表示，例如："Jan"。

➤ n—几月，不足 2 位数不补 0，例如："1"到"12"。

➤ s—几秒，例如："01"到"59"。

➤ S—以英文后 2 个字表示，例如："th"，"nd"。

➤ t—当月的天数，例如："28"到"31"。

➤ T—这个机器的时间区域设定，例如："MDT"。

➤ U—总秒数。

➤ w—以数字表示星期几，例如："0"到"6"。

➤ Y—几年，以 4 位数表示，例如："1999"。

➤ y—几年，以 2 位数表示，例如："99"。

➤ z—一年中的第几天，例如："0"到"365"。

➤ Z—在短时间内时间区域补偿(timezone offset)，例如："-43200" to "43200"。

示例 6-6

date()格式化时间函数的使用，详细代码如下：

```php
<?php
    echo date("Y-m-d H:i:s A")."<br/>";
    echo date("y-M-d")."<br/>";
?>
```

【运行效果】　示例 6-6 运行效果如图 6-4 所示。

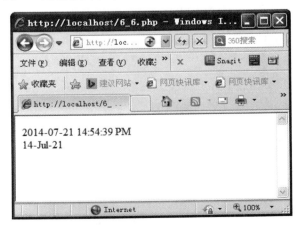

图 6-4　示例 6-6 运行效果

3. 修改 PHP 默认时区

全球分为 24 个时区，每个时区都有自己的本地时间，在网络和无线通信的时间里，时间的转换问题尤为突出。

PHP 默认的时区是 UTC 时间，而北京正好位于该时区的东八区，领先 UTC 时区 8 个小时。所以在 PHP 中使用 time() 函数等获取的当前时间总是不正确的，总是和当前时间相差 8 个小时。如何修改为正确的北京时间呢？可以使用两种方法进行修改。

方法一：需要修改配置文件 php.ini 文件中的 date.timezone 的值。

方法二：可以使用 PHP 官方提供的专门设置时间的函数 date_default_timezone_set。

示例 6-7

使用 date_default_timezone_set 修改 PHP 默认时间，详细代码如下：

```php
<?php
    date_default_timezone_set("ETC/GMT_8");
    echo date("Y-m-d H:i:s");
?>
```

6.2.2 字符串函数

前面章节已经用到过 echo、die()、print_r()、explode()、implode()等函数，本节不再重复讲述。本节重点讲解其他的字符串函数。

1. 加密函数 md5()

加密函数是 PHP 中十分常用的函数。加密函数可以有效地防止黑客攻击，在用户注册和登录时对密码进行加密后再添加到数据库中，就可以防止内部攻击者直接查询数据库中的授权表从而盗用用户的身份信息。

md5() 加密函数是计算字符串 MD5 散列，此函数使用 RSA 数据安全，得到一个 32 位的十六进制字符串，如果加密失败则返回 false。

```
格式：
string md5(string $str[,bool $raw_output=false])
参数说明：
$str: 是必需的，规定要加密的字符串。
```

示例 6-8

md5()加密函数的使用，详细代码如下：

```php
<?php
    $a="hello";
    $a1=md5($a);
    echo  $a1;
    $b="你好";
```

```
echo "<br/>".md5($b);
if($a1==md5("hello")){
    echo "<br/>恭喜你，登录成功";
}
?>
```

【运行效果】　示例 6-8 运行效果如图 6-5 所示。

图 6-5　示例 6-8 运行效果

2. 加密函数 sha1()

sha1() 函数与 md5() 加密函数类似，都是对字符串进行加密，区别在于采用的加密算法不一样，sha1() 加密后生成一个 40 位的十六进制字符串，该函数使用美国的 Secure Hash 算法。

示例 6-9

sha1()加密函数的使用，详细代码如下：

```
<?php
    $a="hello";
    $a1=sha1($a);
    echo  $a1;
    $b="你好";
    echo "<br/>".sha1($b);
    if($a1==md5("hello")){
        echo "<br/>恭喜你，登录成功";
    }
    else
        echo "<br/>sorry! 登录不成功";
?>
```

【运行结果】　示例 6-9 运行效果如图 6-6 所示。

图 6-6　示例 6-9 运行效果

3. 字符串替换函数 str_replace()

在 Web 编程中常常用到字符串的替代函数，如过滤用户提交的不文明词语、过滤字符串中危险的脚本、替换掉某些关键字等。

```
格式：
mixed str_replace(mixed $search,mixed $replace,mixed $subject[,int &$count])
参数说明：
$search:必需的。规定查找的值。
$replace:必需的。规定替换的值。
$subject:必需的。规定被搜索的字符串。
```

示例 6-10

```php
<?php
    $s="共产党，胡锦涛，你好";
    //过滤胡锦涛
    $s=str_replace("胡锦涛","",$s);
    echo $s;
?>
```

【运行效果】　示例 6-10 运行效果如图 6-7 所示。

图 6-7　示例 6-10 运行效果

4. 字符串分割函数 str_split()

str_split() 函数是将一个字符串以一定长度为单位，分割成多段，并返回由各段组成的数组。它是以长度为分割依据的，该函数与 explode() 的最大区别在于，前者以长度为依据进行分割，后者以固定的分界符为依据进行分割。

```
格式：
array str_split(string $string [,int $split_length=1])
```

示例 6-11

str_split()函数的使用，详细代码如下：

```php
<?php
    $s="hello boy ,how do you do";
    $a=str_split($s,2);
    var_dump($a);
?>
```

【运行效果】 示例 6-11 运行效果如图 6-8 所示。

图 6-8 示例 6-11 运行效果

5. 字符串截取函数 substr()

substr() 函数是允许访问一个字符串给定起点和终点子字符串，该函数常用于截取英文字符中，在截取中文字符串时需慎用。

```
格式：
string substr(string $string ,int $start[,int length])
参数说明：
$string：必须得规定要返回一部分的字符串。
$start：必须得规定在字符串的何处开始。
```

示例 6-12

substr()函数的使用，详细代码如下：

```php
<?php
    $s="hello boy ,how do you do";
    //截取前 4 个字符
    $b=substr($s,4);
?>
```

6. 中文字符串编码转换函数 iconv_substr()

读取 Web 程序的过程中，有时候需要截取字符串，icon() 函数截取中文字符串。在 Web 编码过程中，还经常存在编码不统一时出现乱码的现象，可以用 iconv_substr() 函数来解决这个难题。

```
格式：
string iconv(string $in,string $out_charset,string $str)
string iconv_substr(string str, int $offset[,int $length=0[,string $charset=ini_set]])
```

示例 6-13

iconv()使用，详细代码如下：

```php
<?php
    $s="你好你好";
    echo iconv("GBK","UTF-8",$s);
?>
```

7. 过滤 PHP 和 HTML 标记函数 strip_tags()

过滤 PHP 和 HTML 标记函数 strip_tags()，通过此函数将要在浏览器中输出的 PHP 和 HTML 代码进行过滤。

```
格式：
string strip_tags(string $str[,string $sa])
```

示例 6-14

strip_tags()函数的使用，详细代码如下：

```php
<?php
    $s="<font size=7 coloe='red'><b><em>你好你好</em></b></font>";
    echo strip_tags($s);
    echo "<br/>";
    echo strip_tags($s,"<font>");
    echo "<br/>";
    echo strip_tags($s,"<b>");
    echo "<br/>";
?>
```

【运行效果】 示例 6-14 运行效果如图 6-9 所示。

图 6-9　示例 6-14 运行效果

8. 预定义字符串转换为 HTML 实体的函数 htmlspecialchars()

htmlspecialchars() 函数用于把一些预定义的字符串转换为 HTML 实体。如果不希望浏览器直接输出 HTML 标记时，需要将 HTML 标记中的特殊字符转换 HTML 实体，例如将 "<"转换为 ">"，这样 HTML 的标记浏览器就不会去解析。

```
格式：
string htmlspecialchars(string $string[,int $q]);
参数说明：
ENT_COMPAT:默认值，表示仅编码双引号。
ENT_QUOTES:编码双引号和单引号。
ENT_NOQUOTES:不编码任何引号。
```

示例 6-15

htmlspecialchars()函数的使用，详细代码如下：

```php
<?php
    $s="dddddd<font size=7 coloe='red'><b><em>你好你好</em></b></font>dddddd";
    echo htmlspecialchars($s);
?>
```

6.2.3　正则表达式

对于初学者，正则表达式有些枯燥。正则表达式是描述字符排列模型的一种自定义语法规则，在 PHP 提供的系列函数中，使用这种规则对字符串进行匹配、查找、替代以及分割等操作，其应用广泛。例如，经常使用正则表达式去验证用户在表单中提交的用户、密码、E-mail、身份证号码、电话号码以及个人主页等是否合法，如果合法，则插入数据库中，返回注册成功等字样。正则表达式并不是 PHP 独有的，在很多领域都会用到正则表达式。

1. 正则表达式简介

正则表达式是一种可以用于模式匹配和替换的强大工具，在很多软件工具中都能找到正则表达式的"痕迹"。正则表达式也称为模式表达式，自身具有一套非常完整的、可以编写模式的语法体系、提供了一种灵活并且直观的字符串处理方法。正则表达式通过构建特定的模式，与输入的字符串信息比较，从而实现字符串的匹配、查找、替换和分割等操作。

示例 6-16

```php
<?php
    "/^https?\:\W(w+){3}\.(\w+)\.(\w+)"    //匹配 http://www.baidu.com
    "/^[1-9][0-9xX]/"              //匹配身份证号码的正则表达式
    "/^0([1,8]+){1.2}\-[2-9](\d+){5,6}/"    //匹配中国的座机电话号码
?>
```

上列代码中，正则表达式是按照其语法规则构建的模式，它们通常由普通的字符串和一些具有特殊功能的字符组成的字符串，而且将这些字符串放到指定的正则表达式函数中才能得到想要的结果。正则表达式的函数如表 6-3 所示。

表 6-3　正则表达式函数

函数名	函数功能描述
preg_match()	执行一个正则表达式匹配
preg-match_all()	进行全局正则表达式匹配
preg_replace()	执行正则表达式的搜索和替换
preg_split()	用正则表达式分割字符串
preg_grep()	返回匹配模式的数组条目

2. 正则表达式语法规则

一个完整的正则表达式的语法规则由 3 部分组成：元字符、定界符和原子。在网页中任何 HTML 有效的连接标签，都可以用正则表达式进行匹配。

1）原　子

原子是正则表达式最基本的组成单位，而且每个模式中最少要包含一个原子。原子包括所有的大小写字母、所有数字、所有标点符号以及其他的一些字符，例如，a~z、A~Z、0~9、双引号""、单引号"'"等。

2）定界符

在服务器语言中，一般使用与 perl 兼容的正则表达式，即通常正则表达式都放置在"/"和"/"之间，但定界符也不仅限于"/"，除了字母、数字和正斜线"\"以外的任何字符都可以作为定界符。

3）元字符

所谓元字符就是用于构建正则表达式的具有特殊含义的字符，例如"*"、"+"、"?"等。如果要在正则表达式中包含元字符本身，使其失去特殊的含义，则必须在前面加上"\"进行转义。如表 6-4 所示。

表 6-4　元字符

函数名	函数功能描述
\s	执行一个正则表达式匹配
\S	进行全局正则表达式匹配
\w	执行正则表达式的搜索和替换
*	匹配 0 次、1 次或多次其前的原子
+	匹配 1 次或多次其前的原子
?	匹配 0 次或 1 次其前的原子
.	匹配除了换行符外的任意一个字符
|	匹配两个或多个分支选择
{m}	匹配前一个内容，重复次数为 m 次
{m.}	匹配前一个内容，重复次数大于等于 m 次
{m,n}	匹配前一个内容，重复次数 m 次到 n 次
^或\A	匹配输入的字符串的开始位置
$或\Z	匹配输入的字符串的结束位置
\b	匹配单词的边界
\B	匹配除单词边界一维的部分
[]	匹配方括号中制定的任意一个原子
[^]	匹配除方括号中的原子以外的任意一个字符
0	匹配其整体为一个原子，即模式单元

　　构建正则表达式的方法和创建数字表达式的方法类似，就是用多种字符与操作符将小的表达式结合在一起来创建更大的表达式。正则表达式的组件可以是单个字符、字符集合、字符范围、字符间的选择或者所有这些组件的任意组合。元字符是正则表达式的最重要组成部分。下面提供了一个记住正则表达式的口令。

　　正则其实也势力，消尖头来把钱揣；
　　特殊符号认不了，弄个倒杠来引路；
　　倒杠后面跟小 w，数字字母来表示；
　　倒杠后面跟小 d，只有数字来表示；
　　倒杠后面跟小 a，报警符号嘀一声；
　　倒杠后面跟小 b，单词分界或退格；
　　倒杠符号跟小 t，制表符号很明了；
　　倒杠符号跟小 r，回车符号很明了；
　　倒杠符号跟小 s，空格符号很重要；
　　小写跟罢跟大写，多得实在不得了；
　　倒杠符号跟大 W，字母数字靠边站；
　　倒杠符号跟大 S，空白也就靠边站；
　　倒杠符号跟大 S，数字从此靠边站；

倒杠符号跟大 D，数字从此靠边站；

倒杠符号跟大 B，不含开头和结尾；

单个字符要重复，三个符号来帮忙；　(*+?)

0 星加 1 到无穷，问号只管 0 和 1；(*表示 0-n；+表示 1-n；? 表示 0 或 1 次重复)

花括号里学问多，重复操作能力强；({n},{m},{n,m})

若要重复字符串，圆括号来帮忙；

特殊符号行不通，一个一个来排队；

实在多得排不下，横杠请你来帮个忙；

尖头放进中括号，反义定义为例大；([^a]只除 "a" 以外的任意字符)

1 竖作用可不小，两边正则互替换；（在键盘上与 "\" 是同一个键）

1 竖能用很多次，复杂定义很方便；

圆括号，用途多；

反向引用指定组,数字排符对应它;（"\b(\w+)\b\s+\1\b" 中的数字 "1" 引用前面的 "(\w+)"）

支持组名自定义，问号加上尖括号；

圆括号，用途多，位置指定全靠它；

问号等号字符串，定位字符串前面；

若要定位串后面，中间插个小于号；

问号加个惊叹号，后面跟串字符串；

PHPer 都知道,! 是取反；

后面不跟这一串，统统符合来报到；

问号小于惊叹号，后面跟串字符串；

前面不放这一串，统统符合来报到；

点号星号很贪婪，加个问号不贪婪；

加号问号有保底，至少重复一次多；

两个问号老规矩，0 次 1 次团团转；

花括号后跟个?，贪婪变成不贪婪。

3. 正则表达式函数

在编程过程中，正则表达式不能独立使用，它只不过是定义字符串规则的一种模式，必须配合正则表达式的函数应用，才能实现对字符串的匹配、查找、替换和分割等操作。另外，使用正则表达式函数处理大量的信息时，速度会大幅度地减慢，所以应当在处理比较复杂的字符串时才考虑使用正则表达式函数。

1）字符串的匹配和查找 preg_match()

示例 6-17

```php
<?php
    $pa="/^https?\:\W(\w+){3}\.(\w+)\.(\w+)/";
    $sub="http://www.php100.com";
    preg_match($pa,$sub,$m);
```

```
    print_r($m);
?>
```

2）字符串的匹配和查找 preg_match_all()

函数 preg_match_all()与 preg_match()函数类似，不同的是函数 preg_match()在第一次匹配后就停止搜索，而函数 preg_match_all()则会一直搜索到指定字符串的结尾，可以获取匹配到的结果。

3）正则表达式的替换函数

preg_replace()函数是一个执行正则表达式的搜索和替换的函数，它的使用也基于 Perl 正则表达式的语法格式。

示例 6-18

```
<?php
    $s=array("/(19/20)(\d{2})-(\d{1,2})-(\d{1,2})/","/^\s*{(\w+)}\s*=/");
    $p=array("\\s/\4/\\1\\2","$\\1=");
    print_r preg_replace($s,$p,"{brothday}=1980-03-14");
?>
```

4）使用正则表达式函数分割字符串

preg_split()函数可以通过一个正则表达式分割字符串，返回一个数组。

```
<?php
    $s="PHP 100.com";
    $p=preg_split('//',$s,-1);
    print_r($p);
?>
```

6.3　文件的包含函数

文件包含函数主要有 include()、require()、include_ince()、require_once()，下面讲解它们之间的使用场合和区别。

1．include()函数

include()文件包含函数，调用的格式为 include("/path/to/filename")。说明 include()函数将在它被调用的地方包含参数所指定的文件，其效果和将某个文件的内容复制在 include()出现的地方一样。使用 include()时，括号可以忽略，如：include "/path/to/filename"。

使用 if…else…条件语句来判断是否 include 某个文件时有一个怪现象。详细代码如下：

```
<?php
if(expression)
include("/path/to/filename");
else
include("/path/to/anotherfilename");
?>
```

上面这段代码运行时可能出错。出错的原因是 include()函数只是将文件内容复制到出现该 include()函数的地方，如果文件中包含多行 php 语句而没有使用{}组成代码块，那整个 if...else...的逻辑就乱了。

所以代码需要纠正，详细代码如下，这样就能保证文件在整个代码块里了。

```php
<?php
if(expression){
include("/path/to/filename");
}
else{
include("/path/to/anotherfilename");
}
?>
```

2. require()函数

require()函数，调用方式：require("filename")。它的功能与 include()函数是一样的，无论 require()出现在程序的什么位置，它都能将文件包含进来。

3. include_once()函数

include_once()函数，调用方式：include_once("filename")。该函数只包含一次该文件，如果上下文中已经包含过了该文件，那么就不再包含。

4. require_once()函数

require_once()函数，调用方式：require_once("filename")，它的功能只包含一次该文件，如果上下文中已经包含过了该文件，那么就不再包含，其他功能和 require()一样。

📖 实战案例

案例 1：正则表达式验证用户注册

【案例描述】　用户注册页面，包括用户名、密码、电话、电子邮件地址、邮政编码等信息。其中用户名要求包括字母、数字（A～Z，a～z，0～9）、下划线，最少 5 个字符，最多 20 个字符，也可以根据需要，对最小值和最大值做合理的修改。验证邮箱格式要正确，验证电话号码格式要正确，验证邮政编码格式要正确。

【算法分析】　用户名验证，要求包括字母、数字（A～Z，a～z，0～9）、下划线，最低 5 个字符，最大 20 个字符，也可以根据需要，对最小值和最大值做合理的修改。可以使用正则表达式 preg_match('/^[a-z\d_]{5,20}$/i',$n) 来实现。邮箱验证可以使用正则表达式 filter_var($a, FILTER_VALIDATE_EMAIL))来实现。电话验证可以使用 preg_match('/\(?\d{3}\)?[-\s.]?\d{3}[-\s.]\d{4}/x', $phone) 来实现。邮编验证可使用 preg_match("/^([0-9]{5})(-[0-9]{4})?$/i",$zipcode)来实现。

【详细代码】　用户注册界面如图 6-10 所示。

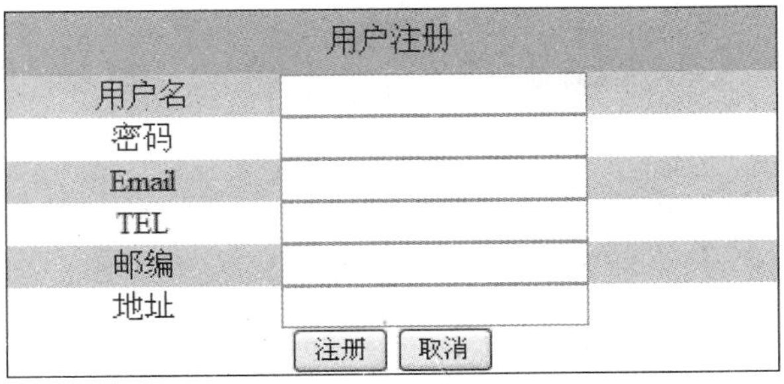

图 6-10　用户注册界面

验证用户注册的正则表达式，详细代码如下：

```php
<?php
    $username =$_POST["username"];
    if (preg_match('/^[a-z\d_]{5,20}$/i', $username)) {
      echo "用户名命名没问题";
        } else {
      echo "用户名有问题";
      }
    $email =$_POST["email"];
    if (filter_var($email, FILTER_VALIDATE_EMAIL)) {
    echo "邮箱没问题";
    } else {
     echo "邮箱格式不正确";
     }
    $phone = $_POST["phone"];
    if (preg_match('/\(?\d{3}\)?[-\s.]?\d{3}[-\s.]\d{4}/x', $phone)) {
     echo "电话没问题.";
     } else {
     echo "电话出错了";
     }
    $zipcode = $_POST["zipcode"];
    if (preg_match("/^([0-9]{5})(-[0-9]{4})?$/i",$zipcode)) {
      echo "邮编没问题";
      } else {
      echo "邮编出错了";
      }
?>
```

案例 2：二维数组的排序

【案例描述】　在 PHP 中，一般都是通过数据库先排好序，然后输出到程序里直接使用，但有些时候我们需要通过 PHP 直接对数组进行排序，而在 PHP 里存储数据用得最多的是对象和数组，但处理较多的是数组。案例 2 是对二维数组进行排序。

【算法分析】　二维数组的排序，用两种方法来实现：一种方法是使用系统函数 sort、asort、arsort、ksort、krsort 等；另一种方法是通过自定义函数来实现。

【详细代码】

方法一：通过系统函数来实现二维数组的排序，详细代码如下：

```php
<?php

    $data = array();
    $data[] = array('volume' => 67, 'edition' => 2);
    $data[] = array('volume' => 86, 'edition' => 1);
    $data[] = array('volume' => 85, 'edition' => 6);
    $data[] = array('volume' => 98, 'edition' => 2);
    $data[] = array('volume' => 86, 'edition' => 6);
    $data[] = array('volume' => 67, 'edition' => 7);
    // 取得列的列表
    foreach ($data as $key => $row)
    {
        $volume[$key]  = $row['volume'];
        $edition[$key] = $row['edition'];
    }
    array_multisort($volume, SORT_DESC, $edition, SORT_ASC, $data);
    print_r($data);
?>
```

【运行效果】 方法一运行效果如图 6-11 所示。

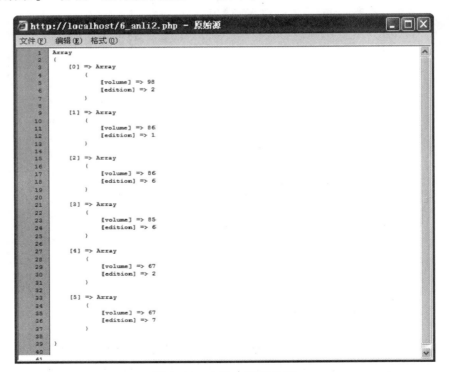

图 6-11　方法一运行效果

【代码解析】 方法一中使用 array_multisort()系统函数，实现二维数组的排序。

方法二：使用自定义函数实现二维数组的排序，详细代码如下：

```php
<?php
    $data = array();
    $data[] = array('volume' => 67, 'edition' => 2);
    $data[] = array('volume' => 86, 'edition' => 1);
    $data[] = array('volume' => 85, 'edition' => 6);
    $data[] = array('volume' => 98, 'edition' => 2);
    $data[] = array('volume' => 86, 'edition' => 6);
    $data[] = array('volume' => 67, 'edition' => 7);
    // 取得列的列表
    foreach ($data as $key => $row)
    {
        $volume[$key]  = $row['volume'];
        $edition[$key] = $row['edition'];
    }
    $ret = arraySort($data, 'volume', 'desc');
    print_r($ret);
    /**
     * @desc arraySort php二维数组排序 按照指定的 key 对数组进行排序
     * @param array $arr 将要排序的数组
     * @param string $keys 指定排序的 key
     * @param string $type 排序类型 asc | desc
     * @return array
     */
    function arraySort($arr, $keys, $type = 'asc') {
        $keysvalue = $new_array = array();
        foreach ($arr as $k => $v){
            $keysvalue[$k] = $v[$keys];
        }
        $type == 'asc' ? asort($keysvalue) : arsort($keysvalue);
        reset($keysvalue);
        foreach ($keysvalue as $k => $v) {
            $new_array[$k] = $arr[$k];
        }
        return $new_array;
    }
?>
```

【代码分析】 　方法二，自定义 arraySort()函数，这个自定义函数与系统函数的一个区别就是：自定义函数只支持针对某一个 key 的排序，如果要支持多个 key 的排序需要执行多次；而系统函数 array_multisort 可以一次性对多个 key 且可以指定多个排序规则，系统函数还是相当强大的，推荐使用系统函数，它是 C 底层实现的，这里只是举例说明如何通过自定义函数来对数组进行排序，当然这个自定义函数也可以继续扩展来支持更多的排序规则。系统函数在取排名、排行榜、成绩等场景中使用还是非常多的。

案例 3：页面执行时间

【案例描述】 　显示执行页面的时间。

【详细代码】

```php
<?php
 //小功能  计算页面打开时间
    function fn(){
        list($a,$b)=explode(' ',microtime());  //获取当前时间戳 和微秒数
        return $a+$b;  //相加  返回
        }
    $start_time = fn();  //开始时间
    for ($i=1;$i<100000;$i++){  //中间为了让他执行一段时间 做了个 for 循环 循环十万次
    }
    $over_time = fn();//结束时间
    echo '您本次页面执行时间为：'.round($over_time-$start_time,3).'秒';
 ?>
```

【运行效果】　案例 3 运行效果如图 6-12 所示。

图 6-12　案例 3 运行效果

【代码解析】　案例中自定义了一个函数 fn()，来获取当前时间戳，通过两次调用该函数，获取的时间差值就是页面的执行时间。

本章主要介绍了在 PHP 应用程序中经常使用的函数，因为这些函数是 PHP 语言字符串处理功能的关键所在。在 PHP 的所有数据类型中，字符串类型相对其他类型比较简单。本章的重点内容有函数的定义、字符串函数、时间函数以及正则表达式。通过本章的学习，读者主要掌握函数的定义、形参和实参的区别、常用的字符串函数、时间函数。

1. 自定义一个函数，实现两个整数的和的功能，通过调用函数，实现 89+22，2903+344。

2. 自定义函数，实现功能根据长方形的宽和高，求出长方形的周长和面积。求边长为 5、10 的长方形的面积和周长，边长为 123、22 的长方形的面积和周长。

3. 定义一个字符串变量，其值为"hello445666"采用字符串分割函数，把该字符串分为 4 个元素的数组。

Part 2

第二部分

核心知识

　　本篇所介绍的是 PHP 的核心技术，由五个章节的内容组成，分别是第 7 章 PHP 与 WEB 页面交互，主要内容包括了 HTML 表单元素、PHP 全局数组变量、响应头的设置；第 8 章 Cookie 与 Session，主要介绍了 Cookie 与 Session 的技术，利用 Cookie 和 Session 进行登录，身份验证等操作；第 9 章 PHP 操作数据库，主要内容是使用 MySQL 和 MySQLi 扩展的函数对 MySQL 数据库进行增、删、查、改的基本操作。第 10 章面向对象，主要内容是类和对象、类的封装以及类的继承与类的关键字；第 11 章文件的基本操作，主要讲述了目录和文件的操作。

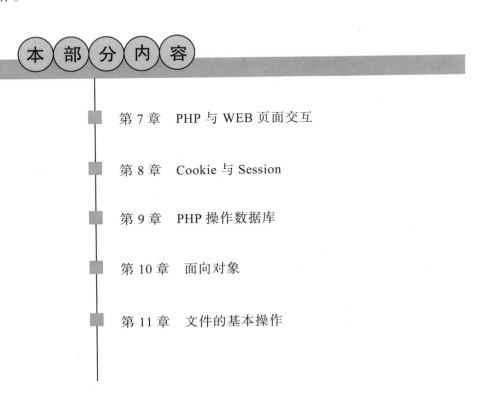

本　部　分　内　容

第 7 章　　PHP 与 WEB 页面交互

第 8 章　　Cookie 与 Session

第 9 章　　PHP 操作数据库

第 10 章　　面向对象

第 11 章　　文件的基本操作

第 7 章　PHP 与 WEB 页面交互

互联网是一个信息中心，也是一个开放、交流、互动的平台。我们已经习惯了上网浏览网页，上网不再是娱乐、消遣，而是工作、生活的需要，网络已经是我们生活中不可缺失的一部分，网络使我们的学习、工作、生活方式等都在悄无声息地发生着改变，同时，我们也在努力不懈地发展网络技术，改善网络环境。在线视频、网络聊天工具等极大地提升了通信效率，人与人之间沟通的载体是网络，网络上呈现给我们的是另一个缤纷绚烂的世界，这是如何做到的呢，又是用什么方法、什么技术实现的呢，接下来就来了解网页的基本元素，更深入地学习网页及网络交互的基础知识。

- ➤ 掌握 HTML 的常用标签及其属性
- ➤ 掌握 PHP 全局数组及其使用方法
- ➤ 掌握表单数据与 PHP 页面数据的交互处理
- ➤ 了解文件及其内容类型的设置
- ➤ 了解什么是 PHP 的重定向

📖 引导案例

每天进入办公室的第一件事就是上网，打开邮箱看邮件、发邮件，这已经是很多上班族的工作习惯。生活节奏快，工作压力大，在周末我们可以看看网络影视，调节紧张的神经；也许还会逛逛网店，买几件日用品；也许还会玩一把网络游戏，释放一下压抑的情绪等。所有的这些都离不开网络，网络已经逐渐融入我们日常工作、生活的每一个环节，我们几乎已经不能适应没有网络的工作和生活方式。网络在为我们的工作、生活带来便利的同时，也让我们个人的信息安全陷入了危险境地。所以，在我们收发邮件、网上购物、下载电影的时候也要警觉网络环境是否安全。在这个通信和网络技术迅猛发展的时代，我们都应该了解与网络相关的知识，比如网络通信、网站建设、网页设计等，了解了这些技术的基本原理和方法论之后，我们会更好地防范网络中不安全环境的威胁和侵犯。本章将主要讲解动态网页设计、网路交互的基础知识。

📖 相关知识

7.1 表单元素

7.1.1 HTML form 元素

在收发电子邮件时，首先，要输入邮箱地址和密码登录邮箱；其次，将这些数据提交给邮件服务器验证，服务器验证通过之后，才能打开邮箱看邮件。这个过程中，用户的邮箱地址和密码是填写在表单里提交给服务器的，表单(form)就相当于一张"信纸"，可以把想说的话都写在这张纸上，网络的功能就相当于一个电子邮政局，由它把这张"信纸"装在一个"信封"里面，服务器就是目的地，信被邮差送到目的地后，由收信人打开信封。所以，表单是网页里收集用户数据的一个页面元素，是客户端向服务器端发送数据的一个载体。表单包含的元素很丰富，主要有 input、text、radio、checkbox、select、textarea、submit、reset 等，常用的表单元素如图 7-1 所示。

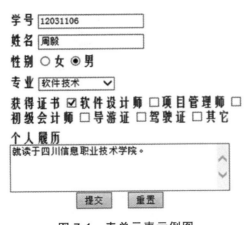

图 7-1　表单元素示例图

示例 7-1

表单示例代码如下所示，本例表单中包含有文本框（text）、单选按钮（radio）、复选按钮（checkbox）、选项框（select）、文本域（textarea）等，该示例演示了表单的基本元素和基本属性。

```
<html>
<head><title>学生信息表</title>
<style type="text/css">
.middle{margin:0px auto; width:500px;}
#left{width:200px; height:30px; font-family:" 方 正 姚 体 "; font-size:18px;
color:blue; }
#rt{width:330px; height:50px;font-family:"方正姚体"; font-size:18px; color:blue;}
```

```
</style>
</head>
<body>
<div class="middle">
<FORM method="POST" action="xxxxx.php">
<h2 align="center">学生信息表</h2>
<div id="left">学号 <INPUT type="text" name="ID" size="20"></div>
<div id="left">姓名 <INPUT type="text" name="name" size="20"></div>
<div id="left">性别 <INPUT type="radio" value="1" name="Gender" checked>女
    <INPUT type="radio" value="2" name="Gender">男 </div>
<div id="left">专业 <SELECT size="1" name="specialty">
    <OPTION value="1" selected>软件技术</OPTION>
    <OPTION value="2">计算机网络</OPTION>
    <OPTION value="3">通信技术</OPTION>
    <OPTION value="4">应用电子技术</OPTION>
    <OPTION value="5">旅游与管理</OPTION>
    <OPTION value="6">会计</OPTION>
  </SELECT></div>
<div id="rt">获得证书
    <INPUT type="checkbox" value="a" name="cert1">软件设计师
    <INPUT type="checkbox" value="b" name="cert2">项目管理师
    <INPUT type="checkbox" value="c" name="cert3">初级会计师
    <INPUT type="checkbox" value="d" name="cert4">导游证
    <INPUT type="checkbox" value="e" name="cert5">驾驶证
    <INPUT type="checkbox" value="f" name="cert6">其它
  </div>
<div id="rt">个人履历
<TEXTAREA name="Comment" rows="4" cols="42"></TEXTAREA></div><br><br>
<div id="rt" align="center">
    <INPUT type="submit" value="提交" name="Submit">  
    <INPUT type="reset" value="重置" name="Reset"></div>
</FORM>
</div>
</body>
</html>
```

认识了常用的表单元素，更有必要了解表单的组成及表单的标签，这样才能更好地运用表单。

1. 表单的组成

表单由表单标签、表单域、表单按钮三部分组成。

表单标签：里面包含了处理表单数据所有 CGI 程序的 URL 以及数据提交到服务器的方法。

表单域：包含了 text、password、radio、checkbox、select、textarea、file 等。

表单按钮：包括 submit、reset、button，用于将数据传送给服务器上的 CGI 脚本，还可以用表单按钮来控制其他定义了处理脚本的处理工作。

2. 表单标签

表单标签的语法格式：

\<form name="formname" action="URL" enctype="application/x-www-form-urlencoded"
　　method="POST|GET"　target="..."\> ...　\</form\>

表单标签属性说明如表 7-1 所示。

表 7-1　表单标签属性说明

标　签	属 性 说 明
name	表单的名字
action=url	处理提交表单的格式；它可以是一个 URL 地址或者是电子邮件地址
method=post 或 get	提交表单的 HTTP 方法。post: post 方法在表单的主干中包含名称/值对，并且不需要包含于 action 特性的 URL 中。get:get 方法把名称/值对附加在 action 的 URL 后面，并把新的 URL 发送给服务器
enctype=cdata	指定用来把表单提交给服务器时的互联网媒体形式，缺省值是 "application/x-www-form-urlencoded"
TARGET="_bank | _self | _parent | _top"	指定提交的结果文档显示的位置： _bank：在一个新的、无名浏览器窗口中打开指定的文档； _self：在指向这个目标元素相同的框架中打开文档； _parent：在当前框架的直接父框 FRAMESET 中打开文档；这个值在当前框没有父框时等价于 _self； _top：在浏览器的顶部窗口中打开文档

注意

get 与 post 方法的区别：

1. get 是从服务器上获取数据，post 是向服务器传送数据。

2. get 是把参数数据队列加到提交表单的 ACTION 属性所指的 URL 中，值和表单内各个元素一一对应，在 URL 中可以看到；post 是通过 HTTPPOST 机制，将表单内各个元素与其内容放置在 HTML HEADER 内一起传送到 ACTION 属性所指的 URL 地址，用户看不到这个过程。

3. 对于 get 方式，服务器端用 Request.QueryString 获取变量的值，对于 post 方式，服务器端用 Request.Form 获取提交的数据。

4. get 传送的数据量较小，不能大于 2 KB；post 传送的数据量较大，一般默认为不受限制。但理论上，IIS4 中最大量为 80 KB，IIS5 中为 100 KB。

5. 在提交表单时，如果不指定 method 属性值，则默认为 get 请求，form 中提交的数据将会附加在 URL 之后，以"?"与 URL 分开。字母数字字符原样发送，但空格转换为"+"号，其他符号转换为%XX，其中 XX 为该符号的 16 进制数的 ASCII（或 ISOLatin-1）值。get 请求提交的数据放置在 HTTP 请求协议头中，而 post 提交的数据则放在实体数据中。

6. get 安全性非常低，post 安全性较高。

7.1.2　HTML input 标签

<input>标签用于定义表单的输入元素。

1.　type 属性

type 属性值说明如表 7-2 所示。

表 7-2　type 属性值说明表

值	说　明
text	定义单行的输入字段，用户可在其中输入文本。默认宽度为 20 个字符
checkbox	定义复选框，允许用户在一定数目的选择中选取一个或多个选项
radio	定义单选按钮，允许用户选取给定数目的选项中的一项
password	定义密码字段，该字段中的字符掩码
hidden	定义隐藏字段，对用户是不可见的，通常会存储一个默认值，它们的值也可以由 JavaScript 进行修改
submit	定义提交按钮，用于向服务器发送表单数据，数据发送到表单的 action 属性中指定的页面
reset	定义重置按钮。重置按钮会清除表单中的所有数据
button	定义可点击的按钮，但没有任何行为，常用于在用户点击按钮时启动 JavaScript 程序
image	定义图像形式的提交按钮
file	用于文件上传

2.　value 属性

该属性用于设置每个<input>标签的初始值，作为相应表单元素的初始值显示在页面上，用户通过浏览器打开网页时，即使不对该页面中的表单做任何输入，表单中的元素也会显示这个初始值。

3.　disabled 属性

如果在<input>标签中加入此属性，那么，被设置为 disabled 属性的元素的值将不能被输入和修改。

4.　readonly 属性

readonly 属性与 disable 属性唯一的不同就是，用 readonly 设置的表单元素仍然可以被用户激活，但不能被修改。

7.1.3　HTML checked 属性

checked 属性是在页面加载时被预先选定的 input 元素，它与<input type="checkbox"> 或 <input type="radio">配合使用，checked 属性也可以在页面加载后，通过 JavaScript 代码进行设置，如图 7-2 所示。

图 7-2　checked 属性示例图

示例 7-2

checked、disabled、readonly 属性的使用示例如下：

```
<html>
    <head>
        <meta http-equiv="Content-Type" content="text/html; charset=gb2312" />
        <title>HTML disabled 属性示例</title>
    </head>
    <body>
        <form id="form1" action="?" method="post">
            个人爱好：
            <input     type="checkbox"     value="1"     id="fav"     name="fav"
checked="checked" />
            <label for="fav">唱歌</label>
            <input     type="checkbox"     value="2"     id="fav"     name="fav"
disabled="disabled" />
            <label for="fav">旅游</label>
            <input type="checkbox" value="3" id="fav" name="fav" />
            <label for="fav">购物</label>
            <input type="text" value="玩游戏" size="10" name="fav1" readonly=
"readonly"/>
            <input type="text" value="踢足球" size="10" name="fav2"/>
        </form>
    </body>
</html>
```

7.1.4　HTML textarea 标签

文本域<textarea>可以输入多行多列文字，由头标签和尾标签组成。

属性说明：

➢ cols——多行输入域的列数。

➢ rows——多行输入域的行数。

➢ accesskey——表单的快捷键访问方式。

➢ disabled——输入域无法获得焦点，无法选择，以灰色显示，在表单中不起任何作用。

➢ readonly——输入域可以选择，但是无法修改。

➢ tabindex——输入域，使用"tab"键的遍历顺序。

示例 7-3

```
<form id="tform" action="xxx.php" method="post">
    <label for="content">请问，PHP 的特点有哪些？</label><br>
    <textarea cols="40" rows="6" id="content" name="content">
    1.开源；2.跨平台；...
    </textarea>
</form>
```

7.1.5 HTML select 标签

选项框<select>可以呈现多个选项，让用户选择，由头标签和尾标签组成，此标签中的每对 option 标签代表一个选择项。使用方法如示例 7-4 所示。

➤ size——选择域的高度，选项的个数或选项框的行数。

➤ multiple——可以多选，如果没有此属性，就是单选。

➤ disabled——输入框无法获得焦点，无法选择，以灰色显示，在表单中不起任何作用。

➤ tabindex——使用"tab"键的遍历顺序。

7.1.6 HTML option 标签

<option>标签和<select>标签组合使用，作为<select>标签的一个选项。

➤ selected 属性：被限定的列表属性就是默认选中的选项，即使用户没有选择。

➤ value 属性：可以使下拉列表框中显示的内容和提交的内容分离开来，被选中提交的项的值就是由 value 指定的。

图 7-3　select 标签示例图

示例 7-4

选项框的示例代码如下：

```
<form id="dform" action="xxxx.php" method="post">
    <fieldset style="width:140px">
        <legend>你看过的名著有</legend>
        <select   size="3"  multiple="multiple"   id="multipleselect"   name=
"multipleselect">
            <option value="1" selected="selected">《平凡的世界》</option>
            <option value="2">《红树林》</option>
            <option value="3">《骆驼祥子》</option>
            <option value="4">《一个母亲》</option>
```

```
            <option value="5">《三个火枪手》</option>
            <option value="6">《傲慢与偏见》</option>
            <option value="7">《子夜》</option>
            <option value="8">《春蚕》</option>
            <option value="9">《朝花夕拾》</option>
            <option value="10">《四世同堂》</option>
        </select>
    </fieldset>
</form>
```

7.2　PHP 全局数组

　　PHP 全局数组包含了来自 Web 服务器、客户端、运行环境和用户输入的数据，这些数组在全局范围内自动生效，用户不需要定义，可以直接使用。

7.2.1　$_GET[]数组

　　$_GET 变量用于收集来自 method="get" 的表单中的数据。$_GET 是一个数组变量，内容是由 HTTP GET 方法发送的变量名称和值。$_GET 变量用于收集来自 method="get"表单中的值。用 GET 方法发送表单的数据，所有的变量名和值都会显示在 URL 中，并且发送的数据最多不超过 100 个字符，建议在发送敏感数据时，不要使用 GET 方法。$_GET[]数组的使用如示例 7-5 所示。

示例 7-5

```
<form action="get_value.php" method="get">
    书名 <input type="text" name="bkname" size="15"/><br>
    单价 <input type="text" name="price" size="15"/><br>
    数量 <input type="text" name="quantity" size="15"/><br>
        <input type="submit" value="提交" />
</form>
```

　　当用户单击提交按钮后，发送的 URL 如下：

```
http://localhost/get_value.php?bkname=php+course&price=35&quantity=2
```

　　"get_value.php" 文件可以通过$_GET 变量来获取表单中的数据。

```
<?php
    echo "《".$_GET['bkname']."》单价是".$_GET['price']."元, 共有 ".$_GET['quantity']."本。";
?>
```

　　用 get 方法提交表单数据，表单中数据元素及其值就附加在 URL 后面发送给服务器，可以使用 PHP 的$_GET[]全局数组读取表单中每个元素的值。

7.2.2 $_POST[]数组

$_POST 是一个数组变量，内容是由 HTTP POST 方法发送的变量名称和值，$_POST 变量用于收集来自 method="post"的表单元素的值，用 POST 方法发送的表单数据是不可见的，也没有数据大小的限制。$_POST[]全局数组的使用如示例 7-6 所示。

示例 7-6

```
<form action="post_value.php" method="post">
  学号<input type="text" name="id" size="15" /><br>
  姓名<input type="text" name="stuname" size="15" /><br>
    <input type="submit" value="提交"/>
</form>
```

当用户单击提交按钮后，URL 中不含表单数据，例如 http://localhost/post_value.php；在 "post_value.php" 文件中，可以通过$_POST 变量来获取表单中的数据。

```
<?php
    echo  $_POST['stuname']. " 同学的学号是 ". $_POST['id'] ;
?>
```

用 post 方法提交表单数据，表单中数据以数据报的方式发送给服务器，可以使用 PHP 的$_POST[]全局数组读取表单中每个元素的值。

7.2.3 $_REQUEST[]数组

PHP 中的$_REQUEST 全局数组包含了$_GET 数组，$_POST 数组和$_COOKIE 数组的所有元素；$_REQUEST 变量可用来获取通过 GET 和 POST 方法发送的表单数据。所以，在示例 7-5 和示例 7-6 中，也可以使用$_REQUEST[]全局数组接收表单的数据。

```
<?php
echo  " 《 ".$_REQUEST['bkname']." 》 单 价 是 ".$_REQUEST['price']." 元 ， 一 共 有
".$_REQUEST['quantity']."本。";
echo  $_REQUEST['id']." ";
echo  $_REQUEST['stuname']."<br>";
?>
```

假如在一个表单中有同名的多个元素或变量，而且这个表单又同时用 GET 和 POST 两种方法发送数据，如果用数组$_REQUEST 获取表单数据，同名元素或变量的值是否会发生冲突？一旦冲突，数组$_REQUEST 中保留哪个元素或变量的值呢？为了搞清楚这个问题，请看示例 7-7 的分析。

示例 7-7

```
<html>
   <head><title>demo</title></head>
     <body>
        <form method="post" action ="request.php?var=getvalue">
        <input type="hidden" name="var" value="postvalue"/>
        <input type="submit" name="submit" value="submit"/>
        </form>
     </body>
</html>
```

request.php 文件代码如下：

```
<?php
   print $_GET['var']." ";          //输出 getvalue
   print $_POST['var']." ";         //输出 postvalue
   print $_REQUEST['var'];          //输出 postvalue
?>
```

　　示例 7-7 中有两个 var 变量：一个是 hidden 元素的 var；另一个是 URL 中的变量 var；前者是用 POST 方法发送数据，后者是用 GET 方法发送数据；所以，分别用$_GET 数组和$_POST 数组获取 var 变量的值时并不会产生冲突；但是，如果用$_REQUEST 数组获取变量 var 的值时，就会发现其中一个变量覆盖了另一个变量，这是为什么呢？原因就在 PHP 配置文件中，php.ini 中的语句 variables_order = "EGPCS"；定义了$_REQUEST 全局数组获取变量值时的优先顺序。"EGPCS"的含义是，E 代表$_ENV，G 代表$_GET，P 代表$_POST，C 代表$_COOKIE，S 代表$_SESSION。按照排列顺序，后面变量的值会被前面已经写入的同名变量的值覆盖，所以$_POST 包含的变量将覆盖$_GET 中同名变量的值。为了避免同名变量被覆盖的问题，必须明确什么时候用$_GET 数组，什么时候用$_POST 数组，在使用全局变量$_REQUEST[]数组时，一定要注意是否存在同名变量，尽可能地避免使用同名变量。

7.2.4　$_SERVER[]数组

　　$_SERVER 是一个包含了诸如头信息(header)、路径(path)以及脚本位置等信息的数组。这个数组中的数组元素是由 Web 服务器创建的。

示例 7-8

```
<?php
   foreach($_SERVER as $key=>$var)
     echo $key." => ".$var."<br>";
   print_r($argv);
?>
```

　　在浏览器的地址栏内输入 http://localhost/xxx.php?str=name&pass=1212，看$_SERVER 数

组中各元素的值。$_SERVER 数组变量说明如表 7-3 所示。

表 7-3 $_SERVER 数组变量说明

变量名称	说　　明
$_SERVER['PHP_SELF']	当前正在执行脚本文件的路径和文件名
$_SERVER['SERVER_ADDR']	当前运行脚本所在服务器的 IP 地址
$_SERVER['SERVER_NAME']	当前运行脚本所在服务器的主机名
$_SERVER['REQUEST_METHOD']	访问页面使用的请求方法，如 GET、POST、HEAD、PUT 等，如果请求方式是 HEAD，PHP 脚本将在送出头信息后终止
$_SERVER['REMOTE_ADDR']	浏览当前页面的用户 IP 地址
$_SERVER['REMOTE_HOST']	浏览当前页面的用户主机名。DNS 反向解析不依赖于用户的 REMOTE_ADDR
$_SERVER['REMOTE_PORT']	用户连接到 Web 服务器使用的端口号
$_SERVER['SCRIPT_FILENAME']	当前执行脚本的绝对路径
$_SERVER['SERVER_PORT']	Web 服务器使用的端口号，默认是 80。如果使用 SSL 安全连接，这个值为用户设置的 HTTP 端口
$_SERVER['SERVER_SIGNATURE']	包含服务器版本和虚拟主机名的字符串
$_SERVER['DOCUMENT_ROOT']	当前运行脚本所在的文档根目录，在服务器配置文件中定义
$_SERVER['SERVER_SOFTWARE']	服务器标识的字符串，在响应请求时的头信息中给出。如 Apache/2.2.8 (Win32) PHP/5.2.6
$_SERVER['argv']	传递给当前运行脚本的参数，使用 Get 方式传递数据时，数组元素就是 URL 中 '?' 后面的字符串，例如：http://localhost/index.php?va=10&vb=20

7.2.5 $_FILES[]数组

PHP 使用全局数组$_FILES[]，可以从客户端向服务器上传文件。$_FILES 有两个参数，第一个参数是表单元素"文件域"的名称(例如：<input type="file" name="file" id="file" />)，第二个参数是 "name"，"type"，"size"，"tmp_name"，"error"等，详细的参数说明如表 7-3 所示。

表 7-4 $_FILES 数组变量说明

变量名称	说　　明
$_FILES["file"]["name"]	被上传文件的名称
$_FILES["file"]["type"]	被上传文件的类型
$_FILES["file"]["size"]	被上传文件的大小，以字节为单位
$_FILES["file"]["tmp_name"]	存储在服务器的文件，其临时副本的名称
$_FILES["file"]["error"]	由文件上传导致的错误代码

示例 7-9

使用$_FILES 数组上传文件如下：

```html
<html>
    <body>
        <form                     action="upload_file.php"                   method="post"
enctype="multipart/form-data">
            <label for="file">上传文件 </label>
            <input type="file" name="file" id="file" /> <br/>
            <input type="submit" name="submit" value="submit" />
        </form>
    </body>
</html>
```

文件名 upload_file.php。

```php
<?php
if(( $_FILES["file"]["type"]  ==  "image/gif")|| ($_FILES["file"]["type"]  ==
"image/png") || ($_FILES["file"]["type"]
   == "image/pjpeg") || ($_FILES["file"]["type"] == "image/jpeg")) {
 if($_FILES["file"]["size"] < 1000000) {
   if($_FILES["file"]["error"] > 0) {
     echo "错误提示 " . $_FILES["file"]["error"] . "<br/>";
   }
   else {
     echo "文件名 " . $_FILES["file"]["name"] . "<br/>";
     echo "文件类型 " . $_FILES["file"]["type"] . "<br/>";
     echo "文件大小 " . ($_FILES["file"]["size"] / (1024*1024)) . " MB<br/>";
     echo "上传临时文件名 " . $_FILES["file"]["tmp_name"] . "<br/>";
     if(file_exists($_SERVER['DOCUMENT_ROOT']."/UPLOAD_FILE/" . $_FILES["file"]
["name"]))
        echo $_FILES["file"]["name"] . " 文件已经存在。";
     else {

move_uploaded_file($_FILES["file"]["tmp_name"],$_SERVER['DOCUMENT_ROOT'] .
     "/UPLOAD_FILE/" . $_FILES["file"]["name"]);
        echo "文件保存在 " . $_SERVER['DOCUMENT_ROOT']."/UPLOAD_FILE/" . $_FILES
["file"]["name"];
     }
   }
 }
 else
    echo "文件太大了。";
}else
  echo "该类型的文件不允许上传。";
?>
```

本例子是在 PHP 服务器的临时文件夹中创建一个上传文件的副本，然后检测该文件在服务器端是否已经存在，如果不存在，则把该文件拷贝到服务器的 UPLOAD_FILE 文件夹中，上传完毕后，副本文件就被删除掉。

7.2.6 $GLOBALS[]数组

$GLOBALS 是一个自动全局变量，是由所有已定义全局变量(如$_GET、$_POST、$_COOKIE、$_SERVER 等)自动组合而成的数组，变量名就是该数组的键。因为它是全局变量，所以，在 PHP 脚本的任何作用域范围内都可以使用。$GLOBALS 数组的使用如示例 7-10 所示。

示例 7-10

```php
<?php
  $str_x = " 信息职业技术学院 ";                    //全局变量
  function  fun() {
    $str_x = "http://www.scitc.com.cn";    //局部变量
    return $GLOBALS['str_x'] . $str_x;      //信息职业技术学院 http://www.scitc.com.cn
  }
  print fun();                        //信息职业技术学院 http://www.scitc.com.cn
  print "<br>";
  print $GLOBALS['str_x'];    //信息职业技术学院
  print "<br>";
  print $str_x;                      //信息职业技术学院
?>
```

本例中在函数外部声明的变量$str_x 是全局变量，在函数外部可以用变量名直接访问，还可以用$GLOBALS['str_x'] 全局数组访问，如若要在函数内部访问该全局变量，只能用$GLOBALS['str_x']全局数组。仔细分析以上示例的输出结果，体会全局变量和$GLOBALS数组的用法。

7.3 设置响应头

PHP 中的 header()函数可以向客户端发送原始的 HTTP 报头信息。通常情况下，在使用 header()函数之前不能有任何内容输出，即使是 HTML 标签、空行、回车等都是不允许的，否则会报错。header()函数格式如表 7-5 所示。

```
header(string,replace,http_response_code)
```

表 7-5 header 函数参数说明

参　　数	说　　明
string	要发送的报头字符串
replace	该报头是否替换之前的报头，或添加第二个报头。true 就是替换，false 可以有相同类型的多个报头。默认是 true
http_response_code	把 HTTP 响应代码强置为指定的值

7.3.1　设置不同的内容类型

在上传或下载文件的操作中,可以使用 header()函数设置文件内容类型,如示例 7-11 代码所示。

示例 7-11

```php
<?php
    header('Content-Type: text/html; charset=iso-8859-1');      //定义字符编码
    header('Content-Type: text/html; charset=utf-8');           //定义字符编码
    header('Content-Type: text/plain');                         //纯文本格式
    header('Content-Type: image/jpeg');                         //JPG 图像文件
    header('Content-Type: application/zip');                    //ZIP 文件
    header('Content-Type: application/pdf');                    //PDF 文件
    header('Content-Type: application/msword');                 //DOC 文件
    header('Content-Type: audio/mpeg');                         //音频文件
    header('Content-Type: application/x-shockw**e-flash');      //Flash 动画
?>
```

7.3.2　重定向

如果需要限制用户访问某些页面的权限, 可以使用 header()函数设置必要的状态信息, 并输出给浏览器显示。还可以使用 header()函数重定向到一个新的 URL, 打开指定的页面。 如示例 7-12 代码所示。

示例 7-12

```php
<?php
    header("HTTP/1.1 403 Forbidden");                   //设置 status 为 403,禁止访问
    header("HTTP/1.1 404 Not Found");                   //设置 status 为 404,找不到页面
    header("HTTP/1.1 301 Moved Permanently");           //设置地址被永久的重定向
    header("Location: http://www.example.org/");        //转到一个新地址
    header("Refresh: 10; url=http://www.example.org/"); //文件延迟转向
?>
```

7.3.3　设置过期时间

PHP 的 header()函数可以向浏览器发送状态(status)信息, 比如 header("http/1.1 404 Not Found");其中 "http/1.1" 为 HTTP 协议的版本(HTTP-Version); "404" 为状态代码(Status); "Not Found" 为原因短语(Reason-Phrase)。

有时某些用户可能会设置一些选项来改变浏览器的默认缓存设置, 为了避免这种情况, 可以使用如示例 7-13 所示的标头, 强制禁止浏览器不进行缓存。

示例 7-13

```php
<?php
    //设置页面的过期时间(用格林尼治时间表示)，过去的某个时间即可
    header("Expires: Mon, 26 Jul 1997 05:00:00 GMT");
    //设置页面的最后更新日期(用格林尼治时间表示)也就是当天,目的就是使浏览器获取最新资料
    header("Last-Modified: " . gmdate("D, d M Y H:i:s") . " GMT");
    //设置客户端浏览器禁止缓存
    header("Cache-Control: no-store, no-cache, must-revalidate");
    //与 HTTP1.0 服务器兼容,即兼容 HTTP1.0 协议
    header("Pragma: no-cache");
?>
```

设置 Cache-Control = no-cache 时，在 HTTP1.1 协议的服务器上，浏览器不会缓存页面。由于 HTTP 1.0 协议不支持使用 Cache-Control 标题，所以，在 HTTP1.0 协议的服务器上，IE 浏览器使用 Pragma:no-cache 禁止缓存页面。Pragma:no-cache 仅当在安全链接中使用时，浏览器才会禁止缓存，如果在非安全链接的网页中使用，可以把 Expires：设置为-1，即使该页被缓存，也会立即过期。

在 7.2.5 节讲了如何上传文件，那么如何下载文件呢？在下载文件时怎样使用 header()函数呢？请看示例 7-14。下载文件，首先要从服务器端获取文件所在的路径及文件名，然后打开该文件，读取文件的内容，设置文件标签格式；最后，把读取的文件内容保存到客户端。在示例 7-14 中，首先用表单元素的 FILE 标签选择要下载的文件；然后，将该文件信息传给下载页面进行下载。在实际应用中，服务器端的下载文件其路径及文件名等信息可能存放在数据库的相关表中，本例中为了便于读者理解，直接用 FILE 标签选取文件。

示例 7-14

```html
<html>
<head>
  <title>下载文件示例</title>
</head>
<body>
<h1>下载文件</h1>
<form enctype="multipart/form-data" action="Download_File.php" method=post>
  <input type="hidden" name="MAX_FILE_SIZE" value="1000000">
  下载文件: <input name="Myfile" type="FILE">
  <input type="submit" name="downfile" value="下载文件">
</form>
</body>
</html>
```

下载文件代码如下所示，文件名 Download_File.php。

```php
<?php
    $filePath = $_SERVER['DOCUMENT_ROOT']."/UPLOAD_FILE/";  //下载的文件在服务器端路径
    $fileName = $_FILES["Myfile"]["name"];                  //要下载的文件名
```

```
$file = fopen($filePath . $fileName, "r");              //打开文件
//输入文件标签
Header("Content-type:application/octet-stream");
Header("Accept-Ranges:bytes");
Header("Accept-Length:" . filesize($filePath . $fileName));
Header("Content-Disposition:attachment;filename=" . $fileName);
echo fread($file, filesize($filePath . $fileName));      //输出文件内容
fclose($file);                                           //关闭文件
exit;
?>
```

📖 实战案例

案例 1：用户注册

用户注册页面如图 7-4 所示，这是一个使用表单元素设计的静态页面。用户输入数据后将数据提交给另一个页面（register_in.php），在这个页面中完成将用户数据写入数据表的操作。

图 7-4　注册页面图

```
<html>
  <head>
    <meta http-equiv="X-UA-Compatible" content="IE=7" charset="gb2312" />
    <title>注册</title>
    <style type="text/css">
    #total{width:210px;height:220px;padding:20px;border:1px solid #DDD;margin:
80px auto;
    line-height:40px;font-size:18px; background:#FFFFCC; text-align:center;}
    #left{width:50px;    height:30px;    color:blue;    float:left;    vertical-
align:middle;}
    #right{width:130px; height:30px; float:left; vertical-align:middle;}
    </style>
  </head>
  <body>
    <div id="total">
```

```html
    <form action="register_in.php" method="GET">
      <div id="left"> <label> 账 号 </label> </div>
      <div id="right"> <input type="text" name="ID" id="ID" /></div>
      <br/>
      <div id="left"> <label> 密 码 </label> </div>
      <div id="right"> <input type="password" name="password" id="password" /> </div>
      <br/>
      <div id="left"> <label> 邮 箱 </label> </div>
      <div id="right"> <input type="text" name="email" id="email" /> </div>
      <br/>
      <div id="left"> <label> 性 别 </label></div>
      <div    id="right"><input   type="radio"   name="sex"   value=" 男 "
checked="checked" />男
                  <input type="radio" value="女" name="sex" /> 女 </div>
      <br/>
      <div id="left"> <label> 职 业 </label></div>
      <div id="right"> <select name="occupation">
                  <option value="政府机关"> 政府机关</option>
                  <option value="教育文化"> 教育文化</option>
                  <option value="企业"> 企业</option>
                  <option value="服务业"> 服务业</option>
              </select>
      </div><br/>
      <input type="submit" name="submit" value="注册" />  
      <input type="reset" name="reset" value="清空" />
   </form>
   </div>
 </body>
</html>
```

在 register_in.php 页面中，首先获取注册用户的所有输入；然后，判断用户输入的数据是否为空，若非空，就将这些数据写入用户表；最后，注册成功之后，转向登录页面。因为在此之前还没有讲数据库的相关操作，所以，本段代码省略了这部分代码，在后续章节的相关内容中会有详细讲解。

```php
<?php
  $userid = $_GET['ID'];                //获取用户输入的账号
  $ciphercode = $_GET['password'];      //获取用户输入的密码
  $email = $_GET['email'];              //获取用户输入的邮箱
  $sex = $_GET['sex'];                  //获取用户输入的性别
  $occ = $_GET['occupation'];           //获取用户输入的职业
  if( empty($userid) && empty($ciphercode) && empty($email) && empty($sex) &&
empty($occ) ){
      /* 将用户的信息写入数据表中保存，在此没有连接数据库，同学们可以自己完成*/
    header("Location: Login.php");   //注册之后，转向登录页面
  }else{
    print "<script> alert('请填写完整必要信息。'); history.back(); </script>";
  }
?>
```

案例 2：页面计算器

页面计算器的功能比较简单，用户输入两个操作数和运算符，然后单击"计算"把表达式和计算结果显示出来，计算结果保留两位小数。页面计算器效果如图 7-5 所示。代码如下所示。

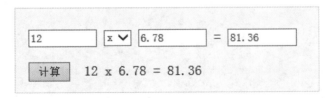

图 7-5　页面计算器效果图

```php
<?php
if($_POST['submit']){
    $opa = $_POST['var1'];
    $opb = $_POST['var2'];
    $operator = $_POST['ysf'];
    /* 判断有输入并且是数字字符才能进行计算 */
    if( is_numeric($opa) && is_numeric($opb) && $opa!="" && $opb!=""){
        switch ($operator){
            case "+": $rs = $opa + $opb; break;
            case "-": $rs = $opa - $opb; break;
            case "x": $rs = $opa * $opb; break;
            case "/": if( $opb!=0 ){                  /* 除数为零则不能进行除法运算 */
                        $rs = $opa / $opb;
                         break;
                     }else{
                       echo "<script> alert('除数不能为零，请重新输入。'); </script>";
                       exit;
                     }
            case "%": if( is_float($opa) && is_float($opb) && $opb!=0 ){
                        $rs = $opa % $opb;      /* 是浮点数才能进行求余算 */
                         break;
                     }else{
                       echo "<script>alert('只能对整数求余数，请重新输入。'); </script>";
                       exit;
                     }
        }
        $rs = round($rs,2);      /*计算结果保留两位小数*/
    }else {
      echo "<script>  alert('请输入正确的数据进行计算。'); </script>";
    }
}
?>
<html>
  <head>
    <meta http-equiv="Content-Type" content="text/html"; charset="gb2312" />
    <title>php 计算器</title>
  </head>
```

```
<body>
    <div   style="width:320px;height:70px;margin:80px   auto;line-height:40px;
font-size:16px;
        background:#FFFFCC;padding:15px;border:1px solid #DDD;">
    <form action="<?php echo $_SERVER['PHP_SELF']; ?>" method="POST" >
        <input type="text" name="var1" size="10" value="<?php echo $_POST['var1']; ?>" />
        <select name="ysf">
        <option value="+" <?php echo $operator=="+" ? "selected" : ""; ?>>+</option>
        <option value="-" <?php echo $operator=="-" ? "selected" : ""; ?>>-</option>
        <option value="x" <?php echo $operator=="x" ? "selected" : ""; ?>>x</option>
        <option value="/" <?php echo $operator=="/" ? "selected" : ""; ?>>/</option>
        <option value="%" <?php echo $operator=="%" ? "selected" : ""; ?>>%</option>
        </select>
        <input type="text" name="var2" size="10" value="<?php echo $_POST['var2']; ?>" />
        <label> = </label>
        <input type="text" name="result" size="10" value="<?php echo $rs;?>" />
        <br/>
        <input type="submit" value="计算" name="submit" /> 
        <?php
            if($_POST['submit'])
                print " $opa $operator $opb" . " = ".$rs;        /*输出计算表达式*/
        ?>
    </form>
    </div>
</body>
</html>
```

案例 3：用户登录

登录功能是将用户输入的账号和密码提交服务器验证，登录示例图如图 7-6 所示。登录
页面代码如下所示。

图 7-6　登录示例图

```
<html>
    <head>
    <meta http-equiv="X-UA-Compatible" content="IE=7" charset="gb2312" />
    <title>登录</title>
    <style type="text/css">
    #total{width:210px;height:100px;padding:30px;border:1px          solid
#DDD;margin:80px auto;
    line-height:40px;font-size:18px; background:#FFFFCC; text-align:center;}
    #left{width:50px; height:30px; color:blue; float:left; vertical-align:middle;}
```

```
    #right{width:100px; height:30px; float:left; vertical-align:middle;}
    </style>
  </head>
  <body>
    <div id="total">
    <form action="longin_in.php" method="get">
      <div id="left"> <label> 账 号  </label> </div>
      <div id="right"> <input type="text" name="ID" id="ID"  /></div>
      <br/>
      <div id="left"> <label> 密 码 </label></div>
      <div id="right"> <input type="password" name="password" id="password" /> </div>
      <br/>
      <input type="submit" name="submit" value="登录" />  
      <input type="reset" name="reset" value="重置" />
    </form>
    </div>
  </body>
</html>
```

　　通常情况下，服务器端接收到登录用户的数据之后要读取注册用户表中该用户的信息进行验证，由于读取数据表的操作还没有讲到，所以，在此就直接使用常量进行登录验证，页面代码如下，文件名 long_in.php。

```
<?php
  $userid = $_GET['ID'];
  $ciphercode = $_GET['password'];                    /*从$_GET 数组中取出账号和密码*/
  if( $userid!="" && $ciphercode!="" ){
     if( $userid=="admin" && $ciphercode=="1001" ){   /*直接用常量验证，没有查询数据库*/
        header("Location:test.html");                 /*转到其他页面*/
     }else{
        header("Location:login.html");                /*转到登录页面*/
     }
  }else{
     print "<script> alert('请输入账号和密码。'); history.back(0); </script>";
                                                       /* 返回重新输入 */
  }
?>
```

　　在本例中是使用 PHP 脚本验证登录用户的身份，主要是为了示范$_GET 数组和 header 函数的使用。

案例 4：使用正则表达式实现搜索

　　函数 preg_match_all()进行全局正则表达式匹配，函数原型如下。

```
int preg_match_all ( string pattern, string subject, array matches [, int order] );
```

　　该函数的功能是，在字符串 subject 中搜索所有与 pattern 给出的正则表达式匹配的内容并将结果以 order 指定的顺序放到 matches 数组中。搜索到第一个匹配项之后，接下来的搜索从上一个匹配项末尾开始。返回值为符合比对结果的数目，若没有或出错则返回 false。参数 order 的值有 PREG_PATTERN_ORDER 及 PREG_SET_ORDER 两种，若没有指定 order，则默认为 PREG_PATTERN_ORDER。

本示例是用 preg_match_all()函数在文本中查找关键词，并统计关键词出现的次数，如图 7-7 所示，代码如下所示。

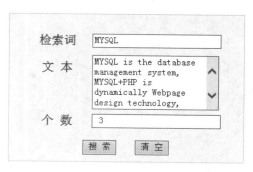

图 7-7　搜索单词示例

```php
<?php
 if( isset($_POST['submit']) ) {
    $words = $_POST['word'];
    $string = $_POST['article'];
    if( preg_match_all( "/\b$words\b/i", $string , $matches ) ){
        $n = count($matches[0]);
    }
 }
?>
<html>
  <head>
    <meta http-equiv="X-UA-Compatible" content="IE=7" charset="gb2312" />
    <title>单词搜索</title>
    <style type="text/css">
      #total{width:300px;height:180px;padding:20px;border:1px solid #DDD;margin: 80px auto;
      line-height:40px;font-size:18px; background:#FFFFCC; text-align:center;}
      #left{width:100px; height:30px; color:blue; float:left; vertical- align:middle;}
      #right{width:100px; height:30px; float:left; vertical-align:middle;}
    </style>
  </head>
  <body>
    <div id="total">
     <form action="<?php echo $_SERVER['PHP_SELF']; ?>" method="POST">
      <div id="left"> <label> 检索词 </label></div>
      <div id="right">
      <input type="text" name="word" size="25"
      value="<?php if( isset($_POST['submit']) ) echo $words; ?>" />
      </div><br/>
      <div id="left"> <label> 文本 </label></div>
      <div id="right">
      <textarea name="article" rows="5" cols="23" > </textarea></div>
```

```
            <br/><br/>
            <div id="left"> <label> 个数 </label></div>
            <div id="right">
            <input type="text" name="num" size="25"
            value="<?php if( isset( $_POST['submit']) ) echo " ".$n; ?>" />
            </div><br/>
            <input type="submit" name="submit" value="搜 索" />  
            <input type="reset" name="reset" value="清 空" />
        </form>
        </div>
    </body>
</html>
```

　　preg_match_all()函数还可以对正则表达式进行匹配搜索，下面这个函数是从源字符串 $string 中，按照 $patern 正则表达的匹配规则，查找邮箱地址字符串放入 $email 数组中。

```
<?php
    function getEmail( $string ) {
        //匹配邮箱的正则表达式
        $pattern   =   "/([a-z0-9]*[-_\.]?[a-z0-9]+)*@([a-z0-9]*[-_]?[a-z0-9]+)+[\.]
[a-z]{2,3}([\.][a-z]{2})?/i";
        preg_match_all( $pattern, $strring, $email );
        return $email[0];
    }
?>
```

本章小结

　　本章主要讲述的内容有 HTML 常用的表单元素(input，radio，checkbox，select 等)、PHP 中的全局数组($_GET，$_POST，$_SERVER，$GLOBALS 等)以及响应头的设置等内容。最后通过四个学习案例全面讲解了 HTML 表单元素、PHP 全局数组和 header()函数的综合应用。通过本章的学习，熟练掌握表单元素的使用，理解 PHP 中各个全局数组变量的含义并掌握它们的使用方法，理解 header()函数的使用环境和条件，熟练并灵活应用本章所讲的各个网页元素进行基础动态网页的设计，实现客户端和服务器端进行交互的过程。

本章习题

　　1. PHP 中常用的几个预定义的全局数组变量是哪些？
　　2. header()函数主要的功能有哪些？使用过程中应注意什么？
　　3. 编写一个下载文件的简单程序。
　　4. $_FILES 是几维数组？第一维和第二维的索引下标分别是什么？批量上传文件的时候需要注意什么？

第 8 章 Cookie 与 Session

众所周知，上网是用 HTTP 协议传递信息，HTTP 协议无法记录用户的必要信息，比如账号、密码、访问时间等，正因为 HTTP 协议是无状态协议，所以当用户在网站的不同页面之间频繁跳转时 HTTP 是无法跟踪的,那么服务器又是如何跟踪用户的呢？Cookie 和 Session 为服务器侦察着用户的行踪。

Cookie 和 Session 是目前使用的两种信息存储机制。Cookie 是从一个 Web 页面到下一个 Web 页面的数据存储在客户端的传递方法；Session 是让数据在页面中持续有效地存储在服务器端。所以，Cookie 和 Session 在 Web 网站页面间的信息传递发挥着不可忽视的作用，掌握 Cookie 和 Session 的相关技术是进行 Web 程序开发必不可少的。

本章重点讲述 Cookie 和 Session 的概念，创建、读取、删除 Cookie 和 Session 的方法，以及 Cookie 和 Session 在网页开发中的实际应用等知识。

学 习 目 标

➤ 了解什么是 Cookie
➤ 了解什么是 Session
➤ 了解 Cookie 与 Session 的区别
➤ 掌握如何创建、读取、删除 Cookie
➤ 掌握如何创建、读取、删除 Session
➤ 掌握 Session 技术在网页中的应用

📖 引导案例

宅男宅女们大都习惯网购，登录购物网站，选中自己喜欢的商品加入购物车，按照购物订单付款后就等待物流送货上门了。这个过程是无比愉悦而短暂的，愉悦是因为你即将拥有你喜欢的东西，短暂是因为你并不关心过程的细节；但是，对于正在学习的我们，不得不关心过程的细节。接下来就一起来了解一下细节吧！

某个时间登录购物网站购物的用户有一千、一万，甚至更多，每个用户都选择自己喜欢的商品放入购物车，购物车也有成千上万个，为什么我的购物车里面没有其他人选的商品，或者说，这么多购物车是如何认识自己的"主人"的，又是如何知道"主人"

选了哪些商品呢，即使我们亲自到超市选购商品，偶尔也会拿错了东西，何况如此多的人同时网购！

Cookie 和 Session 就可以帮助"主人"准确地记录这些信息，所以，Cookie 和 Session 在上网的过程中发挥着重要作用，接下来我们就学习有关 Cookie 和 Session 的技术。

📖 相关知识

8.1　Cookie 数组

用户以自己的身份登录网站之后，接着访问每个页面时都要进行身份验证，这样才是安全的。如果只在登录时验证身份，以后不再验证，这样做就好比一个有天窗和门的鸟笼，门关上了，天窗却敞开着，鸟儿还是会飞走的。

在访问某些网站时，浏览每张网页都要进行身份验证，如何验证呢，用户的登录信息如何在不同的页面间传递呢。HTTP 是无状态协议，不保存用户的信息，不能跟踪用户的行迹；PHP 变量也只是在一个文件内有效，不能跨文件引用，也不能跟踪用户，那么 PHP 服务器如何跟踪用户呢？PHP 用全局变量$_COOKIE 和$_SESSION 保存用户信息。

8.1.1　了解 Cookie

Cookie 是在 HTTP 协议下，服务器端脚本维护客户信息的一种方式。Cookie 是由 Web 服务器发送给用户，并保存在用户浏览器上的少量信息（如用户名、密码、访问次数等），从而使用户下次访问该网站时可以直接从浏览器读到这些信息。

Cookie 是 HTTP 协议的一部分，用于浏览器和服务器之间传递信息。当客户再次访问该网站时，浏览器会自动把 Cookie 信息发送到服务器，服务器则把从客户端传来的 Cookie 自动地转化成一个 PHP 变量。在 PHP5 中，Cookie 被用来跟踪用户直到用户离开网站，用户端发来的 Cookie 将被转换成全局变量$_COOKIE，可以通过$_COOKIE 数组读取。

8.1.2　创建 Cookie

使用 setcookie( )函数创建 Cookie。
setcookie 函数原型说明如下所示。setcookie()函数参数说明如表 8-1 所示。

```
bool setcookie(string name[,string value[,int expire[,string path[,string
domain[,bool secure]]]]]);
```

表 8-1　setcookie()函数参数说明

参数	说　明	举　例
name	Cookie 的变量名	通过$_COOKIE['ckname']访问变量名为 ckname 的 Cookie
value	Cookie 变量的值	通过$_COOKIE['ckname']获取名为 ckname 的值
expire	Cookie 的失效时间	可以用 time()或 mktime()函数获取，单位为 s
path	Cookie 在服务器端 有效路径	默认为当前页面所在的目录，若站点的目录不止一个，使用不带路径的 Cookie 的话，在一个目录下的页面里设的 Cookie 在另一个目录的页面里是看不到的。如果参数为 "/"，就是在整个 domain 内有效；如果没有指定路径，WEB 服务器会自动将当前的路径给浏览器，指定路径会强置服务器使用的路径；如果参数为 "/A"，就在 domain 下的/A 目录及子目录内有效
domain	Cookie 有效域名	默认为当前页面的域名，域名必须包含两个 "."，如果是顶级域名,则格式是 ".webdoc.com"。设定域名后，必须使用该域名访问网站 cookie 才有效，如果使用多个域名访问，则 domain 可以为空或者访问这个 cookie 的域名都是在同一个域
secure	Cookie 是否仅通过安全的 HTTPS，值为 0 或 1	1 表示 Cookie 只能在 https 链接上有效； 0 表示 Cookie 在 http 和 https 链接上均有效

示例 8-1

使用 setcookie()函数，创建 Cookie 变量。

```php
<?php
    $value = 'JERRY';
    setcookie('userid', t03126);                        //创建cookie
    setcookie('username', $value, time()+3600*2 );      //设置cookie的有效期2小时
    echo $_COOKIE['userid'];                            //t03126
    echo $_COOKIE['username'];                          //JERRY
?>
```

示例 8-2

使用 setcookie()函数，创建 cookie 数组。

```php
<?php
    setcookie("cookie[Monday]","星期一");
    setcookie("cookie[Tuesday]","星期二");
    setcookie("cookie[Wednesday]","星期三");
?>
```

注意

在调用 setcookie()函数之前不能有任何输出，包括空格、空行、HTML 标签等。

Cookie 的内容主要包括变量名、值、过期时间、路径和域。路径与域一起构成 Cookie 的作用范围。若不设置过期时间，表示 Cookie 的生命周期为浏览器会话期间，只要关闭浏览器 Cookie 就自动消失，这种生命周期为浏览器会话期的 Cookie，被称为会话 Cookie。会话 Cookie 一般不存储在硬盘上而是在内存里。若设置了过期时间，浏览器就会把 Cookie 保存到硬盘上，再次打开浏览器时这些 Cookie 依然有效，直到超过过期时间。存储在硬盘上的 Cookie 可以在不同的浏览器进程间共享。

8.1.3 读取 Cookie

示例 8-3

读取示例 8-2 中 Cookie 数组的值。

```php
<?php
  if (isset($_COOKIE["cookie"])) {
      foreach ($_COOKIE["cookie"] as $key => $value) {
          echo "$key =>$value <br/>";
      }
  }
?>
```

注意

1. $_COOKIE 数组只可以读取 Cookie 的值，并不能对 Cookie 进行设置。

2. 在使用 setcookie() 之前，不能有任何数据的输出。

3. 在脚本第一次设置 Cookie 后，是不能在当前脚本使用 $_COOKIE 获取到的，需刷新页面或者在其他脚本中获取。

8.1.4 删除 Cookie

把 Cookie 的值设为空或者有效期设为当前时间之前的某个时间，即可删除 Cookie，如以下代码所示。

```php
<?php
   setcookie('userid', "", time() - 60);   //把失效时间设置为当前时间的前一分钟
?>
```

8.2 Session 数组

Cookie 与 Session 有相似之处，都是用来存储访问者的信息，但是两者的不同之处在于 Cookie 是将访问者的信息存储在客户端，而 Session 是将访问者的信息存储在服务器端。从客户打开浏览器输入网址访问网站的页面开始，到客户关闭浏览器的这个期间就是一个 Session，这是一个特殊的时间期限，我们称之为会话期，关闭浏览器即关闭了一个会话。

8.2.1 了解 Session

Cookie 和 Session 都是存储访问者的信息，它们有什么不同呢？现在就举例说明这个问题。某天你用银行卡在银行取了钱，然后拿着超市的会员卡去购物，银行卡和超市会员卡的区别就相当于 Session 和 Cookie 的区别。每张银行卡都有卡号，凭着卡号我们可以在 ATM 自

动取款机上取钱，即使银行卡丢了，账户上的钱也不会和银行卡一起丢失的(除了被别人非法盗取外)，因为账户的信息是保存在银行服务器上的，这些信息是不会因为银行卡的丢失或损毁而消失；然而，超市会员卡就不一样了，会员卡中保存了个人的信息以及消费积分等，如果会员卡丢失或损毁，再进超市购物时是不会被以会员的身份对待的，会员卡上的积分等信息也不能再被使用了。

Session 的数据保存在服务器端的文件里，文件中保存了 Session 的变量名和值。在 PHP 的配置文件 PHP.INI 中，session.save_path 定义了 Session 的保存路径。

8.2.2 创建 Session

创建 Session 有两个步骤：首先，启动 Session；然后，使用 Session 变量存储访问者的信息，此后就可以在多个 PHP 脚本页中使用这些变量和值。

1. 启动 Session

可以使用 session_start()函数初始化 Session，调用这个函数，标志着 Session 生命周期的开始。在使用这个函数之前，浏览器不能有任何内容的输出，比如空格、空行、HTML 标签等。
函数格式　　bool session_start(void);

2. 存储 Session 变量和值

在 PHP 中，Session 的值保存在$_SESSION 数组中，$_SESSION 是一个全局变量，映射了 Session 生命周期内的 Session 数据，保存在内存里。在初始化 Session 的时候，从 Session 文件中读取数据，填入该变量；在 Session 生命周期结束时，将$_SESSION 数据写回 Session 文件。

示例 8-4

启动 Session，设置 Session 变量，如下代码所示。

```php
<?php
    session_start();                                        //启动 session
    $_SESSION['website']="http://www.scitc.com.cn";  //设置 session 变量和值
    $_SESSION['num']=1;
?>
```

8.2.3 读取 Session

示例 8-5

读取示例 8-4 中 Session 的值，如下代码所示。

```php
<?php
    session_start();                                        //启动 session
    if(isset($_SESSION['num']))
        $_SESSION['num']=$_SESSION['num']+1;
```

```
else
    $_SESSION['num']=1;
    echo "num = ".$_SESSION['num'];
    echo "<br/>";
    echo "website: ".$_SESSION['website'];
?>
```

8.2.4 删除 Session

删除 Session 数据，可以使用 unset()或 session_destroy()函数。

unset($_SESSION[key]);   删除某个元素。

$_SESSION=array();   删除所有 Session 变量。

session_destroy();   删除保存 Session 数据的文件。

session_distroy()方法只是删除了服务器端的 Session 文件，并不会释放内存中的
$_SESSION 变量，如果我们在 session_distroy()后，用 var_dump($_SESSION)函数，仍然可以
看到 Session 的输出。因此如果想完全释放 Session，必须使用$_SESSION=array()。

> *示例 8-6*

删除 Session 变量，销毁 Session，代码如下所示。

```
<?php
    session_start();              //启动 session
    unset($_SESSION['num']);      //销毁$_SESSION['num']元素
    $_SESSION = array();          //将$_SESSION 数组置空
    session_destroy();            //删除保存 session 数据的文件
?>
```

📖 实战案例

本节的四个案例示范了 Cookie 和 Session 技术在 Web 网站开发中的基本应用，大家通过
学习，理解 Cookie 和 Session 的工作机制和使用方法，掌握常用函数的使用，并灵活应用于
项目开发和课程实训中。

案例 1：运用 Cookie 自动登录

案例 1 运行效果如图 8-1 所示。

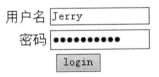

图 8-1 登录页面效果图

用户登录页面代码如下所示，文件名 login_1.html。

```html
<html>
  <head> <title>使用 COOKIE 自动登录</title> </head>
  <body>
  <form name="forml" method="post" action="cookie_login.php">
    <table>
      <tr>
        <td> <div align="right">用户名</div> </td>
        <td> <input type="text" name="username" size="15"> </td>
      </tr>
      <tr>
        <td> <div align="right">密码</div> </td>
        <td> <input type="password" name="password" size="15"> </td>
      </tr>
      <tr>
        <td colspan="2">
          <center> <input type="submit" name="submit" value="login"> </center>
        </td>
      </tr>
    </table>
  </form>
  </body>
</html>
```

运用 Cookie 实现用户自动登录页面代码如下所示，文件名 cookie_login.php。

```php
<?php
  $now = getdate();
  $storetime= $now["weekday"] . " " . $now["month"] ." " . $now["year"] ;
  $storetime.=", ";
  if ($now["hours"] < 10) {
    $storetime.= "0" . $now["hours"];
  } else {
  $storetime.= $now["hours"];
  }
  $storetime.= ":";
  if ($now["minutes"]<10) {
    $storetime.= "0" . $now["minutes"];
  } else {
    $storetime.= $now["minutes"];
  }
  $storetime.= ":";
  if ($now["seconds"] <10) {
    $storetime.= "0" . $now["seconds"];
  } else {
```

```
      $storetime.= $now["seconds"];
    }
  if (isset($setdata)) {
     $counter=++$setdata[1];
     setcookie("setdata[0]",$storetime,time() + (60*60*8));
      setcookie("setdata[1]", $counter,time() + (60*60*8));
   setcookie("setdata[2]",$username,time() + (60*60*8));
  print <<<MENU
  <center>
  <font size=4> $setdata[2] 你登录成功了。现在时间是$storetime , <br/>你上一次是在
  $setdata[0] 登录的，这是你第 $setdata[1]次登录，<br/>在未来的 8 小时内，你可以不输
  入密码自动登录该网站！
  </font>
  </center>
MENU;
  } else {
  if (isset($username) && isset($password)) {
    if ($password=="scitc.com") {
       $counter=0;
       setcookie("setdata[0]",$storetime,time() + (60*60*8));
       setcookie("setdata[1]",$counter,time() + (60*60*8));
       setcookie("setdata[2]",$username,time() + (60*60*8));
       $url="location:xxx.php";
       header($url);
    }else{
      echo "<h1><center>您输入的密码无效!</center></h1>";
    }
   }
  }
 }
?>
```

本例实现了使用 Cookie 进行自动登录的应用，用户输入正确的用户名和密码之后，8 小时内如果再次登录，无需再次输入用户名和密码。Cookie 记录了用户名、每次登录的时间，以及登录的次数。

案例 2：运用 Session 实现登录页面

案例 2 运行效果如图 8-2 所示。

用户登录

图 8-2　登录页面效果图

登录页面代码如下所示，文件名 login_2.html。

```html
<html>
    <head>
        <meta http-equiv="X-UA-Compatible" content="IE=7"  charset=gb2312" />
        <title>用户登录-SESSION</title>
        <style type="text/css">
        .middle{ margin:0px auto; width:500px; }
        #total{   width:500px; height:50px; border-style:solid;
        border-color:red; text-align:center;
        }
        #left{width:100px; height:30px; font-size:100%; float:left; color:blue;
    }
        </style>
    </head>
    <body>
        <p align=center> <font color=blue size=+4> 用户登录 </font> </p>
        <div class="middle" id="total">
            <form  name="form1"  method="post"  action="check_Login_se.php"> <br>
                用户名 <input type="text" name="userid" size=15 />
                密码  <input type="password" name="passwd" size=15 />
                <input type="submit"  name="submit"  value="登陆" />
            </form>
        </div>
    </body>
</html>
```

使用 Session 登录，验证用户身份，文件名 check_Login_se.php。

```php
<?php
    /* 创建数组，键名是用户名，数组元素是密码 */
    $USER                                                                        =
array('u001'=>'0000','u002'=>'123456','u003'=>'abcdab','u004'=>'a0001',
    'u005'=>'201416','u006'=>'scitc');
    $uid = trim($_POST['userid']);              //获取用户输入的用户名和密码,并删除空白字符
    $passwd = trim($_POST['passwd']);
    $uid = strtolower($uid);                    //将大写字符转换为小写字符
    $passwd = strtolower($passwd);
    session_start();                            //启动 session
    if( array_key_exists($uid,$USER) ) {        //判断用户名在数组中是否存在
        if( strcmp($passwd,$USER[$uid]) == 0 ){ //判断密码是否正确
        $_SESSION['id'] = $uid;                 //设置 session
        $_SESSION['passwd'] = $passwd;
        print "登录成功! ";
    }else
        print "密码输入错误。";
    }else
        print "该用户名不存在，请重新输入。";
?>
```

　　在本例中用户名和密码保存在数组中，分别是数组的键和值，用输入的用户名和密码在数组中找与之相匹配的键和值，找到即登录成功。

案例 3：运用 Session 实现验证页面

案例 3 运行效果如图 8-3 所示。

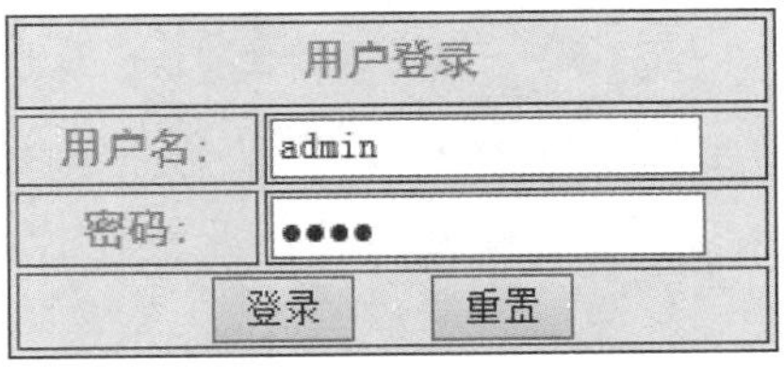

图 8-3　登录页面效果图

登录页面代码如下所示，文件名 login_3.html。

```html
<html>
  <head>
    <meta http-equiv="Content-Type" content="text/html; charset=gb2312" />
    <title>登录验证</title>
    <script language="javascript">
      function checkuser( ){
          if((login.username.value!="")&&(login.password.value!="")) {
            return true;    //判断用户名和密码不为空
          }else
              alert ("用户名或密码不能为空！");
      }
    </script>
    <style type="text/css">
    .style1 { font-size: 15px; font-family: "黑体"; font-weight: normal; color:
#0099FF; }
    </style>
  </head>
  <body>
    <div align="center">
      <form name="login" method="post" action="checklogin_3.php"
          onSubmit="return checkuser()">
      <table width="260" border="1" bgcolor="#D8EFFA">
      <tr align="center">
        <td height="30" colspan="2"><span class="style1">用户登录</span></td>
      </tr>
      <tr>
        <td width="90" align="center" class="style1">用户名: </td>
        <td width="170" height="20" align="left" valign="middle">
        <input name="userid" type="text" id="userid" size="20"></td>
      </tr>
      <tr>
       <td align="center" class="style1">密码: </td>
        <td height="20" align="left" valign="middle">
        <input name="passwd" type="password" id="passwd" size="20"></td>
```

```
      </tr>
      <tr>
        <td align="center" class="style1" colspan="3" height="20">
          <input type="submit" name="Submit" value="登录">  
          <input type="reset" name="reset" value="重置"></td>
      </tr>
    </table>
    </form>
  </div>
  </body>
</html>
```

设置 Session 变量，将用户名、密码等保存在$_SESSION 数组中，页面代码如下所示，文件名 checklogin_3.php。

```
<?php
  session_start();                              //启动 session
  $uid = $_POST['userid'];                      //获取用户输入的用户名
  $passwd = $_POST['passwd'];                   //获取用户输入的密码
  if ($uid=="admin" and $passwd=="0000"){
      $_SESSION['Customer'] = $uid;             //注册 session 变量用户名,密码, SessionID
      $_SESSION['Mima'] = $passwd;
      $_SESSION['session_id'] = session_id();
      header("Location:verify_3.php");   //登录成功重定向到其他页面
  }else{
      echo "<table width='100%' align=center><tr><td align=center>" ;
      echo "用户名或密码错误.<a href='login_3.html'>请重新输入</a>" ;
      echo "</td></tr></table>" ;
  }
?>
```

用户登录验证页面代码如下所示，文件名 vertify_3.php。

```
<?php
  session_start();                              //启动 session
  if( !isset($_SESSION['Customer']) ){          //验证用户是否登录,没有则去登录页面
      echo "<p><font color=#ff0000 size=3>" ;
      echo "你还没有登录,<a href='login_3.html'>请登录</a></font></p>";
      exit();
  }else{
      /*  如果用户已经登录,可以继续浏览此页面,或者重定向到其他页面
      ......
      header ("Location:welcome_3.php");       //重定向到欢迎页面
      */
  }
?>
```

案例 4：运用 Session 实现欢迎页面

运用 Session 实现欢迎页面，代码如下所示，文件名 welcome_3.php。

```php
<?php
    session_start();
    if( isset($_SESSION)){                      //$_SESSION 数组不为空，则已经登录
      echo $_SESSION['Customer']." 欢迎你! <br/>";
    }
      echo "<p>你若要离开，请先<a href='logout.php'>退出登录</a>。</p>";
      exit();
?>
```

案例 5：运用 Session 实现注销页面

注销登录代码如下所示，文件名 logout.php。

```php
<?php
    session_start();                                 //启动 session
    unset( $_SESSION['Customer'] );                  //删除变量 Customer
    $_SESSION = array();                             //删除所有的 session 变量
    if( isset( $_COOKIE[session_name()] )){
        setcookie( session_name(), NULL, time()-1000 );   //删除 SessionID
    }
    session_destroy();                               //彻底销毁 session
    echo "注销成功";
?>
```

用 unset()函数删除 Session 变量，用 session_destroy()函数销毁 Session，从而清除 Session 变量中用户的信息。

本章主要讲述 Cookie 和 Session 的基本概念，Cookie 和 Session 的作用和区别，Cookie 和 Session 的创建、存取、删除的方法，Cookie 和 Session 的简单应用；最后通过五个学习案例，演示了 Cookie 和 Session 在实际开发中的一般应用。本章节的学习，要求学生理解 Cookie 和 Session 的工作机制；掌握使用 Cookie 和 Session 进行网站开发的技术；能够将所学的 Cookie 和 Session 技术灵活应用于实际项目开发中。

一、选择题

1. Session 会话的值存储在（   ）。

    A. 硬盘上   B. 浏览器中   C. 客户端   D. 服务器端

2. 用来确定 Cookie 有效期的属性是（   ）。

    A. path   B. expires   C. domain   D. name

3. 在 PHP 中（   ）变量数组包含客户端发出的 Cookies 数据。

A. $_COOKIE   B. $_COOKIES

C. $_GETCOOKIE   D. $_GETCOOKIES

4. 关于 Cookie 和 Session 的描述错误的是（   ）。

    A. Session 和 Cookie 都可以记录数据状态

    B. 使用 Session 前要先初始化 Session

    C. Session 和 Cookie 的数据都是保存在客户端的

    D. 在使用 setCookie 函数之前，不能有任何输出

二、简答题

1. Cookie 和 Session 有什么用途？

2. Cookie 和 Session 的区别是什么？

3. 简述 Cookie 和 Session 的工作机制。

4. Session 和 Cookie 哪个更安全，为什么？

5. 如果客户端的浏览器禁用 Cookie，那么服务器如何获取用户的信息？

6. 如何修改 Session 的生存时间？

7. 简述什么情况下适合用 Cookie，什么情况下适合用 Session。

三、实训题

    完成基于 Cookie 的用户登录、注册模块的开发，由于 PHP 操作数据库的技术还没学，数据可以保存在数组中。

第 9 章　PHP 操作数据库

　　现代通信、计算机网络、数据库技术是信息化的基础，信息化的各个要素终究是以各种数据格式存储在数据库中，为特定人群的生活、工作、学习、辅助决策等提供支持。信息化建设必然离不开计算机，大量数据的存储与访问也与计算机息息相关，更离不开计算机语言的支持。PHP 语言可以支持多个数据库的操作，如 MySQL、SQL Server、Access 等。掌握了运用计算机语言操作数据库的相关技术，如 PHP+MySQL 网站开发技术，才能够更好地为信息化建设服务。本章主要讲解 PHP 管理 MySQL 数据库的基础知识，编写 PHP 脚本操作 MySQL 数据库的相关技术。

　　➢ 掌握 phpMyAdmin 管理 MySQL 数据库

　　➢ 掌握管理 MySQL 数据库中数据的方法

　　➢ 掌握 mysqli 扩展编程操作 MySQL 数据库

　　➢ 理解 PHP 操作 MySQL 数据库的步骤

　　➢ 理解 mysqli 扩展与 mysql 的区别

　　➢ 了解 mysqli 扩展

引导案例

　　信息时代信息化日新月异。计算机网络是信息技术的催化剂，为信息化的飞速发展插上了一对飞翔的翅膀。信息管理系统是信息化的一种形式，也是信息化管理的一种手段，大多数的信息管理系统都要使用数据库存储大量的数据，同时还必须通过网络进行实时的数据交换和信息交互。PHP 和 MySQL 数据库的完美结合，恰恰展示了实现信息管理系统的诸多有利要素。为了更好地把信息技术应用于日常的工作和学习中，更好地应用信息管理系统提高管理水平和生产力，就要设计出契合业务需求的、高效的信息管理系统，不言而喻，也非常有必要详细学习 PHP 管理 MySQL 数据库的知识，以及使用 PHP 操作 MySQL 数据库的基本方法。接下来将详细了解 PHP 和 MySQL 数据库的特点及优势，以及 PHP 管理 MySQL 数据库的基本理论和常用技术，掌握这些基本内容之后，会对信息管理系统的建设有一个初步的认识。

📖 **相关知识**

9.1　phpMyAdmin 管理 MySQL 数据库

phpMyAdmin 是一个使用 PHP 编写的、基于 Web 的 MySQL 管理工具，可以通过互联网控制和操作 MySQL 数据库。所有使用 SQL 语句对 MySQL 数据库的操作，几乎都可以采用 phpMyAdmin 来实现。操作 MySQL 数据库的工具有很多，本节主要讲解 phpMyAdmin 的使用。

phpMyAdmin 是可视化操作 MySQL 数据库的工具，可以通过鼠标和键盘完成对 MySQL 数据库及数据表的所有操作，直观、简单、方便，而且避免了记忆许多结构复杂的 SQL 语句，这为编程初学者提供了很大的方便。接下来就进入 phpMyAdmin 的学习。

9.1.1　管理数据库

安装好 MySQL 数据库和 phpMyAdmin 工具之后，打开浏览器，在地址栏里输入 http://localhost/phpMyAdmin ，再输入 MySQL 数据库用户账号和密码，就可以进入 phpMyAdmin 的首页。下面讲述如何新建数据库。

打开 phpMyAdmin 的首页，在右边窗格中有如图 9-1 所示的"创建一个新的数据库"文本框，输入数据库名称 db_php（建议用字母、数字、下划线组成的字符串作为数据库名），然后，在"整理"选项框时选择数据库的字符编码，用户可以根据具体需要选择合适的字符编码格式。最后，单击"创建"按钮就可以创建一个新的数据库。创建好之后，在首页的左边窗格中就可以看见这个新数据库了，此时的数据库是空的，里面还没有数据表。

图 9-1　创建数据库

9.1.2　管理数据表

1. 创建数据表

数据库就相当于一本书，数据表就是书里的每一页，文字是写在每一页纸上的，所以，数据是以二维表的形式呈现出来的。有了数据库，就需要创建数据表，用来规范数据的格式和类型，可以更好地管理数据。

在 phpMyAdmin 首页的左边窗格中，单击选中新创建的数据库，就可以看见如图 9-2 所示的页面，在文本框中输入新建数据表的名称和表中字段数目，然后单击"执行"按钮，这样就创建了一个新的数据表。

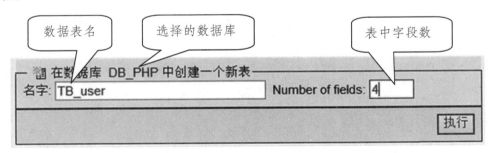

图 9-2　新建数据表

2. 定义数据表的字段及其属性

创建了数据表，紧接着就要定义表中的字段名称和字段的数据类型、编码格式等，这样才能更加安全、规范地存储数据。具体操作如图 9-3 所示。

在编辑数据表的字段时要为每个字段定义合适的数据类型和长度、编码格式、默认值等，尤其不要忘记每个数据表都有一个主键，当主键是整数类型时，可以将它设置为 auto_increment 属性，这样每写入一条记录，主键值就会自动加 1。

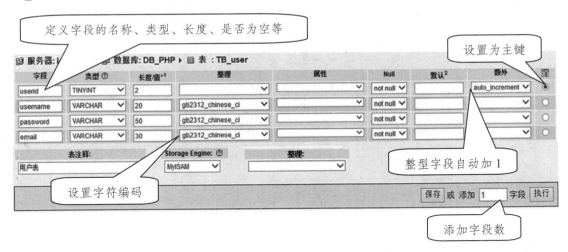

图 9-3　编辑数据表的字段

3. 编辑数据表结构

如果需要修改表结构，或者修改字段名称和数据类型，可以先选中这个字段然后进行修改，修改的操作和建表时编辑字段的操作是相同的，请参照图 9-3。修改完之后单击"保存"即可。如果需要删除某个字段，同样先选中这个字段，然后单击删除图标即可，具体操作可以参照图 9-4。

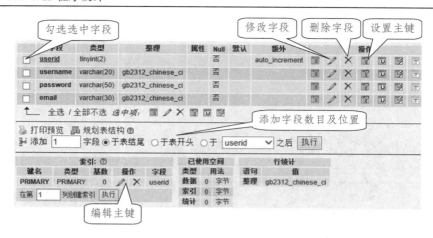

图 9-4　编辑表结构

9.1.3　管理数据记录

1.　向数据表中写数据

数据表创建好之后，表里没有数据，是空表。怎样向表里写数据呢？具体操作可以这样进行。首先，打开数据库，选中要写入数据的表；然后，单击"插入"标签，此时就打开如图 9-5 所示的页面，在"值"一栏中填入合适的数据；最后，单击"执行"就把数据写进表中。

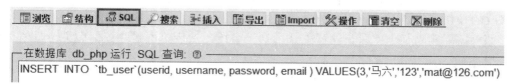

图 9-5　向表中写入数据

除了用通过上面的方法向数据表中写入数据之外，还可以直接写 SQL 语句，向数据表中写入记录。首先，选中要添加记录的数据表；然后，单击"SQL"标签，在如图 9-6 所示的窗口中写好 SQL 语句；最后，点击"执行"就可以了。用这种方法不仅可以完成向数据表中写入数据的操作，也可以完成所有用 SQL 命令可以实现的其他操作。

📖浏览	📋结构	🔍SQL	🔍搜索	🔧插入	📋导出	📥Import	🔧操作	🗑清空	✖删除

┌ 在数据库 db_php 运行 SQL 查询：⑦ ─────────

INSERT INTO `tb_user`(userid, username, password, email) VALUES(3,'马六','123','mat@126.com')

图 9-6　用 SQL 语句写入数据

2. 浏览数据

对于数据表，最重要的就是数据是否被正确写入，所以，浏览、检查表中数据是最基本的操作。在如图 9-5 所示的页面中，单击"浏览"标签，就可以浏览表中的数据了。也可以设定一些条件来浏览表中的数据，比如排序、限定显示哪些记录、显示的方式等，这种含条件的筛选在 phpMyAdmin 中都可以实现，操作提示如图 9-7 所示。

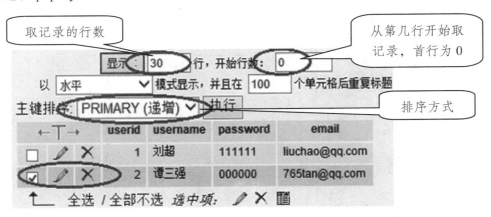

图 9-7　查询表中数据

9.1.4　导入导出数据

1. 导出/导入数据库

为了确保数据安全，一般要定期将数据库中的数据进行备份，以免数据损坏或丢失而造成无法挽回的损失。备份数据操作比较简单，首先进入 phpMyAdmin 的首页，有导出和导入数据库的两个链接，如图 9-8 左边方框所示，单击这两个链接，分别可以进行数据库的导出和导入操作。在导出数据库时请保持语言格式的默认设置，具体操作过程请看本节后续内容的操作图解。

图 9-8　导出/入数据库选项及设置

2. 导出数据库

将数据库导出并保存为文件的操作可以分四步进行，操作顺序如图 9-9 中标出的序号所示，最后单击"执行"按钮，选择文件保存的路径，这样就把数据库导出 SQL 文件，也可以选择"zip 压缩"，导出为压缩文件。

除了上述方法之外，还可以直接找到 MySQL 数据库安装路径中的 data 文件夹，在此文件夹中，每个数据库都对应一个文件夹，直接拷贝需要备份的数据库文件即可。

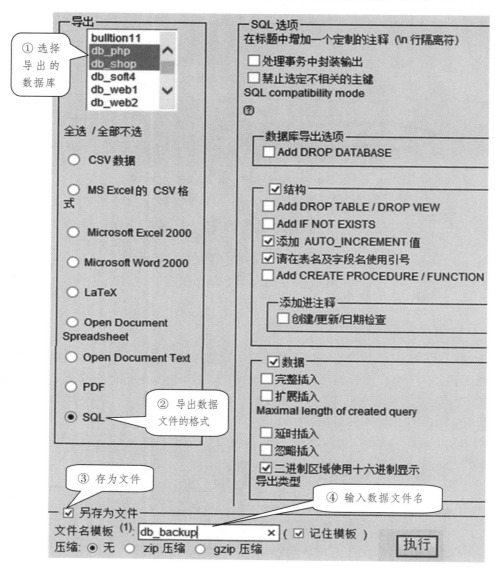

图 9-9　导出数据库

3. 导入数据库

打开 phpMyAdmin 的首页，如图 9-8 所示，单击"Import"链接，打开如图 9-10 所示的页面，单击"浏览"按钮，选择之前导出的数据库 SQL 文件，单击"执行"即可将数据库导入。

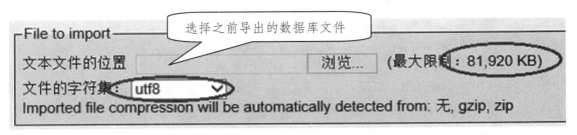

图 9-10　导入数据库

4.　导出/导入数据表

数据表导出和导入的方法与数据库导出和导入的操作是相同的，先选择数据表，然后单击"导出"、"导入"标签，完成操作即可，如图 9-11 所示。请参照导入数据库的操作，此处不再赘述。

图 9-11　导出/入数据表

9.1.5　设置编码格式

1.　设置数据库字符编码格式

先选择数据库或数据表，然后单击"操作"标签打开页面，在"整理"选项中设置数据库和数据表需要的字符编码格式，如图 9-12 所示。

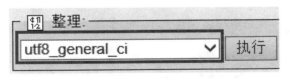

图 9-12　设置数据库的字符编码

2.　设置数据表字段的编码格式

在创建数据表，编辑每个字段的属性时，如果是字符或字符串类型的字段，在"整理"列表框中选择合适的字符编码格式，如图 9-13 所示。

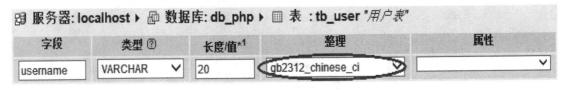

图 9-13　设置字段的编码格式

9.1.6 添加服务器新用户和重设密码

1. 添加新用户

进入 phpMyAdmin 的首页，单击"权限"打开一个链接页面，在这个页面中可以进行添加用户、删除用户、修改用户权限和密码等操作。单击"添加新用户"的链接，就可以新建用户了，并设置新用户密码等信息，操作如图 9-14 所示。

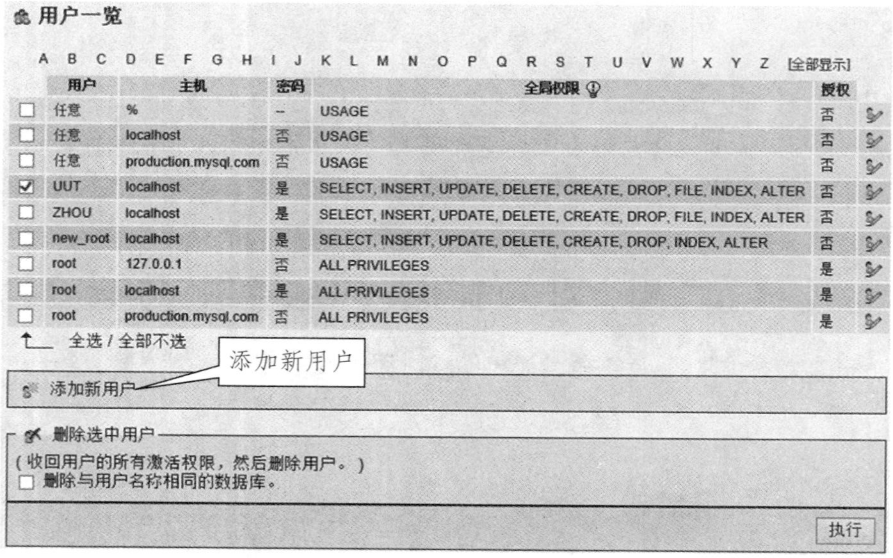

图 9-14　编辑用户

2. 更新用户密码

在图 9-14 所示的页面中，先选择用户，然后单击最右边的修改图标，就可以在如图 9-15 所示的文本框中设置用户的新密码。如图 9-16 所示。

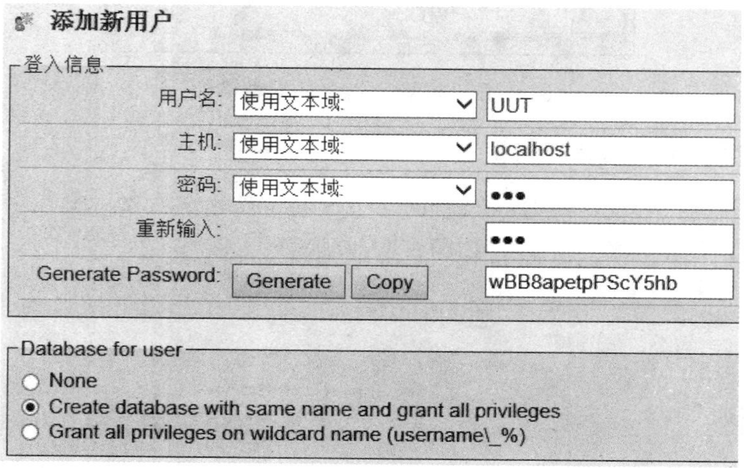

图 9-15　设置新用户密码

图 9-16　更改用户密码

3. 给新用户分配操作权限

新建用户之后要给新用户分配操作权限，这样，新用户才能对数据库和数据表进行更多的操作。先打开如图 9-14 所示的页面，选择新用户，再点击左边的编辑图标，然后在如图 9-17 所示的复选框中选择给新用户分配的权限。

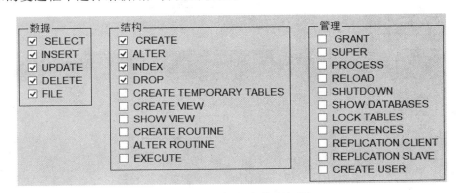

图 9-17　为新用户分配权限

9.2　PHP 与 MySQL 数据库编程

MySQL 是一个关系型数据库管理系统，是开放源代码的，体积小，速度快，成本低，在很多 Web 应用系统中，MySQL 数据库都被认为是理想的选择。由于其卓越的性能，可以搭配 PHP 和 Apache 组成良好的开发环境，所以，备受 PHP 开发者的青睐，一直被认为是 PHP 的最佳搭档。PHP 支持多种数据库的操作，而且提供相关数据库的操作函数。特别是与 MySQL 数据库的组合，PHP 提供了强大的数据库操作函数的支持。

9.2.1　PHP 操作数据库的步骤

PHP 具有强大的数据库支持能力，本节以 MySQL 数据库为例，讲解 PHP 访问 MySQL 数据库的步骤，如图 9-18 所示。

（1）连接 MySQL 数据库服务器。

使用 mysql_connect()函数建立与 MySQL 数据库服务器的连接。

（2）选择 MySQL 数据库。

使用 mysql_select_db()函数选择 MySQL 数据库,再设置合适的编码格式,然后就可以访问数据库操作数据表了。

(3)执行 SQL 语句,操作 MySQL 数据库。

使用 mysql_query()函数执行 SQL 语句,完成对数据库的 SELECT、INSERT、UPDATE、DELETE 等基本操作。

(4)关闭结果集。

一般在数据库操作完成后,使用函数 mysql_free_result( )关闭结果集,释放系统资源。

(5)关闭 MySQL 服务器。

对数据库的所有操作都完成后,使用 mysql_close( )函数关闭与数据库服务器的连接。

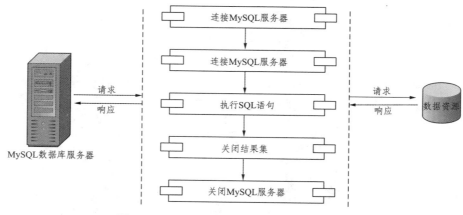

图 9-18 PHP 操作 MySQL 数据库流程图

9.2.2 PHP 操作 MySQL 数据库

PHP 操作 MySQL 数据库要经历连接数据库服务器、选择数据库、执行 SQL 语句操作数据库、关闭结果集、关闭与数据库服务器的连接等几个步骤,在整个过程中需要使用数据库操作函数,接下来就一一介绍这些函数的使用方法。本节介绍面向过程形式操作 MySQL 数据库的主要函数及其使用方法。

1. 创建数据库和数据表

在 MySQL 命令行客户端窗口输入以下 SQL 语句,创建数据库和数据表。

```
create database db_php;        //创建数据库 db_php
use db_php;                    //选择要操作的数据库
create table tb_user(          //创建数据表 tb_user
   userid int(11) not null primary key auto_increment,
   username varchar(20) not null,
   password varchar(50) not null,
   email    varchar(30),
   sex      varchar(3),
   datetime varchar(20))ENGINE=MyISAM DEFAULT CHARSET=GB2312;
```

2. 连接 MySQL 数据库

要对数据库进行操作，首先需要连接数据库服务器。PHP 连接 MySQL 服务器的函数是 mysql_connect();其语法格式如下所示。

```
resource mysql_connect ( [string server [, string username [, string password [,
bool new_link [, int client_flags]]]]] )
```

功能说明：

mysql_connect()打开一个与 MySQL 服务器的连接,如果操作成功则返回一个 MySQL 连接标识，失败则返回 FALSE。

参数说明：

server 是连接数据库服务器的地址或服务器名；

username 是连接数据库服务器的用户名，若不设置该参数，默认为服务器进程所有者的用户名；

password 是连数据库接服务器的密码，不设置，则密码为空。

如果每次都使用同样的参数与服务器连接，则 PHP 将不会与 MySQL 服务器建立重复连接，直接返回已经打开的数据库连接标识。但是也有例外，如果把参数 new_link 的值设置为 true，则在每次使用 mysql_connect()函数与 MySQL 服务器连接时都要打开一个新的数据库连接，即使是在此之前已经以同样的参数连接过。

client_flags 是设置客户端信息，它可以是以下常量的组合：

➢ MYSQL_CLIENT_COMPRESS，在客户端使用压缩的通讯协议；

➢ MYSQL_CLIENT_IGNRE_SPACE，允许在函数名后有空格；

➢ MYSQL_CLIENT_INTERACTIV，允许设置断开连接之前所空闲等候的 interactive_timeout 时间；

➢ MYSQL_CLIENT_SSL，使用 SSL 协议进行加密。

示例 9-1

```
<?php    //连接本地数据库服务器
    $link = @mysql_connect("localhost", "root", "123456")or die("连接数据库失败。");
?>
```

本例中 "@" 符号可以使错误信息不输出。

3. 断开与 MySQL 的连接

对数据库操作完毕后要断开与 MySQL 数据库服务器的连接，PHP 中使用 mysql_close()函数完成这个操作。其语法格式如下所示：

```
bool mysql_close ( [resource link_identifier] )
```

mysql_close()关闭指定的连接标识所关联的到 MySQL 服务器的连接,操作成功返回 true，失败则返回 false。如果没有指定 link_identifier，则关闭上一个打开的连接。通常情况下，已经打开的非持久的数据库连接，在创建数据库连接脚本执行完毕后自动关闭这个连接，但是，为了节省服务器资源，在使用数据库连接之后，用 mysql_close()函数关闭数据库连接能有效地节省服务器资源。

示例 9-2

用 mysql_close 函数关闭连接 MySQL 服务器的代码如下所示。

```php
<?php
    $link = @mysql_connect("localhost", "root", "123456")or die("连接数据库失败。");
    mysql_close();   //关闭数据库连接
?>
```

4. 选择 MySQL 数据库

在与数据库建立连接之后，PHP 脚本就要选择要操作的 MySQL 数据库，mysql_select_db()函数就可以完成这个操作，语法格式如下所示。

```
bool mysql_select_db ( string database_name [, resource link_identifier] )
```

功能说明：

mysql_select_db() 设定与指定的连接标识符所关联的服务器上的当前激活数据库，如果操作成功则返回 TRUE，失败则返回 FALSE。

参数说明：

database_name 是要进行操作的数据库。link_identifier 是创建的数据库连接标识，如果没有设置该参数，则使用先前已经打开的数据库连接标识，若没有打开的数据库连接标识，函数将尝试使用无参数调用 mysql_connect()函数创建数据库连接。

示例 9-3

使用 mysql_Select-db 函数选择 MySQL 数据库的代码如下所示。

```php
<?php
    $link = @mysql_connect("localhost", "root", "123456")or die("连接数据库失败。");
    @mysql_select_db( "db_php" )or die( "数据库不存在。" );
    mysql_close();
?>
```

5. 执行 MySQL 命令

操作 MySQL 数据库，PHP 脚本可以使用 mysql_query()函数。其语法格式如下所示。

```
resource mysql_query ( string query [, resource link_identifier] )
```

功能说明：

向与指定的 link_identifier 数据库连接标识符关联的服务器中的当前活动数据库发送一条查询；函数仅对 SELECT，SHOW，EXPLAIN 或 DESCRIBE 语句返回一个资源标识符，如果查询执行不正确则返回 FALSE。对于其他类型的 SQL 语句，函数在执行成功时返回

TRUE，出错时返回 FALSE。非 FALSE 的返回值意味着查询是合法的并能够被服务器执行，但这并不说明任何有关影响到的或返回的行数。

参数说明：

query 是要执行的 SQL 语句。Link_identifier 与 mysql_select_db()函数的第二个参数相同，这里不再赘述，请参考上面的说明。

示例 9-4

连接 MySQL 服务器，选择数据库，执行 SQL 语句代码如下所示。

```php
<?php
    $link = @mysql_connect("localhost", "root", "123456")or die("连接数据库失败。");
    mysql_select_db( "db_php" )or die( "数据库不存在。" );
    $result = mysql_query( "SELECT * FROM tb_user" )or die( "执行 SQL 语句失败。" );
    mysql_close();
?>
```

注意

执行 SQL 命令的另一个函数是 mysql_db_query()；它与 mysql_query()的功能相同，区别在于：mysql_db_query()函数在执行 SQL 语句时可以选择数据库。函数格式是，mysql_db_query(string database, string query [,resource link_identifier])；函数在执行成功时根据查询的结果返回一个 MySQL 结果资源号，出错时将返回 false；函数仅对 INSERT、UPDATE、DELETE 操作返回 true 或 false。

6. 获取影响的行数

在每一次成功执行 SQL 语句之后，mysql_query()函数都会返回一个结果集。可以使用函数 mysql_num_rows()获取执行了 SQL 语句后所影响的行数，该函数返回结果集中行的数目。此函数仅对 SELECT 查询语句有效；若要取得执行 INSERT、UPDATE、DELETE 语句所影响到的行数，就要用 mysql_affected_rows()函数。

```
int mysql_num_rows ( resource result )
int mysql_affected_rows ( [resource link_identifier] )
```

参数说明：

result 是函数 mysql_query()执行查询后返回的结果集。mysql_num_rows()函数返回结果集中的记录数。mysql_affected_rows()函数返回由参数 link_indentifier 所关联的数据库连接进行的 INSERT、UPDATE、DELETE 查询操作所影响的行数，函数执行成功，则返回最后一次操作受影响的行数，如果最近一次查询失败，则返回 – 1。在使用 UPDATE 语句时，MySQL 不会将原值与新值一样的列进行更新，因此，函数返回值不一定就是符合查询条件的记录数，只有真正被修改的记录数才会被返回。

示例 9-5

执行 SELECT 查询语句，统计结果集中的记录数的代码如下所示。

```php
<?php
    $link = @mysql_connect("localhost", "root", "123456")or die("连接数据库失败。");
    mysql_select_db( "db_php")or die("数据库不存在。" );
    $result = mysql_query( "SELECT * FROM tb_user" )or die("执行SQL语句失败。");
    $row = mysql_nun_rows( $result );
    print "查询结果共 $num 行。";
    mysql_close();
?>
```

7. 获取结果集中的数据

用 mysql_query()函数执行 SQL 语句后，如果返回值是一个资源标识符(即结果集)，就要从结果集中取出数据输出。在 PHP 中，可以使用 mysql_result()函数从结果集中取一条记录。其函数格式如下所示。

```
mixed mysql_result ( resource result, int row [, mixed field] )
```

参数说明：

result 是函数 mysql_query()返回的结果集；

row 是结果集中第几条记录；

field 是结果集中记录的字段名或者是字段的偏移量或者是所属的表名.字段名。如果没有设置这个参数，默认返回第一列的值。

示例 9-6

查询 tb_user 表，并输出显示用户信息的代码如下所示。

```php
<?php
    $link = @mysql_connect( "localhost", "root", "123456" )
    or die( "连接数据库失败。" );                            //连接数据库服务器
    mysql_select_db( "db_php")or die( "数据库不存在。" );    //选择数据库
    mysql_query( "set names GB2312" );                       //设置字符编码
    $result = mysql_query( "SELECT userid, username, email FROM tb_user" )
    or die("执行SQL语句失败。");                             //执行查询语句
    $rows = mysql_num_rows( $result );                      //结果集中记录的数目
    for( $i=0; $i<$rows; $i++ ){                            //循环输出每条记录的数据
        print mysql_result( $result, $i, 0) . " ";
        print mysql_result( $result, $i, 1) . " ";
        print mysql_result( $result, $i, 2) . "<br/>";
    }
    mysql_close();                                          //关闭与数据库的连接
?>
```

注意

　　　　函数 mysql_result() 只能获取结果集中一个单元的内容，并且该函数不能和其他处理结果集的函数混合使用。

　　　　MySQL 服务器中存储数据的字符编码与浏览器的字符编码可能不相同，为了避免汉字字符通过浏览器输出后出现乱码的现象，建议在 PHP 脚本中使用 mysql_query("set names GB2312");直接指定汉字字符的输出编码，这样就避免了乱码。

8. 逐行获取结果集中的记录

　　mysql_query() 函数执行查询后返回结果集，要从结果集中取出数据，在 PHP 中有获取整行记录的函数 mysql_fetch_row()，其格式如下所示。

```
array mysql_fetch_row( resource $result )
```

　　该函数是从结果集中取一行记录，将该行记录以数组的形式返回。记录中每个字段的值都作为数组的一个元素，数组的键从 0 开始。依次调用 mysql_fetch_row() 函数，就可以将结果集中的所有记录按顺序依次读出，直至读完结果集中的所有记录，此时函数返回 false。mysql_fetch_row() 函数返回的是一个索引数组，数组的键是数字 0，1，2…；这与数据表的字段名没有直接联系，如果能够用数据表的字段名作数组的键，字段对应的值作数组的元素，这样写程序就方便多了。在 PHP 中的函数 mysql_fetch_array() 就满足这样的条件。

　　函数格式如下所示。

```
array mysql_fetch_array ( resource result [, int result_type] )
```

　　参数 result_type 可以取以下几个值。

　　MYSQL_ASSOC：返回结果集中由某一条记录所形成的关联数组，以字段名为键名，字段所对应的值为数组元素。形成的数组与函数 mysql_fetch_assoc() 返回的数组相同。

　　MYSQL_NUM：返回结果集中由某一条记录所形成的索引数组，键名以 0 开始。形成的数组与函数 mysql_fetch_row() 返回的数组相同。

　　MYSQL_BOTH：返回结果集中由某一条记录所形成的索引数组或关联数组。

　　函数 mysql_fetch_row() 的应用举例如下所示。

示例 9-7

　　mysql_fetch_rows() 函数读取结果集中记录的代码如下所示。

```php
<?php
    $link = @mysql_connect("localhost", "root", "123456")or die("连接数据库失败。");
    mysql_select_db( "db_php")or die("数据库不存在。" );        //选择数据库
    mysql_query( "set names GB2312" );                          //设置字符编码
    $result = mysql_query( "SELECT userid, username, email FROM tb_user" )
    or die("执行 SQL 语句失败。");                               //执行 SQL 语句
```

```
    while( $row = mysql_fetch_rows( $result ) ) {      //循环获取结果集中的每一条记录
        print "userid: " . $row[0] . " ";             //输出字段的值
        print "username: " . $row[1] . " ";
        print "email: " . $row[2] . " <br/>";
    }
    mysql_close();                                      //关闭数据库连接
?>
```

示例 9-8

mysql_fetch_array()函数读取结果集中记录的代码如下所示。

```
<?php
    $link = @mysql_connect( "localhost", "root", "123456" )or die("连接数据库失败。");
    mysql_select_db( "db_php")or die("数据库不存在。" );      //选择数据库
    mysql_query( "set names GB2312" );                       //设置字符编码
    $result = mysql_query( "SELECT userid, username, email FROM tb_user" )
    or die("执行 SQL 语句失败。");                            //执行 SQL 语句
    while( $row = mysql_fetch_array( $result, MYSQL_ASSOC) ) {
        print "userid: " . $row["userid"];                  //输出字段的值
        print "username: " . $row["username"];
        print "email: " . $row["email"] . " <br/>";
    }
    mysql_close();                                          //关闭数据库连接
?>
```

注意

mysql_fetch_array()返回的数组其键名是区分大小写的。

9.3   PHP 与 mysqli 编程

自 PHP5.0 开始，在 PHP 脚本中，不仅可以使用 MySQL 数据库扩展函数，还可以使用新扩展的 mysqli(MySQL Improved)技术操作 MySQL 数据库。PHP 的 mysqli 扩展被封装在一个类中，它是一种面向对象技术，只能在 PHP5 和 MySQL4.1 或更高的版本中才能使用，使用 mysqli 扩展函数编写 PHP 程序，不仅执行速度更快，更安全，而且使用起来更方便，更高效。本节主要讲解使用 mysqli 操作 MySQL 数据库的技术和方法。

9.3.1   mysqli 简介

PHP 和 MySQL 堪称一组"黄金搭档"。PHP 对 mysql 的扩展也始终跟随着 MySQL 数据库的发展，mysql 扩展库中的函数让 PHP 程序访问 MySQL 数据库变得更加简单，快捷。但是，随着 MySQL 数据库的发展，mysql 扩展已经不能很好地支持 MySQL 4.1

及其更高版本，为了弥补这个缺陷，于是就诞生了 mysqli。mysqli 扩展不仅包含了 mysql 的所有功能，还新增加了 mysqli、mysqli_result 和 mysqli_stmt 三个类。对 MySQL 数据库的连接、查询、读取数据、预处理等所有操作，都可以通过这三个类的搭配使用而很好地完成。

　　mysqli 扩展与 mysql 扩展相比，mysqli 扩展有更加明显的优势。主要表现有以下几个方面，首先，mysqli 扩展是面向对象的。mysqli 扩展被封装为一个类，mysqli 扩展既可以使用面向对象的方式编程，也可以使用面向过程的方式编程。其次，mysqli 扩展的执行速度要比早期版本的 mysql 扩展快很多，mysqli 扩展支持 MySQL 新版本的验证程序，安全性更高。再次，mysqli 扩展可以兼容 MySQL 的更高版本，可以很好地支持 MySQL 的新功能，所以，mysqli 具有更好的兼容性和维护性。最后，mysqli 扩展支持预准备语句，可以提高重复语句的执行性能，而且，mysqli 扩展改进了调试功能，提高了程序开发效率。

　　要在 PHP 中使用 mysqli 扩展，可以在配置文件 php.ini 中将 "extension=php_mysqli.dll" 配置项前面的 "；" 去掉即可。下面介绍如何使用 mysqli 扩展来存取数据库。

9.3.2　PHP 使用 mysqli 连接数据库

　　mysqli 类的主要任务是实现 PHP 和 MySQL 数据库服务器的连接、选择 MySQL 数据库、向 MySQL 服务器发送 SQL 命令、设置字符集等。mysqli 的构造方法不仅可以实例化 mysqli 的对象，还可以连接 MySQL 数据库。此外，还可以用 mysqli_connect() 函数连接 MySQL 数据库，它是一种面向过程形式的写法。函数语法格式如下所示，参数说明请参照 9.2.2 节。

　　mysqli 类的构造方法如下：

```
class mysqli {
__construct ( [string host [, string username [, string passwd [, string dbname
[, int port [, string socket]]]]]] )
}
```

　　mysqli_connect() 函数原型如下：

```
mysqli mysqli_connect ( [string host [, string username [, string passwd [, string
dbname [, int port [, string socket]]]]]] )
```

　　使用 mysqli 连接 MySQL 数据库的代码如以下两个示例所示。

1. 用 mysqli 构造方法连接 MySQL 数据库

示例 9-9

　　用 mysqli 类的构造方法连接 MySQL 数据库服务器的代码如下所示。

```
<?php  //定义连接数据库的参数定义为常量
    define( HOSTNAME,'localhost' );          //连接 MySQL 服务器名或 IP 地址
    define( DBUSERID,'root' );               //连接 MySQL 数据库用户账号
```

```
define( PASSWORD,'123' );                //登录 MySQL 数据库密码
define( DBNAME, 'db_php' );              //访问 MySQL 数据库名
 //调用 mysqli 类的构造方法,实例化 mysqli 的对象,建立与 MySQL 数据库服务器的连接
$link = new mysqli( HOSTNAME,DBUSERID,PASSWORD,DBNAME );
if($link->connect_errno)    {
    print "连接数据库失败" . $link->connect_error;   //打印错误信息
    exit();
} else {
    print "连接数据库成功。<br/>" ;
}
$link->query( "set names GB2312" );                //设置字符编码
 $link->close();                                   //关闭与数据库服务器的连接
?>
```

2. 用 mysqli_connect()方法连接 MySQL 数据库

示例 9-10

用 mysqli_connect()函数连接 MySQL 数据库服务器的代码如下所示。

```
<?php
//使用上面定义的常量连接 MySQL 数据库
$link = mysqli_connect( HOSTNAME,DBUSERID,PASSWORD,DBNAME );
// 检查连接是否成功,不成功则输出错误信息
if( mysqli_connect_errno() ){
    print "连接数据库失败," . mysqli_connect_error() . "<br/>";  //打印错误信息
    exit();
}else
    print "数据库已经连接。<br/>";
mysqli_query($link,"set names GB2312");    //设置字符编码
mysqli_close($link);                        //关闭与数据库服务器的连接
?>
```

以上两段代码的功能都是连接 MySQL 数据库服务器,只是书写代码的风格不同,第一种是面向对象的形式,第二种是面向过程的形式,读者在使用的过程中任选其一即可。这两段代码可以单独保存为一个文件(文件名 Connect.php),并把它与其他操作 MySQL 数据库的 PHP 脚本文件放在同一个文件夹中,这样在以后操作数据库的 PHP 脚本文件中就可以用 include_once("Connect.php")语句直接引入该文件,不必重复写这部分代码,这样用起来很方便。

在本章的后续各节中,有关数据库操作的代码文件中都会引入该文件(Connect.php),引入之后,请把本段代码的最后一条语句(关闭数据库连接)注释掉,然后再对数据库进行其他操作,否则会导致操作失败,请读者在使用这段代码时注意。

3. 用 connect()方法连接 MySQL 数据库

如果仅仅是创建了 mysqli 的对象,没有连接 MySQL 数据库服务器[调用 mysqli()构造函数没有指定连接参数],这种情况下就需要调用 mysqli 的成员方法 connect()来连接 MySQL

数据库服务器，并且用 select_db()方法选择使用的数据库。实现过程如下所示。

```php
<?php
   $mysqli = new mysqli();                              //创建 mysqli 对象
   $mysqli->connect(HOSTNAME,DBUSERID,PASSWORD);        //连接 MySQL 数据库服务器
   $mysqli->select_db(DBNAME);                          //选择数据库
?>
```

4. 处理连接错误信息

如果在连接过程中发生错误该怎么办呢？应该让用户知道必要的错误提示信息。在连接时出错，此时 mysqli 的对象还没有创建成功，故无法使用 mysqli 对象的成员方法或属性获取这些错误信息。可以通过 mysqli 扩展中的过程方式获取，使用 mysqli_connect_errno()函数测试在建立连接过程中是否发生了错误，若有错误则由 mysqli_connect_error()函数返回错误信息。这两个函数的使用方法请参照示例 9-10，此处不再举例。

注意

使用 mysql 扩展函数和 mysqli 扩展函数的比较。

使用 mysqli 扩展函数可以建立与 MySQL 服务器的持久连接，而使用 mysql 扩展函数是不能与 MySQL 服务器建立持久连接。所以，当多次使用 mysql 函数连接时，每次都会重新打开一个新的进程连接 MySQL 服务器。然而，即使多次使用 mysqli 函数，也是使用同一个进程连接 MySQL 服务器，这样可以很大程度地减轻服务器的负担。

9.3.3 PHP 使用 mysqli 操作数据库

1. 创建结果集对象

PHP 脚本与 MySQL 数据库的交互主要是通过执行 SQL 命令进行的。mysqli 类的成员方法 query()就是向数据库发送 SQL 命令并执行之。query()方法如果执行的是没有返回数据的 SQL 命令，比如 INSERT、UPDATE、DELETE 等操作，执行成功则返回 TRUE，失败则返回 FALSE；如果执行的是有返回数据的 SQL 命令，比如 SELECT、SHOW 等操作，执行成功则返回一个 mysqli_result 类的对象，该对象中保存的是从 MySQL 数据库服务器端取回的查询的结果数据。query()语法格式如下所示。

```
class mysqli { mixed query ( string query [, int resultmode] ) }
```

生成 mysqli_result 对象的代码如下所示。

```php
<?php
   include_once("Connect.php");
   $result = $link->query("SELECT * FROM tb_user LIMIT 0,6 ");
?>
```

2. 使用 mysqli_result 类解析结果集

通过 mysqli 类的 query()方法执行查询语句之后，如果返回了一个 mysqli_result 类的对象（即结果集），就要对结果集中的数据进行遍历，遍历的方法如示例 9-11 所示。

示例 9-11

遍历查询结果集的四种方法如下所示。

```php
<?php
  include_once("Connect.php");
  $result = $link->query("SELECT username,email FROM tb_user WHERE sex='男' ");
  print "<pre><ol>";
  //方法一
  while(list($name,$email) = $result->fetch_row() ){      //从结果集中取出每条记录
      print "<li>" . $name . " \t". $email . "</li>";
  }
  //方法二
  while( $row = $result->fetch_assoc() ){     //从结果集中取出每条记录
      print "<li>" . $row['username'] . " \t". $row['email'] . "</li>";
  }
  //方法三
  while( $row = $result->fetch_array(MYSQLI_BOTH) ){      //从结果集中取出每条记录
      print "<li>" . $row['username'] . " \t". $row[1] . "</li>";
  }
  //方法四
  while( $rsobj =$result->fetch_object() ){     //从结果集中取出每条记录
      print "<li>" . $rsobj->username . " \t". $rsobj->email . "</li>";
  }
  print "</ol></pre>";
  $result->close();       //关闭结果集
  $link->close();          //关闭与数据库连接
?>
```

在本例中用了四种方法遍历结果集，以下结合本例分别讲解这四个方法的语法规则。

➤ fetch_row() 方法语法格式如下所示。

```
class mysqli_result { mixed fetch_row ( void ) }
```

取出结果集中的一条记录转换为索引数组并返回，如果没有记录就返回 NULL。这个索引数组的键从 0 开始，要从数组中取出某个字段的值可以用$row[0]、$row[1]…的方式取出。因为是索引数组，可以和 list()函数结合使用。

➤ fetch_assoc()方法语法格式如下所示。

```
class mysqli_result { array fetch_assoc ( void ) }
```

该方法将读取的结果集中的一条记录转换为关联数组并返回，如果没有记录则返回 NULL。关联数组的键是记录的字段名，数组元素就是字段的值，要从数组中取出某个字段的值可以用$row['username']的方式取出。

➢ fetch_array()方法语法格式如下所示。

```
class mysqli_result { mixed fetch_array ( [int resulttype] ) }
```

fetch_array()是对 fetch_row()方法的扩展。用该方法取结果集中一条记录，返回的数组，既可以用索引数组的格式访问，又可以用关联数组的格式访问。

参数 resulttype 可以取以下几个值。

MYSQL_ASSOC：返回结果集中由某一条记录所形成的关联数组，以字段名为键名，字段所对应的值为数组元素。形成的数组与函数 fetch_assoc()返回的数组相同。

MYSQL_NUM：返回结果集中由某一条记录所形成的索引数组，键名以 0 开始。形成的数组与函数 fetch_row()返回的数组相同。

MYSQL_BOTH：返回结果集中由某一条记录所形成的索引数组和关联数组，默认为此参数。

➢ fetch_object()方法语法格式如下所示。

```
class mysqli_result { array fetch_object ( void ) }
```

该方法将读取的结果集中以一条记录并以对象的形式返回，每个字段以对象的方式进行访问，字段名中的字母区分大小写。

3. 多条 SQL 语句的查询

mysqli 类的 multi_query()方法一次可以执行多条 SQL 命令。可以把多条 SQL 命令用分号 ";" 相隔连接成一个字符串，作为 multi_query()方法的参数，然后执行。如果第一条 SQL 命令在执行时没有出错，该方法将会返回 TRUE，否则将返回 FALSE。

multi_query()方法一次至少要执行一个查询，而每条 SQL 命令都可能返回一个结果，要想获取第一条查询命令的结果，可以使用 mysqli 类的 use_result()方法读取，也可以使用 store_result()方法将全部结果取回客户端。如果想知道是否还有更多的结果集，可以用 mysqli 类的 more_results()方法。如果结果还没有取完，就要读取下一个结果集，此时就可以使用 next_result()方法；如果所有的结果集都读取完毕，该方法返回 FALSE，否则返回 TRUE。一次执行多条 SQL 语句的代码如下示例所示。

示例 9-12

multi_query()函数执行多个查询的示例如下所示。

```php
<?php
    $link = new mysqli("localhost", "root","123", "db_php");  //连接 MySQL 数据库
    if (mysqli_connect_errno()) {                             //检查连接错误
        print "连接数据库失败。" . mysqli_connect_error() . "<br/>";
        exit();
    }
    //将三条 SQL 语句用分号相隔，连成一个字符串
    $query_str = "SET NAMES GB2312;";            //设置查询字符编码
    $query_str .= "SELECT DATABASE();";          //从 MySQL 服务器获取当前数据库名
```

```
    $query_str .= "SELECT userid,username FROM tb_user LIMIT 0,5";  //读取表中的
数据
    if ($link->multi_query($query_str)) {     //执行多条 SQL 命令
      do{
        if ($result = $link->store_result()){       //获取第一个结果集
            while ($rows = $result->fetch_row()){   //遍历结果集中每条记录
                foreach($rows as $var){             //从一行记录数组中获取每列数据
                    print $var." ";                 //输出每列数据
                }
            print "<br>";
            }
            $result->close();                       //关闭一个打开的结果集
        }
        if ($link->more_results())                  //判断是否还有更多的结果集
            print "<br>";
      }while ($link->next_result());                //获取下一个结果集，并继续执行循环
    }
    $link->close();                                 //关闭连接
?>
```

注意

虽然 mysqli 类的 multi_query()方法一次可以执行多条 SQL 命令，并获取多个结果集，但是，如果在执行这些 SQL 语句时产生了错误，该方法是无法准确地判定是在执行哪一条 SQL 语句时产生了错误。因为，mysqli 类的 errno、error、info 等属性只能记录第一条 SQL 命令的执行情况，不会记录其他 SQL 命令执行时的信息。

4. 预处理

对数据库的操作是通过执行 SQL 命令来完成的，如果要向某一张表中写入 100 条记录，通常的做法是向数据库服务器发送 100 条 INSERT 命令，服务器对这 100 条 INSERT 命令逐一进行分析并执行。虽然这 100 条 INSERT 命令仅仅是字段的值不同，但是，数据库服务器仍然要逐个进行分析，这样重复的分析会消耗较多的服务器时间和资源。为了提高数据库服务器的工作效率，从 MySQL4.1 开始就有了预处理语句。预处理就是相同的 SQL 命令只需向 MySQL 服务器发送一次，服务器先对其进行预编译，以后可以用不同的参数执行多次，这样可以避免重复分析、编译，提高运行速度，减少占用资源。

mysqli 实现预处理的几个步骤：

➢ 创建预处理语句对象

mysqli_stmt 对象是由 prepare()方法创建的。prepare()是 mysqli 类的成员方法，可以为预处理准备 SQL 语句，并返回一个 mysqli_stmt 类的对象。预处理的 SQL 语句中各个参数是用占位符 "？" 替换的，并存储在 MySQL 服务器上，等待执行。

➢ 绑定参数

准备好预处理语句之后，可以使用 mysqli_stmt 对象的 bind_param()方法，把预处理语句中用占位符 "?" 替换的每个参数都与 PHP 变量相绑定。绑定变量时，bind_param()方法的第

一个参数表示预处理的 SQL 语句中变量的类型及变量的个数，每个参数的数据类型必须用相应的字符表示，而且要与其后多个变量的顺序和类型一一匹配。bind_param()方法中第一个参数表示数据类型，用字符表示数据类型，字符有 i、d、b、s 等。i 代表 INTEGER 类型；d 代表 DOUBLE 或 FLOAT 类型；b 代表二进制数据类型(BLOB、二进制字节串)；s 代表其他类型，包括字符串。

> 给变量赋值

预处理语句中的参数与变量绑定之后，要为每个变量赋值，这样才能形成一个完整的可执行的 SQL 语句，执行完之后，可以给变量赋新值再次执行，完成同样的操作，却不需要重复向服务器发送同样的 SQL 语句。

> 执行 SQL 语句

准备好预处理语句，并为绑定的所有参数赋值后，就可以调用 mysqli_stmt 对象的 execute() 方法执行 SQL 语句，可以给参数赋不同的值，执行多次。

> 回收资源

预处理语句运行结束之后，就可以销毁 mysqli_stmt 对象，可以使用 mysqli_stmt 对象的 close()方法释放资源，同时告诉 MySQL 服务器不需要执行这个 SQL 语句，删除其预处理语句。以下有两个预处理的例子，通过实例演示 mysqli 进行预处理的实现过程。

示例 9-13

用预处理语句处理 INSERT 语句，如下所示。

```php
<?php  //使用预处理语句处理 INSERT 语句
    include_once("Connect.php");
$query = "INSERT INTO tb_user(username,password,email,sex,datetime) VALUES
(?,?,?,?,?) ";
$stmt = $link->prepare($query);  //处理打算执行的 SQL 语句,返回 mysqli_stmt 对象
//将 5 个占位符(?)对应的参数绑定到 5 个 PHP 的变量中, sssss 是数据类型和变量的个数
//注意数据类型与变量的顺序要对应, s 字符串, i 整数, d 双精度数, b 二进制数据类型
$stmt->bind_param('sssss',$username,$password,$email,$sex,$time);
$username = "周杰";                          //给绑定的变量赋值
$password = md5("000");
$email = "zhoujie@126.com";
$sex = "男";
$time = date('Y-m-d G:i:s');                 //获取系统当前时间
$stmt->execute();                            //执行预处理 SQL 命令,向服务器发送数据
echo "插入行数 ".$stmt->affected_rows."<br>"; //返回插入记录的行数
echo "自动增长的 ID ".$link->insert_id."<br>"; //返回最后生成的 auto_increment 值

$username = "李婷婷";                         //给绑定的变量赋值
$password = md5("000111");
$email = "tingting@126.com";
$sex = "女";
$time = date('Y-m-d G:i:s');
$stmt->execute();                            //执行 SQL 语句
echo "插入行数 ".$stmt->affected_rows."<br>"; //返回插入记录的行数
echo "自动增长的 ID ".$link->insert_id."<br>"; //返回最后生成的 auto_increment 值
```

```
    $stmt->close();                          //释放 mysqli_stmt 占用的资源
    $link->close();                          //关闭与 MYSQL 数据库连接
?>
```

mysqli_stmt 类的 affected_rows 属性可以获得数据表中执行完当前操作后更新记录的行数，例如 INSERT、DELETE、UPDATE 等操作；也可以通过 insert_id 属性获得新增记录的 auto_increment 的值。

示例 9-14

用预处理语句处理 SELECT 语句，如下所示。

```
<?php  //使用预处理语句处理 SELECT 结果
    include_once("Connect.php");
    $query = "SELECT userid,username,email FROM tb_user ORDER BY userid ASC";
    if( $stmt = $link->prepare($query)){   //处理打算执行的 SQL 命令
        $stmt->execute();                         //执行 SQL 语句
        $stmt->store_result();                    //取回全部查询结果
        print "记录行数  " . $stmt->num_rows."<br>";       //输出查询记录行数
        $stmt->bind_result($userid,$username,$email);      //把查询结果绑定到变量中
        while( $stmt->fetch() ){       //逐条从 MySQL 服务器取回数据
            printf("%s, %s, %s<br>",$userid,$username,$email);
        }
        $stmt->close();                         //释放 mysqli_stmt 对象占用的资源
    }
    $link->close();                             //关闭 MySQL 数据库连接
?>
```

在本例中加了边框的两行代码不能颠倒顺序，否则无法获得查询记录的行数。只有先用 store_result()方法从服务器端取回查询的结果集，才能用 num_rows 属性获得查询记录的行数。

本例中的 SELECT 语句中没有使用占位符"？"，也没用多次执行 SELECT 语句。如果在 SELECT 语句中使用占位符"？"，同时又需要多次执行，就可以将 mysqli_stmt 类的成员方法 bind_param()和 bind_result()配合起来使用。请看示例 9-15。

示例 9-15

SQL 语句中使用占位符的预处理语句的执行，如下所示。

```
<?php
    include_once("Connect.php");
    $query = "SELECT userid,username,sex FROM tb_user WHERE sex=? ORDER BY userid
ASC LIMIT 2,5";
    if( $stmt = $link->prepare($query)){      //处理打算执行的 SQL 命令
        $stmt->bind_param('s',$sex);          //绑定参数
        $sex = "男";                          //给绑定的变量赋值
        $stmt->execute();                     //执行 SQL 语句
        $stmt->store_result();                //取回全部查询结果
        print "查询记录行数  " . $stmt->num_rows."<br>";   //输出查询记录行数
```

```
        $stmt->bind_result($userid,$username,$sex);        //把查询结果绑定到变量中
        while( $stmt->fetch() ){        //逐条从 MySQL 服务器取回数据
            printf("%s, %s, %s<br>",$userid,$username,$sex);    //输出数据
        }
        $stmt->close();                //释放 mysqli_stmt 对象占用的资源
    }
    $link->close();                    //关闭 MySQL 数据库连接
?>
```

以上的示例是用预处理语句处理 INSERT 语句和 SELECT 语句。DELETE 语句和 UPDATE 语句的预处理语句的实现在此不举例，请读者参考以上示例的代码自己完成。

9.4　管理 MySQL 数据库中的数据

在日常生活中，时常需要在网络上查询某些信息或者是注册某些信息，比如在线购票、注册/登录邮箱、网上银行转账等。所有这些操作首先是要借助浏览器打开 Web 页面，然后，用户在 Web 页面上填写必要的信息，再通过表单把这些信息提交给远程服务器，由服务器根据用户提交的请求向数据库读写相关数据，然后返回给用户。在这个过程中用户和服务器之间进行着频繁的数据交换，这种数据交换多是以数据的查询、添加、修改、删除等操作进行的。在本节中主要讲解 PHP 操作 MySQL 数据库的基本方法。

9.4.1　添加数据

在日常应用中，用户打开相关页面填写完整必要的数据，然后提交数据，发送给服务器，服务器执行 INSERT 语句把数据写入数据库中保存。PHP 实现过程如下所示。

示例 9-16

向数据表中写入数据代码，如下所示。

```
<?php
    include_once("Connect.php");    //包含 Connect.php 文件，与该文件放在同一个文件夹中
    date_default_timezone_set("PRC");        //设置时区
    $time = date('Y-m-d G:i:s');            //获取系统当前日期和时间
    $username = "李亮";
    $ciphercode = "000000";
    $email = "27659803@qq.com";
    $sex = "男";
    $sqlstr = "INSERT INTO tb_user( username, password, email, sex, datetime) VALUES (
            '$username', '$ciphercode', '$email', '$sex', '$time')" ;
    $result = $link->query( $sqlstr );        //执行 mysql 语句
    if( $result === TRUE){
        $num = $link->affected_rows;            //写入记录的行数
        print "写入记录 $num 行。<br/>";
    }else{
```

```
        print "写入记录失败。<br/>";
    }
    $link->close();                        //操作完毕,关闭连接
?>
```

在本例没有写表单页面,INSERT 语句中各个字段的值是给变量直接赋值的方式写入数据表中。读者可以自己写一个表单页面,然后,把该段代码中给变量赋的值改为接收自表单中用户输入的数据即可,请读者自行练习,在此以及以下的示例代码中均不再赘述。

9.4.2 浏览数据

服务器上的数据量一般都很大,然而用户并非对所有的数据都感兴趣,用户只需将感兴趣的关键词提交给服务器,服务器从数据库中检索出相关的数据返回给用户即可,这种依据关键词在数据库中的检索的方式,通常要用 SELECT 语句来实现。

示例 9-17

浏览数据如下所示。

```
<?php
    include_once("Connect.php");  //包含 Connect.php 文件,与该文件放在同一个文件夹中
    $sqlstr = "SELECT userid ,username FROM tb_user WHERE username LIKE '刘%' LIMIT 0,5";
    $result = $link->query( $sqlstr );      //执行 mysql 语句
    if( $result ){
        $num = $link->affected_rows;         //查询记录的条数
        while( $row_array = $result->fetch_assoc() ){
            foreach($row_array as $key => $value)
                print $key . ": " . $value."<br/>";
        }
        print "查询记录 $num 条。<br/>";
    }else{
        print "查询数据失败。<br/>";
    }
    $result->close();      //释放结果集
    $link->close();        //操作完毕,关闭连接
?>
```

9.4.3 分页显示

分页显示是一种非常普遍的浏览大量数据的方法,它的基本实现原理就是将从数据库中查询出来的结果集分成若干组,每组 N 条记录显示在一个 Web 页面上,直至将查询的所有记录显示完。以下代码就是一个简单的分页显示的示例。

示例 9-18

```php
<?php
  include_once("Connect.php");
  $rowOnePage = 7;                                    //每一页显示的行数
  $sql_str = " SELECT * FROM  tb_user ";
  $result = $link->query( $sql_str );                 //执行查询
  $totalRows = $result->num_rows;                     //查询结果的总行数
  if( $totalRows % $rowOnePage == 0 ){
     $maxPage = (int)($totalRows/$rowOnePage);         //计算总页数
  }else{
     $maxPage = (int)($totalRows/$rowOnePage)+1;
  }
  if( isset($_GET['curPage']) ){
     $page=$_GET['curPage'];                           //获取当前页
  }else{
      $page=1;
  }
  $start = $rowOnePage * ( $page-1 );                  //起始记录数
  $query_str = "SELECT * FROM tb_user ORDER BY userid LIMIT $start,$rowOnePage";
  $result = $link->query( $query_str );               //执行查询
  while($row = $result->fetch_assoc() ){              //通过 while 循环将数组中的值输出
     echo "账户 " . $row["userid"];
     echo " 姓名 " . $row["username"];
     echo " 性别 " . $row["sex"];
     echo " 邮箱 " . $row["email"];
     echo "<br/>";
  }
  if( $page > 1 ) {                                    //当前页不是第一页
     $prevPage = $page-1;                              //上一页
     echo "<a href='?curPage=$prevPage'>上一页</a>";
  }if( $page < $maxPage ){                             //下一页
     $nextPage=$page+1;
     echo "<a href='?curPage=$nextPage'>下一页</a>";
  }
  $result->close( );                //释放结果集
  $link->close( );                  //操作完毕，关闭连接
?>
```

实现分页首先确定每页显示的记录数，然后根据结果集中的总记录数和每页显示的记录数计算出总页数，再由当前页码和每页显示的记录数计算出起始记录数，然后就可以在查询语句中使用 LIMIT，从每页的起始记录数开始读取记录，每次查询只从结果集中读取每页显示的记录数条记录，分段显示出结果集中所有记录，这样实现了分页显示的效果。

9.4.4   编辑数据

编辑数据通常是更新操作，把旧信息更换为新信息，操作过程如下代码所示。

示例 9-19

使用 UPDATE 语句更新数据库数据的示例如下所示。

```php
<?php
  include_once("Connect.php");  //包含 Connect.php 文件，与该文件放在同一个文件夹中
  $sqlstr = "UPDATE tb_user SET email='ut36ac@qq.com' WHERE  userid=2 " ;
  $result = $link->query( $sqlstr );          //执行 mysql 语句
  if( $result ){
    $num = $link->affected_rows;              //删除记录的条数
    print "修改记录 $num 条。<br/>";
  }else{
    print "修改数据失败。<br/>";
  }
  $link->close();                             //操作完毕，关闭连接
?>
```

9.4.5　删除数据

删除数据，首先选择要删除的数据，然后在服务器端运行 SQL 命令删除数据表中的数据。

示例 9-20

删除数据表中数据的示例如下所示。

```php
<?php
  //包含连接数据库代码的文件 Connect.php，与该文件放在同一个文件夹中
  include_once("Connect.php");
  $sqlstr = "DELETE FROM tb_user WHERE username LIKE '陈%' ";
  $result = $link->query( $sqlstr );          //执行 SQL 语句,删除记录
  if( $result ){
    $num = $link->affected_rows;              //删除记录数
    print "成功删除 $num 条记录.<br/>";
  }else{
    print "删除数据操作失败.<br/>";
  }
  $link->close();                             //关闭连接
?>
```

9.4.6　批量删除数据

要批量删除数据，可以一次删除限定范围内的所有记录，代码如下所示。

示例 9-21

批量删除数据表中数据的示例如下所示。

```php
<?php
  include_once("Connect.php");     //包含 Connect.php 文件，与该文件放在同一个文件夹中
```

```
$sqlstr = "DELETE  FROM tb_user WHERE userid NOT IN (1,2,3,4,5,6)" ;
$result = $link->query( $sqlstr );          //执行 mysql 语句
if( $result ){
   $num = $link->affected_rows;             //删除记录的条数
   print "删除记录 $num 条。<br/>";
}else{
   print "查询数据失败。<br/>";
}
$link->close();                             //关闭数据库连接
?>
```

📖 实战案例

本节将通过四个简单案例的讲解，演示使用 mysqli 函数操作 MySQL 数据库的基本流程和基本方法，请读者参考。

案例 1：留言板

1. 创建数据库和数据表

```
CREATE DATABASE db_php;
CREATE TABLE `message` (
`ID` INT( 11 ) NOT NULL AUTO_INCREMENT PRIMARY KEY ,
`writer` VARCHAR( 20 ) NOT NULL ,
`title` VARCHAR( 50 ) NOT NULL ,
`qq` VARCHAR( 11 ) NOT NULL ,
`email` VARCHAR( 30 ) NOT NULL ,
`towhom` VARCHAR( 20 ) NOT NULL ,
`content` VARCHAR( 500 ) NOT NULL ,
`writetime` VARCHAR( 20 ) NOT NULL
) ENGINE = MYISAM  DEFAULT CHARSET=GB2312;
```

2. 用户写留言

留言板页面效果如图 9-19 所示。

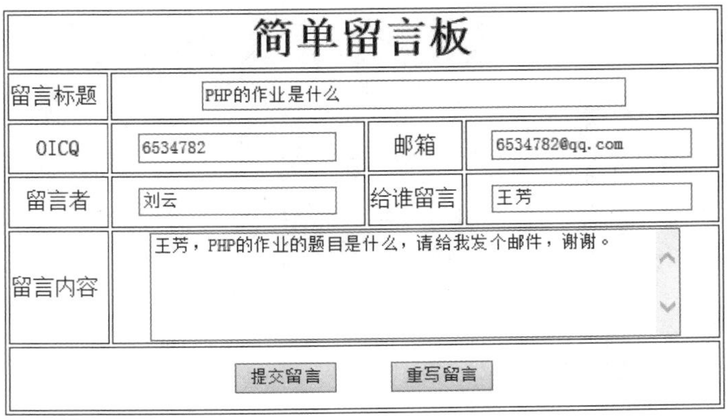

图 9-19 留言板页面效果

用户写留言页面代码如下，文件名是 MessageBoard.html。

```html
<html>
<title> 简单留言板 </title>
<center>
<form action="Write_Liuyan.php" method="post" name="Mform">
  <table width="529" height="292" border="1" bordercolor="#000099" >
    <tr>  <td height="42" colspan="5" align="center">
    <h1><font color="#000066"> 简单留言板 </font></h1> </td>
    </tr>
    <tr>
      <td width="70" height="36">留言标题</td>
      <td colspan="3" align="center">
      <input type="text" name="title" size="45" />
     </td>
    </tr>
    <tr>
      <td height="38" align="center">OICQ</td>
      <td width="183" align="center"><input name="qq" type="text" /> </td>
      <td width="66" align="center">邮箱</td>
      <td width="182" align="center"><input name="email" type="text" /> </td>
    </tr>
    <tr>
      <td height="39" align="center">留言者</td>
      <td align="center"><input type="text" name="writer"/></td>
      <td>给谁留言</td>
      <td align="center"><input type="text" name="towhom"  />
     </td>
    </tr>
    <tr>
      <td height="72">留言内容</td>
      <td align="center" colspan="3">
      <textarea name="content" cols="55" rows="5"></textarea>
     </td>
    </tr>
    <tr>
      <td height="49" colspan="4" align="center">
      <input type="submit" name="Submit" value="提交留言">     
      <input name="reset" type="reset" id="reset" value="重写留言">
     </td>
    </tr>
  </table>
</form>
</center>
</html>
```

3. 接收留言

留言表中留言记录如图 9-20 所示。

ID	writer	title	qq	email	towhom	content	writetime
3	刘云	PHP的作业是什么	6534782	6534782@qq.com	王芳	王芳，PHP的作业的题目是什么，请给我发个邮件，谢谢。	2014-04-22 15:15:42

图 9-20　留言写入 message 表

当客户端的用户提交留言之后，服务器就要接收留言并把留言者信息及留言内容写入数据表 message 中，代码如下所示，文件名是 Write_Liuyan.php。

```php
<?php
    require_once("Connect.php");              //引入连接数据库服务器的文件
    date_default_timezone_set("PRC");         //设置时区
    $time = date('Y-m-d G:i:s');              //获取系统当前日期和时间
    $author = $_POST['writer'];               //获取用户的所有输入数据
    $caption = $_POST['title'];
    $email = $_POST['email'];
    $qq = $_POST['qq'];
    $towhom = $_POST['towhom'];
    $text = $_POST['content'];
    $query_str = "INSERT  INTO  message(writer,title,qq,email,towhom,content,
writetime)    VALUES(  '$author','$caption','$qq','$email','$towhom','$text',
'$time')";
    $result = mysqli_query($link, $query_str );   //执行 SQL 语句
    if($result){
        print "留言成功。<br/>";
    }else{
        print "留言失败," . mysqli_error($link) . "<br/>";
    }
    mysqli_close($link);                          //关闭数据库连接
?>
```

本案例是一个简单的留言板，通过这个案例的学习，理解并掌握服务器端接收客户端数据以及写入数据库的过程及方法，希望可以达到抛砖引玉的效果。读者可以在此基础上添加其他功能，使其能够达到实际使用的效果，或者也可以模仿此案例编写新闻发布系统等，以此达到熟练掌握类似编程的目的。

案例 2：用户管理

在用户管理案例中使用的数据库和数据表是本章 9.2.2 节创建的数据库和数据表，只需要在 tb_user 表中添加若干条用户信息，然后运行本例中的相关脚本文件即可看见如图 9-21 图所示的页面。

用户信息列表

账号	姓名	邮箱	密码	操作	
17	陈新亮	wenhai@126.com	96e79218965eb72c92a549dd5a330112	修改	删除
18	田刚	3487093@qq.com	00b7691d86d96aebd21dd9e138f90840	修改	删除
19	罗成功	luocheng@163.com	111222	修改	删除
20	侯一建	1122093@qq.com	a5d50467408cdd9543be32a51fcd093d	修改	删除

共 6 条记录　前一页 后一页

图 9-21　用户管理页面

1. 浏览用户信息

浏览用户信息页面是将注册用户的相关数据从 tb_user 表中读取出来显示，主要过程是，先执行 SQL 查询语句，从表中检索出必要的记录，然后从结果集中逐条读取每条记录，接着显示在页面上，其实现的代码如下所示。本段代码是以面向过程的形式编写的，代码运行效果如图 9-21 所示。文件名是 User_Message.html。

```html
<html>
<head>
  <style>
    A{text-decoration: NONE}
    td{border:none; background-color:#9966FF; text-align:center;}
    th{font-size:22px; font-family:"仿宋"; color:#000066;}
    left{text-align:left; border: 1px dotted black; width: 50%;}
  </style>
</head>
<body leftmargin="50">
<table align="center" width="70%" class="main" cellspacing="1">
  <caption>
    <font color="#000066" size="+4"> 用户信息列表 </font><br/>
  </caption>
  <tr>
    <th width="7%">账号</th> <th width="11%">姓名</th> <th width="24%">邮箱</th>
    <th width="33%">密码</th> <th width="25%">操作</th>
  </tr>
<?php
  include_once("Connect.php");
  $sql = "SELECT Count(*) FROM tb_user ";      //统计用户总数
  $result = mysqli_query( $link, $sql );
  $row = mysqli_fetch_row($result);
  $total = $row[0];                            //用户总数

  $each_page = 4;                              //每页显示的记录数
  $offset = intval($_GET['offset']);           //每页显示记录的起始编号
  if($offset<0)
    $offset = 0;
  else if($offset > $total)
    $offset = $total;
  $sql = "SELECT userid,username,password,email,datetime FROM tb_user ORDER BY
userid ASC LIMIT $offset, $each_page";
  $result = mysqli_query( $link,$sql );        //执行 SQL 语句
  $total_rows = mysqli_num_rows($result);      //统计结果集中的记录数
  if($result && $total_rows>0)
    {
      while($data = mysqli_fetch_array($result))  //循环遍历，取出结果集中的每条记录
        {
          $ID = $data['userid'];
          $Name = $data['username'];
          $ciphercode = $data['password'];
          $email = $data['email'];
```

```
                $time = $data['datetime'];
?>
<form method="post" action="Userinfo_Update.php">
  <tr align="center">
    <td> <input type="hidden" name="Uid" value="<?php echo $ID; ?>" />
        <font color="#FF0000"> <?php echo $ID; ?> </font>
     </td>
    <td><input type="text" name="Uname" style="border:none;text-align:center" size="10"
        value="<?php echo htmlspecialchars($Name); ?>"  />
    </td>
    <td><input type="text" name="Uemail" style="border:none;text-align:center"
        value="<?php echo $email; ?>"/>
    </td>
    <td><input type="text" name="Upass" style="border:none;text-align:center"
        value="<?php echo $ciphercode; ?> " size="35" />
    </td>
    <td><input type="submit" value="修改" />  
      <input name="delete" type="button" value="删除" onClick="if(
        confirm('确实要删除该用户吗?'))
        location.href='User_Delete.php?uid=<?php echo $ID; ?>'">
    </td>
  </tr>
</form>
<?php
      }//endwhile
    }else
      echo "<tr> <td align='center' colspan='4'> 暂时没有用户信息 </td> </tr>";
?>
</table>
<!-- 分页显示留言内容 -->
<?php
  echo "<br/> <b> <font color=red> 共 $total 条记录 </font>  ";
  $last_offset = $offset - $each_page;        //为分页准备
  if($last_offset<0)
    echo "前一页 ";
   else
    echo "<a href=?offset=" . $last_offset . "> 前一页 </a> ";
  $next_offset = $offset + $each_page;
  if($next_offset>=$total)
    echo "后一页";
  else
    echo "<a href=?offset=" . $next_offset . ">后一页</a> </b>";
 ?>
</body>
</html>
```

2. 修改用户信息

　　修改用户信息页面，可以对用户的姓名、邮箱、密码进行编辑，单击"修改"按钮之后，将该用户账号(userid)和修改后的新数据提交给服务器，然后运行 UPDATE 语句更新数据表中的用户数据。更新的条件是用户账号在 tb_user 表中，用户注册时就已经确定，并始终保持不变。更新用户注册信息代码如下所示，本段代码是以面向对象的形式编写的，文件名是 Userinfo_Update.php。

```php
<?php
  $userid = $_POST['Uid'];                     //获取用户更新的数据
  $username = $_POST['Uname'];
  $email = $_POST['Uemail'];
  $pass = $_POST['Upass'];
  $passwd = md5($pass);
  require_once("Connect.php");                  //引入连接 MySQL 数据库服务器脚本文件
  $query_str = "UPDATE tb_user SET username='$username',email='$email',password=
'$passwd' WHERE userid='$userid'";
  $result = $link->query($query_str);           //执行 SQL 语句
  $num = $link->affected_rows;                   //受影响的记录数
  if($result && $num)
    print "修改成功。<br/>";
  else
    print "修改成功 ".$link->error."<br/>";
  $link->close();                                //关闭数据库连接
?>
```

3. 删除用户

删除用户操作是先选择要删除的用户，然后把该用户账号(userid)传给删除页面脚本，运行 DELETE 语句从 tb_user 表中把该用户的数据删除。代码如下所示，文件名是 User_Delete.php。

```php
<?php
  $userid = $_GET['uid'];                       //获取要删除用户的 userid
  require_once("Connect.php");                   //引入连接 MYSQL 数据库服务器脚本文件
  $query_str = "DELETE FROM tb_user WHERE userid='$userid'";
  $result = $link->query($query_str);            //执行删除语句
  $num = $link->affected_rows;
  if($result && $num)
    print "该用户已被删除。<br/>";
  else
    print "该用户无法删除 ".$link->error."<br/>";
  $link->close();                                //关闭连接
?>
```

在本案例中是将所有注册用户的信息都显示出来,让操作者自己查找要编辑的用户信息,这样操作起来很不方便,如果用户数量很大的话,人工查找某个用户是一件很费时且很困难的事情,所以,可以尝试在此案例已完成功能的基础上,添加按关键字（比如用户账号、姓名、邮箱等）查找某个用户的功能,查找出来以后再进行修改或删除,这样操作起来就更方便了,请大家试一试。

案例 3：日志管理

1. 创建数据表

创建日志表，记录保存用户的所有操作。

```
CREATE TABLE `log` (
`ID` INT( 16 ) NOT NULL AUTO_INCREMENT,
`userIP` VARCHAR( 20 ) NOT NULL ,        //用户的 IP 地址
`action` VARCHAR( 50 ) NOT NULL ,        //操作数据库的方式
`tablename` VARCHAR( 20 ) NOT NULL ,     //操作数据表的名字
`time` VARCHAR( 20 ) NOT NULL ,          //操作时间
PRIMARY KEY ( `ID` )
) ENGINE = MYISAM  DEFAULT_CHARSET=GB2312;
```

2. 留言管理

留言管理主要是对留言的查询、修改和删除操作。只要用户输入留言者姓名、留言标题、留言者邮箱、留言时间等其中任何一个关键词，都可以进行查询，如果有相关的记录就列表显示出来，如果没有就提示用户不存在。查询结束之后，会将该操作的具体信息记录在日志表中，主要保存访问者的 IP 地址、操作方式、操作的数据表名和简要的操作说明，以便在发生数据丢失或损坏时进行必要的数据分析和恢复。

按关键字检索出相关记录之后，用户可以对这些记录进行逐条修改或删除操作，修改和删除的每一步操作信息都会被写入日志表 log 中。本案例中只允许对留言内容和留言者的邮箱进行修改，其他的信息不允许修改。无论是修改和删除都要获取留言的 ID 号，在本案例中使用 HTML 的隐藏域，将每一条留言的 ID 传递给修改、删除页面进行操作。

留言管理页面如图 9-22 所示，代码如下所示，文件名 Message_SearchList.php。在文件中引入了两个文件，一个是连接 MySQL 数据库服务器的文件 Connect.php 在 9.3.2 节里有示例代码，直接引用即可；另一个是 function.php，该文件中写了获取计算机 IP 地址的函数和写操作日志到日志表的函数。

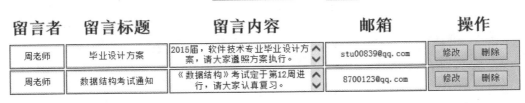

图 9-22　留言管理页面

```
<html>
  <head>
    <title> 留言查询 </title>
```

```
    <style type="text/css">
      th{ color:#000066; font-size:24px; height:40px;}
      td{background-color:#FFCCFF; border:solid; height:30px; border-width:thin;}
      #style1{text-align:center; font-size:18px; color:#000099;}
    </style>
  </head>
  <body>
    <div id="style1">
    <font size="+4"> 留言列表 </font><br><br>
    <form action="" method="post" name="form1">
    关键词
    <input type="text" size="20" name="words" value="<?php if(!empty($_POST['words']))
        print $_POST['words']; ?>" /> 
    <input type="submit" name="search" value="搜索" />
    </form>
    </div>
<?php
  include_once("Connect.php");
  include_once("function.php");
  $text = array("留言者", "留言标题", "留言内容", "邮箱","操作");
  if( isset($_POST['search']) ){
    $keywords = $_POST['words'];
    if( $keywords!=""){
      $query_str = "SELECT * FROM message WHERE writer='$keywords' OR title='$keywords'
        OR writetime='$keywords' OR email='$keywords' ORDER BY ID ASC";
      $result = mysqli_query($link,$query_str);
      if( $result ){
        WriteLog($link, "message", "查询数据操作");
        $num = mysqli_num_rows($result); //结果集中查询记录的行数
        if( $num ){
        print "<table align='center'> <tr>";
        foreach($text as $var)
          print "<th>".$var."</th>";
        print "</tr>";
        /*从结果集中逐条取出所有记录，每次取一行，保存在数组$rows中，数组的键名就是
          记录的字段名，可以用$rows['closname']取出每条记录中每个字段的值。
          以表格的形式输出每条记录，每条记录占表格的一行。
        */
          while( $rows = mysqli_fetch_assoc($result) ){
          print "<form action='Message_Edit.php' method='post'>";
            print "<tr> <td>";
              print "<input type='text' name='writer' size='10' readonly=true
              style='height:30px; border:none;text-align:center'
```

```
                value=".$rows['writer']."'>";
        print "<input type='hidden' name='ID' style='height:30px;
        border:none;text-align:center' value=".$rows['ID']."'> </td>";
        print "<td> <input type='text' name='title' readonly=true
        style='height:30px; border:none;text-align:center'
        value= ".$rows['title']."'> </td>";
        print "<td> <textarea cols='30' name='content' rows='2'
        style='border:none;text-align:center' >".$rows['content'].
        "</textarea> </td>";
        print "<td> <input type='text' name='email' style='height:30px;
        border:none;text-align:center'
        value= ".$rows['email']."'> </td>";
        print "<td> ";
        print "<input type='submit' name='edit' value='修改'/> ";
        print "<input type='button' name='delete' value='删除'";
        print "onClick=if(confirm('确定要删除吗?'))location.href=";
        print "'"."Message_Delete.php?id=".$rows['ID']."'".">   </td>";
        print "</tr></form>";
            }
        print "</table>";
    }else{
        print "<script> alert('你所检索的信息不存在'); </script>";
    }
    }else{
        print "执行SQL命令错误.".mysqli_error($link);  //打印错误信息
    }
    }else{
        print "<script> alert('输入关键词才能搜索'); </script>";
    }
  }
  mysqli_free_result($result);  //释放结果集
?>
```

获取计算机 IP 地址的函数和写操作日志的函数如下所示，文件名是 function.php。

```
<?php
  //获得主机的 IP 地址
  function GetIP(){
    if (getenv("HTTP_CLIENT_IP") && strcasecmp(getenv("HTTP_CLIENT_IP"), "unknown"))
        $ip = getenv("HTTP_CLIENT_IP");
    else if (getenv("HTTP_X_FORWARDED_FOR") && strcasecmp(
        getenv("HTTP_X_FORWARDED_FOR"), "unknown"))
        $ip = getenv("HTTP_X_FORWARDED_FOR");
    else if (getenv("REMOTE_ADDR") && strcasecmp(getenv("REMOTE_ADDR"), "unknown"))
        $ip = getenv("REMOTE_ADDR");
```

```
   else if (isset($_SERVER['REMOTE_ADDR']) && $_SERVER['REMOTE_ADDR'] &&
       strcasecmp($_SERVER['REMOTE_ADDR'], "unknown"))
       $ip = $_SERVER['REMOTE_ADDR'];
   else
       $ip = "unknown";
   return($ip);  //返回IP地址
}
/* 写操作日志函数
   $mysqli        数据库连接对象
   $tablename     操作表名
   $explain       操作说明
*/
function WriteLog($mysqli, $tablename, $explain ){
    date_default_timezone_set("PRC");
    $log_time = date("Y-m-d G:i:s");
    $IPaddress = GetIP();
    $log_str = "INSERT INTO log (userIP,action,tablename,time)
    VALUES('$IPaddress','$explain','$tablename','$log_time')";
    $rs = mysqli_query($mysqli, $log_str);
    if( $rs===FALSE ){
        print "写日志失败".mysqli_error($mysqli)."<br>";
        return FALSE;
    }else
        return TRUE;
}
?>
```

3. 修改留言

修改留言的操作，首先是编辑留言信息，然后将修改后的信息及该条留言的 ID 提交给服务器执行，把新的留言信息写入 message 表，代码如下所示，文件名是 Message_Edit.php。

```
<?php
   include_once("function.php");
   include_once("Connect.php");
   $id = $_POST['ID'];               //要修改记录的ID
   $content = $_POST['content'];     //修改后的留言内容
   $email = $_POST['email'];         //修改后的email
   $table = "message";               //操作表名
   $query = "UPDATE $table SET content='$content',email='$email' WHERE ID='$id'";
   $result = mysqli_query($link,$query);
   if( $result ){
       WriteLog($link, $table, "更新数据操作"); //写操作日志
   }else
       print "修改数据失败.".mysqli_error($link);
   mysqli_close($link);
?>
```

4. 删除留言

删除留言的操作是将要删除的留言 ID 号传递给删除页面，删除页面获得留言 ID 后，执行相应的 SQL 命令删除该条留言，代码如下所示，文件名是 Message_Delete.php。

```php
<?php
  include_once("Connect.php");
  include_once("function.php");
  $id = $_GET['id'];                                  //获取要删除的留言记录 ID
  $table = "message";                                 //数据表
  $query = "DELETE FROM $table WHERE ID=$id";         //删除记录
  $result = mysqli_query($link,$query);
  if( $result === FALSE ){
      print "删除失败.".mysqli_error($link);
  }else{
      $log = WriteLog($link, $table, "删除表中的一条记录");    //写操作日志
  }
  mysqli_close($link);                                //关闭数据库连接
?>
```

5. 查看日志数据

在 function.php 文件中，WriteLog() 函数会把所有数据操作记录在日志表中，该函数需要三个参数，分别是数据库连接对象、操作数据表名称、操作说明，日志写入成功就返回 TRUE，否则返回 FALSE。日志表 log 中记录了用户的 IP 地址、操作说明、操作数据表名、操作时间，详细数据如图 9-23 所示。

ID	userIP	action	tablename	time
39	127.0.0.1	查询数据操作	message	2014-05-07 21:27:07
40	127.0.0.1	更新数据操作	message	2014-05-07 21:27:11
41	127.0.0.1	删除表中的一条记录	message	2014-05-07 21:28:04

图 9-23　日志表数据

该案例实现了一个简单的数据库操作日志的管理功能，记录了对留言表的查询、修改、删除的操作信息，共由 4 个文件组成。日志的记录是很有必要的，在安全性要求较高的系统中是必须具备的功能，读者在后续的系统设计中可以仿效本例记录系统操作的日志。

案例 4：投票系统

本案例实现了从班委中选举优秀学生干部的功能，班委成员就是候选人，先由班级成员对每位候选人投票，当候选人所得票数超过总票数的 1/3，候选人即当选为优秀班干部。

1. 新建数据表 vote

```sql
CREATE TABLE `vote` (
`ID` INT( 11 ) NOT NULL AUTO_INCREMENT PRIMARY KEY ,
`name` VARCHAR( 20 ) NOT NULL ,
`ocupation` VARCHAR( 20 ) NOT NULL ,          //职位
```

```
`description` VARCHAR( 30 ) NOT NULL ,          //个人简介
`count` TINYINT( 1 ) NOT NULL ,                 //选票数
`status` VARCHAR( 1 ) NOT NULL                  //入选状态
) ENGINE = MYISAM  DEFAULT CHARSET=GB2312;
```

2. **选举投票**

每个班级成员提交自己的选票，提交选票后，系统会将每个候选人所得选票记录在 vote 表中。选举投票页面如图 9-24 所示。

优秀学生干部选举投票

姓名	职位	个人简介	优秀投票
刘小明	学习委员	安静，好学习，成绩优秀	□ 选他
赵海燕	班长	组织能力强，有号召力。	☑ 选他
李浩民	文艺部部长	外向，开朗，活泼	☑ 选他
赵海波	体育委员	具有较强的责任感，成绩一般	□ 选他
周学智	团支书	党员，原则性强，有正义感	☑ 选他
罗一飞	生活委员	热心肠，好逗乐，善交际	□ 选他
廖明	宣传委员	办事认真，普通话不标准	□ 选他

提交选票

图 9-24 选举投票页面

```
<html>
<head>
  <style>
    A{text-decoration: NONE}
    td{ height:33px;text-align:center; font-size:20px; border-left-style:none;
        border-top-style:none;; border-bottom-color:#0033FF;}
    th{ height:38px; font-size:24px; font-family:"仿宋"; color:#000066;
        border-top-style:none; border-left-style:none; background-color:#FFFF99;}
  </style>
</head>
<body leftmargin="50">
<form method="post" action="statistics_vote.php">
<table align="center" width="62%" class="main" cellspacing="1" border="1">
  <caption>
    <font color="#000066" size="+3"> 优秀学生干部选举投票 </font>
  </caption><br/>
  <tr>
    <th width="16%">姓名</th>        <th width="22%">职位</th>
    <th width="44%">个人简介</th>    <th width="18%">优秀投票</th>
  </tr>
<?php
  include_once("Connect.php");
  $sql_str = "SELECT ID,name,ocupation,description FROM vote ORDER BY ID ASC";
  $result = $link->query( $sql_str );     //执行 SQL 语句
  $total_rows = $result->num_rows;        //统计结果集中的记录数
  if($result && $total_rows>0) {
```

```
            //循环遍历，取出结果集中的每条记录
        while($data = $result->fetch_array(MYSQLI_ASSOC)) {
            $ID = $data['ID'];
            $Name = $data['name'];
            $zhiwei = $data['ocupation'];
            $desc = $data['description'];
?>
    <tr align="center">
        <td><?php echo htmlspecialchars($Name); ?> </td>
        <td><?php echo $zhiwei; ?> </td>
        <td><?php echo $desc; ?> </td>
        <td><input type="checkbox" name="vote[]" value="<?php echo $ID;?>" /> 选他</td>
    </tr>
<?php
        }//endwhile
    }else
        echo "<tr> <td align='center' colspan='4'> 暂时没有候选人信息 </td> </tr>";
?>
    <tr> <td colspan="4" style=" border-bottom-style:none; border-right-style:none">
        <input type="submit" name="submit"  value="提交选票" />
        </td>
    </tr>
</table>
</form>
</body>
</html>
```

3. 更新选票，统计入选者

选举人投票之后，要对每位候选人所得选票进行更新和汇总，投票结束之后，根据每位候选人所得票数及入选的规则统计出入选为优秀班干部的人员，实现代码如下所示，文件名是 statistics_vote.php。

```
<?php
    require_once("Connect.php");           //引入连接 MYSQL 数据库文件
    //读取候选人的票数
    function  Exceution_ReadCount($link, $uid){
        $query_str = "SELECT count FROM vote WHERE ID = '$uid'";
        if ($result = $link->query($query_str) ){
            $row = $result->fetch_row();  //读取选票数放在$row 数组中
            return $row[0];                //返回选票数
        }else{
            print "查询选票数失败" . $link->error . "<br/>";
            exit();
        }
    }
    //更新候选人的选票数
    function  Exceution_UpdateCount($link, $t, $uid)    {
        $query_str = "UPDATE vote SET count='$t' WHERE ID = '$uid'";
        if ($result = $link->query($query_str) ){
            $row = $link->affected_rows; //更新选票的记录条数
```

```
      }else{
         print "修改选票数失败." . $link->error . "<br/>";
         exit();
      }
   }
   //统计候选人的总人数
   function Total_num($link)  {
      $query_str = "SELECT count(*) FROM vote ";
      if ($result = $link->query($query_str) ){
         $row = $result->fetch_row();   //统计候选人数放在$row 数组中
         return $row[0];                //返回总的候选人数
      }else
         exit();
   }
   //统计参加选举人所投的总票数
   function Total_tickets($link)  {
      $total=0;
      $query_str = "SELECT count FROM vote ORDER BY ID ASC";
      if ($result = $link->query($query_str) ){
        while( $row = $result->fetch_row())  //读取每个候选人所得票数放在$row 数组中
              $total += $row[0];
        return $total;                        //返回选举人投票的总数
      }else{
        print "统计投票数失败." . $link->error . "<br/>";
        exit();
      }
   }
   //更新入选人的入选状态——status 字段为 1 即为入选
   function  Modify_status($link,$totalTickets)    {
      $query_str = "SELECT ID,count FROM vote ORDER BY ID ASC";
      if ($result = $link->query($query_str) ){
        while( $row = $result->fetch_row()) {      //读取候选人的数据放在$row 数组中
            if( $row[1]/$totalTickets >= 0.3 ) { //个人得选票数大于总票数的1/3即为入选
               $rs = $link->query("UPDATE vote SET status = 1 WHERE ID = '$row[0]'");
               if(!$rs)
                   print "修改入选状态操作错误" . $link->error."<br/>";
            }
         }
      }else
         print "修改入选人状态的查询语句执行错误".$link->error."<br/>";
   }
   //把所有候选人的入选状态置为 0
   function  Reset_status($link) {
      $query_str = "UPDATE vote SET status = 0";
      $result = $link->query($query_str);
   }
$tickets = $_REQUEST['vote'];   //将选票中被选的候选人的 ID 保存在数组中
$num = count($tickets);         //统计候选人数，就是数组元素的个数
if ($num==0){
   print "<script> alert('请选择后在投票，你还没有选不能投票。');
   history.back();  </script>";
}else {
   foreach($tickets as $id){    //逐一更新选票中所有被选候选人所得票数
```

```
        $x = Excection_ReadCount($link, $id);   //读取更新之前的票数
        $x++;                                    //票数加 1
        Excection_UpdateCount($link, $x, $id);  //更新被选之后的票数
    }
}
Reset_status($link);   //在修改入选状态之前，将所有候选人的入选状态置为 0
//根据候选人所得选票和实际总票数，确定候选人是否入选，入选则修改入选状态
Modify_status($link, Total_tickets($link));
$query_str = "SELECT name,count FROM vote WHERE status=1 ORDER BY count DESC";
print "<center> <table border=1> <tr> <th> 姓名 </th> <th> 所得票数 </th> </tr>";
if( $result = $link->query( $query_str )){
   if( $result->num_rows > 0 ){
       while( $rows = $result->fetch_assoc() ){
          print "<tr> <td>";
          print $rows['name'] . "</td> <td>" . $rows['count'];
          print "</td> </tr>";
       }
   }else
       print "没有人入选。<br/>";
}
print "</table> <center>";
$result->close();
$link->close();
?>
```

　　在本投票系统中只能对一个投票项进行投票，仅仅起到引导和演示的作用，不能在实际中应用，读者学懂这个案例之后，自己可以再做一个功能更完善的、可以进行多个投票项的投票系统。

本章小结

　　本章主要讲述的内容有 phpMyAdmin 管理 MySQL 数据库、PHP 与 MySQL 的编程、PHP 的 mysqli 扩展、使用 mysqli 扩展编写程序操作 MySQL 数据库、管理 MySQL 数据库中数据等内容。最后通过四个实战案例详细地演练了使用 mysql 和 mysqli 两种方式操作 MySQL 数据库、管理数据的步骤及方法。通过本章的学习，可熟练掌握 PHP 脚本操作数据库的基本流程和方法；掌握运用 mysqli 扩展操作、管理 MySQL 数据库及数据的方式和方法；理解客户端与服务器端数据交换的步骤和过程；了解 mysqli 扩展产生的背景及意义。

本章习题

　　1. 设计一个留言簿系统，主要功能有用户注册、登录和退出登录、浏览留言、按关键字搜索留言（时间、留言者、标题、内容核心词等）、回复留言、编辑留言、删除留言等。
　　2. 设计一个可以进行多项目投票的投票系统，主要功能有添加投票项目、候选人注册与审核、选民投票、候选人票数统计、展示投票结果、确定入选人等。

第 10 章　面向对象

在程序开发过程中，程序员一定要注意程序的易读写性、易维护性和易扩展性，这在实际的工作中可以提高开发人员的工作效率、节省时间成本。面向对象的编程可以更容易地解决以上问题，使用面向对象编程是让程序模块化。

从严格角度来讲，PHP 并不是一个真正的面向对象的语言，而是一个混合型语言，用户可以使用面向对象编程，也可以使用面向过程编程，在一些小型项目，面向过程编程还是可取的，因为在性能、开发效率、维护成本等方面是优于面向对象编程的。但在一些大型项目中，推荐 PHP 采用面向对象编程去声明类，在项目中只能使用对象和类。

 学 习 目 标

- ➤ 掌握什么是面向对象
- ➤ 掌握类的结构
- ➤ 熟练掌握类的声明方法
- ➤ 掌握什么是属性
- ➤ 熟练掌握什么是方法
- ➤ 熟练掌握构造函数的定义
- ➤ 熟练掌握类的实例化
- ➤ 熟练掌握方法的访问
- ➤ 熟练掌握类的继承

📖 引导案例

在 PHP 中使用面向对象进行编程，不要把面向对象单纯当作一种方法使用，面向对象编程是一种思想，它符合人类看待事物的一般规律，因此，应将面向对象当作是一种解决问题的思路去理解。

在生活中，如何来理解对象呢？可以这样理解：人人皆对象，事物皆对象。如"学生"可以看作是对象，它是一个实体，学生对象有自己的特性，如学生的学号、姓名、年龄等这些为学生的属性，如学生入学、放假、做作业等这些是方法。如"汽车"也是一个实体，也可以看作是一个对象，"汽车"有其自己的特性，如颜色、座位数、车牌号等信息，这些叫"汽车"对象的属性，如起步、刹车、加油等动作，这些叫"汽车"对象的方法。在本章中运用面向对象进行编程。

相关知识

10.1　面向对象的概述

学习面向对象，首先要理解什么是面向对象，面向对象的三大基本要素是哪些？以及面向对象有哪些特征？

面向对象（OOP）是一种计算机编程架构，面向对象编程达到三个目标：重用性、灵活性和扩展性。面向对象的三大基本要素是：继承、封装、多态。

10.2　类和对象

类是面向对象的基本单位，它是具有相同属性和功能方法的集合。在类里拥有两个基本元素：属性和成员方法。

简单来说，类就是一个 class 中的所有内容，成员属性就是类中的变量和常量，注意是 class 下边的变量和常量，而不是 function 函数体里面的常量和变量。在 class 里面的 function 是类的成员方法，在这里类中的 function 不叫作函数而叫作成员方法。

示例 10-1

类的定义，详细代码如下：

```php
<?php
    //定义类
    class an{
        //定义属性
        $a=12;
        //定义成员方法
        function n1(){
            echo "这是类的方法";
        }
    }
?>
```

在这段程序体中，"class"是定义类的关键字，"an"是类名，"{}"类体需要一对花括号，类的代码要写在{}里，"$a=12;"语句在类里面，是"an"类的属性，在该类中还定义了一个方法"function a1(){echo "这是类的方法";}"，是"an"类的成员方法。

对象是什么？对象是类的一个实体，类的具体实例，对象拥有该类中的所有属性和方法，因此对象建立在类基础上，类是产生对象的基本单位。

在示例 10-1 上进行修改，创建一个对象。

```
<?php
    //定义类
    class an{
        //定义属性
        $a=12;
        //定义成员方法
        function n1(){
            echo "这是类的方法";
        }
    }
    $a1=new an();
    $a1.n1();
?>
```

在本段程序中，$a1 就是一个对象。类与对象的关系为：类的实例化结果就是对象，而对一类对象的抽象就是类，类与对象的关系就如磨具和产品的管理。以"动物"类为例， 定义一个类为"动物"，其中"猫"就是"动物"的一个对象。这个就是类与对象的关系，对象就是类实例。

10.2.1　类的结构和声明

类的最基本的关键字为 class、function、var，这些是定义 PHP 类时用到的内置关键字，类的关键字 class 后面输入类名并以大括号形式包括起在类里面的代码片段（成员属性、成员方法）。

```
类的格式：
class 类名{
    成员属性；
    成员方法；
}
```

成员属性有点类似面向过程的变量和常量，但是使用和定义有所区别。成员方法基本类似面向过程的自定义函数，但在类里称为成员方法。

注意

类定义注意事项：
（1）类名不可内置关键字和函数重名。
（2）类名只能以英文大小字母或下划线开头。
（3）类名如果是多个单词组成，建议从第二个单词首字母大写，这是目前互联网研发中最常见的规范格式。

示例 10-2

类的定义，详细代码如下：

```php
<?php
    //定义类
    class car{
        //定义属性
        public $yanse="";
        public $name="";
        public $n=0;
        public $xudu=0;
        //定义成员方法
        function stop(){
            $this->xudu=0;
            echo "车速度为 0,汽车的状态：停车";
        }
        function start(){
            echo "汽车的状态：启动";
        }
    }
?>
```

【代码解析】　使用关键字 class 创建一个名为 car 的类，类后面有"{}"，类中的所有代码都要放在"{}"类，在该类中定义了 4 个成员变量和一个成员方法。在定义成员变量时用到了一个"public"关键字，它主要是声明成员的使用范围和封装的作用，在封装章节中将详细介绍封装的关键字。

10.2.2　对象与类的实例化

在 PHP 中把类转换为对象，这一过程叫作对象实例化。将类实例化成对象非常简单，使用 new 关键字并在后面加上与类名同名的方法。

格式：
对象变量名=new 类名（[参数 1，参数 2……]）

注意

对象实例化过程中，参数是可选的，除非类中必须要有初始参数，一个类可以实例化多个对象。

示例 10-3

对象的实例化，详细代码如下：

```php
<?php
    //定义类
    class car{
        //定义属性
        public $yanse="";
        public $name="";
        public $n=0;
```

```
        public $xudu=0;
        //定义成员方法
        function stop(){
            $this->xudu=0;
            echo "车速度为 0,汽车的状态：停车";
        }
        function start(){
            echo "汽车的状态：启动";
        }
        function imfo(){
            echo "汽车的牌子：".$this->name."<br/>";
            echo "汽车的颜色：".$this->yanse."<br/>";
        }
    }

    $c1=new car();
    $c1->name="上海大众";
    $c1->yanse="红色";
    $c1->n=4;
    $c1->imfo();
    $c2=new car();
    $c3=new car();
    $c4=new car();
?>
```

【运行效果】   示例 10-3 运行效果如图 10-1 所示。

图 10-1　示例 10-3 运行效果

【代码解析】   利用 new 关键字进行对 car 类的实例化，代码为 "$c1=new car();" 创建对象$c1，可以调用类中的成员变量和成员方法，如代码 "c1->name="上海大众";$c1->yanse=" 红色";$c1->n=4;$c1->imfo();" 就是调用类中的成员变量和方法。

一个类可以实例化出多个对象，每个对象都是独立的。在上面代码中通过 Car 类，实例化出 c1，c2，c3，c4 四个对象，相当于在内存中开辟出了四份空间用于存放每个对象。使用同一个类声明的多个对象之间是没有联系的，只能说明它们都是同一个类型，每个对象都有类中声明的属性和成员方法。

10.2.3　对象中成员的访问

对象中包含成员变量和成员方法，访问对象中的成员包括成员属性的访问和成员方法的访问。而对成员属性的访问则又包括赋值操作和获取成员属性值的操作。访问对象中的成员和访问数组的元素类似，只能通过对象的引用来访问对象中的每个成员，但需要特殊符号"->"来完成对象成员的访问。

访问对象中成员的访问语法格式：
$对象名=new 类名称（[参数列表]）；
$对象名->成员属性=值；
$对象名->成员属性；
$对象名->成员方法；

在下面的实例中，声明了一个 car 类，其中包含了 4 个变量和 3 个方法，并通过 car 类实例化出 4 分对象，并且使用"->"分别访问对象的成员属性和成员方法。

代码如下所示：

```php
<?php
    //定义类
    class car{
        //定义属性
        public $yanse="";
        public $name="";
        public $n=0;
        public $xudu=0;
        //定义成员方法
        function stop(){
            $this->xudu=0;
            echo "车速度为 0,汽车的状态: 停车";
        }
        function start(){
            echo "汽车的状态: 启动";
        }
        function imfo(){
            echo "汽车的牌子: ".$this->name."<br/>";
            echo "汽车的颜色: ".$this->yanse."<br/>";
        }
    }
    //类声明结束
    $c1=new car();
    $c1->name="上海大众";
    $c1->yanse="红色";
    $c1->n=4;
    $c1->imfo();
    $c1->stop();
```

```php
$c1->start();
//实例化 c2
$c2=new car();
$c2->name="法拉利";
$c2->yanse="黄色";
$c2->n=4;
$c2->imfo();
$c2->stop();
$c2->start();
//实例化 c3
$c3=new car();
$c3->name="雪佛兰";
$c3->yanse="白色";
$c3->n=4;
$c3->imfo();
$c3->stop();
$c3->start();
//实例化 c4
$c4=new car();
$c4->name="法拉利";
$c4->yanse="黄色";
$c4>n=4;
$c4->imfo();
$c4->stop();
$c4->start();
?>
```

【运行效果】 上列代码的运行效果如图 10-2 所示。

图 10-2 运行效果

10.2.4 构造方法与析构方法

构造函数与析构函数是对象中的两个特殊方法，构造函数是对象创建完成后第一个被对象自动调用的方法，这是使用构造方法的原因，而析构方法是对象在销毁之前最后一个被对象自动调用的方法，这也是在对象中使用析构方法的原因，构造方法完成对象的初始化，析构函数完成对象销毁前的清理工作。

1. 构造方法

在每个类中都有一个构造方法的特殊成员方法，如果没有显示声明，类中都会默认存在一个没有参数列表并且内容为空的构造方法；如果没有显示声明它，则类中的默认函数将会存在，当创建一个对象时，构造方法就会被自动调用一次，即每个使用关键字 new 来进行实例化对象时会自动调用构造方法，不能主动通过对象的引用调用构造方法。

在类声明构造方法和声明其他的成员方法相似，但是构造方法的方法名称必须是以两个下划线开始的 "__construct"，这是 PHP5 中的变化。

在类中声明构造方法的格式：

```
function __construct([参数列表]){
    //方法体，通常用来对成员属性进行初始化赋值；
}
```

PHP 中一个类只能声明一个构造方法，原因构造方法的名字是固定的，只能为 "__construct()"，在 PHP 中不能声明同名的两个函数，所以也就没有构造方法重载。

示例 10-4

在 Car 类中添加一个构造方法，详细代码如下：

```php
<?php
    //定义类
    class car{
        //定义属性
        public $yanse="";
        public $name="";
        public $n=0;
        public $xudu=0;
        //构造函数
        function __construct($name,$yanse,$n,$xudu){
            //创建对象时，将使用传入的参数$name,$yanse,$n,$xudu为成员变量进行赋值
            $this->name=$name;
            $this->yanse=$yanse;
            $this->n=$n;
            $this->xudu=$xudu;
        }
        //定义成员方法
        function stop(){
            $this->xudu=0;
            echo "车速度为 0,汽车的状态：停车<br/>";
```

```
    }
    function start(){
        echo "汽车的状态：启动<br/>";
    }
    function imfo(){
        echo "汽车的牌子：".$this->name."<br/>";
        echo "汽车的颜色：".$this->yanse."<br/>";
    }
}
//类声明结束
$c1=new car("上海大众","红色",4,100);
$c1->imfo();
$c1->stop();
$c1->start();
//实例化 c2
$c2=new car("法拉利","黄色",4,180);
$c2->imfo();
$c2->stop();
$c2->start();
?>
```

【运行效果】 示例 10-4 运行效果如图 10-3 所示。

图 10-3 示例 10-4 运行效果

【代码解析】 在示例 10-4 中，在 Car 类中声明了构造方法，在该方法中带有 4 个形参，带入 "function __construct($name,$yanse,$n,$xudu){……}"。接着声明了 Car 类量的两个对象 c1 和 c2，代码 "$c1=new car("上海大众","红色",4,100); $c2=new car("法拉利","黄色",4,180);"在创建对象时，调用构造方法并传递实参。

2. 析构方法

与构造方法相对应的就是析构方法，PHP 将在销毁对象前自动调用析构方法。析构方法是 PHP 新添加的内容。

```
格式:
function __destruct(){
}
```

10.3 类的封装

封装性是类的三大特征之一。什么叫封装？封装就是把对象的成员属性和成员方法集合在独立的相同单位，并尽量隐蔽对象的内部细节。类的封装性的特征：把对象的全部成员属性和全部成员方法结合在一起，形成一个不可分割的独立单位；信息隐蔽，尽可能隐蔽对象的内部细节，对外形成一个便捷接口，只保留有限的对外接口使之与外部发生联系。

对象的成员没有封装性，一旦对象创建完成，就可以通过对象的引用获取任意成员的属性的值，并能够给所有成员属性任意赋值。在对象的外部任意对象中访问成员的属性是非常危险的，因为对象中的成员属性是对象本身具有的与其他对象不同的特征，是对象某个方面性质的表现。例如"取款机"中一些属性值是保密的，不能让其他人看到。如果取款机属性可以任意修改，那么这将存在颠覆性的危险。

对象的成员如果没有封装，也可以在对象的外部随意调用，这也是一种危险的操作。因此对象只留部分接口与外部进行联系。封装的原则就是要求对象以外的部分不能随意存取对象的内部数据，从而避免了外部对其进行错误地修改。

设置封装的关键字主要有 public、protected、private。面向对象成员的属性权限如表 10-1 所示。

表 10-1　封装权限

描　述	public	protected	Private
同一个类中	√	√	√
类的子类中	√	√	
所有外部成员	√		

1.　设置私有成员

只要在声明成员属性或成员方法时，使用 private 关键字修饰就实现对成员的封装，封装后的成员在对象的外部不能被访问，但在对象内部的成员方法中可以访问到自己对象内部被封装的成员属性和被封装的成员方法，从而达到对成员的保护。private 关键字只能是对象自己使用，其他不可以访问自己的私有成员。

```
示例 10-5
```

private 关键字设置为私有成员，详细代码如下：

```php
<?php
    //定义类
    class car{
        //定义属性
```

```
        private  $yanse="";
        private $name="";
        private $n=0;
        private  $xudu=0;
        //构造函数
        function __construct($name,$yanse,$n,$xudu){
            //创建对象时，将使用传入的参数$name,$yanse,$n,$xudu 为成员变量进行赋值
            $this->name=$name;
            $this->yanse=$yanse;
            $this->n=$n;
            $this->xudu=$xudu;
        }
        //定义成员方法
        function stop(){
            $this->xudu=0;
            echo "车速度为 0,汽车的状态：停车<br/>";
        }
        private function start(){
            echo "汽车的状态：启动<br/>";
        }
        private function imfo(){
            echo "汽车的牌子：".$this->name."<br/>";
            echo "汽车的颜色：".$this->yanse."<br/>";
        }
    }
    //类声明结束
    $c1=new car("上海大众","红色",4,100);
    $c1->name="哈佛";  //name 属性被封装，不能被调用
    $c1->imfo();
    $c1->stop();   //stop()方法被封装，不能在对象外部调用
    $c1->start();  //start()方法被封装，不能在对象外部调用
?>
```

【代码解析】 在上面的程序中，使用 private 关键字将成员属性和方法封装成私有属性之后，就不可以在对象的外部通过对象的引用直接访问了。

2. 私有成员的访问

对象中的成员属性定义为 private 关键字封装成私有之后，就只能在对象内部的成员方法使用，不能被外部直接赋值，也不能在对象外部直接获取私有属性的值。如果不让用户在对象的外部设置私有属性的值，但可以获取私有属性的值，或者允许用户对私有属性赋值，解决办法就是在对象内部声明一些操作私有属性的公有方法，所以在对象声明一个访问私有属性的方法，再把这个方法通过 public 关键字设置为公有的访问权限，如果成员方法没有加上任何访问控制修饰，默认就是 public。

示例 10-6

设置访问私有成员方法，详细代码如下：

```php
<?php
    //定义类
    class car{
        //定义属性
        private $yanse="";
        private $name="";
        private $n=0;
        private $xudu=0;
        //构造函数
        function __construct($name,$yanse,$n,$xudu){
            //创建对象时，将使用传入的参数$name,$yanse,$n,$xudu 为成员变量进行赋值
            $this->name=$name;
            $this->yanse=$yanse;
            $this->n=$n;
            $this->xudu=$xudu;
        }
        //访问私有变量的方法,通过这个方法可以在对象外部获取私有属性的值
        public function getName(){
            return $this->name;
        }
        public function getYanse(){
            return $this->yanse;
        }
        public function getN(){
            return $this->n;
        }
        public function getXudu(){
            return $this->xudu;
        }
        //访问私有变量的方法,通过这个方法可以在对象外部设置私有属性的值
        public function setName($name){
            $this->name=$name;
        }
        public function setYanse($yanse){
            $this->yanse=$yanse;
        }
        public function setN($n){
            $this->n=$n;
        }
        public function setXudu($xudu){
            $this->xudu=$xudu;
        }
        //定义成员方法
        function stop(){
            $this->xudu=0;
            echo "车速度为 0,汽车的状态：停车<br/>";
        }
        private function start(){
            echo "汽车的状态：启动<br/>";
        }
        private function imfo(){
```

```
        echo "汽车的牌子: ".$this->name."<br/>";
        echo "汽车的颜色: ".$this->yanse."<br/>";
    }
}
//类声明结束
$c1=new car("上海大众","红色",4,100);
$c1->setName("哈佛");
$c1->setYanse("红色");
$c1->setN(4);
$c1->setXudu(150);
echo $c1->getName().$c1->getYanse().$c1->getN().$c1->getXudu();
?>
```

【运行效果】　示例 10-6 运行效果如图 10-4 所示。

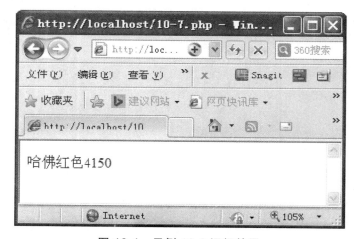

图 10-4　示例 10-6 运行效果

【代码解析】　在示例 10-6 中，声明了 car 类，类中成员属性全部使用 private 设置为私有的，不让类外部直接访问，只能类内部访问。在类中定义了操作私有成员变量的两个方法，一个方法为 getName()方法，是获取私有成员变量的值的；另一个方法为 setName()方法，是设置私有成员变量值的方法。

10.4　类的继承与类的关键字

类的继承性是面向对象程序设计的重要特征之一，它是指建立一个新的派生类，从父类中继承数据和方法，而且可以重新定义或加入新的数据和方法，从而建立了类的层次和等级关系。

10.4.1　类的继承

派生类继承父类需要关键字"extends"，通过父类可以派生多个类。

示例 10-7

类的继承，详细代码如下：

```php
<?php
    //定义类
    class car{
        //定义属性
        public $yanse="";
        public $name="";
        public $n=0;
        public $xudu=0;
        //构造函数
        function __construct($name,$yanse,$n,$xudu){
            //创建对象时，将使用传入的参数$name,$yanse,$n,$xudu为成员变量进行赋值
            $this->name=$name;
            $this->yanse=$yanse;
            $this->n=$n;
            $this->xudu=$xudu;
        }
        //定义成员方法
        function stop(){
            $this->xudu=0;
            echo "车速度为 0,汽车的状态：停车<br/>";
        }
    }
    class hafu extends car{
        function info(){
            echo "品牌:".$this->name;
            echo "<br/>颜色:".$this->yanse;
        }
    }
    //类声明结束
    $c1=new hafu("上海大众","红色",4,100);
    $c1->info();
?>
```

【运行效果】示例 10-7 运行效果如图 10-5 所示。

图 10-5　示例 10-7 运行效果

10.4.2 类的关键字

类中有很多的关键字，常见有 static、final、self、const、_toString()、__cone()、__call、__autoload()等。

1. static 关键字

static 关键字用来在类中描述成员属性和成员方法是静态。静态的成员是什么呢？类的属性可以通过类，实例化出几百个或者更多个实例对象，如果把属性做成静态的成员，这样属性在内存中就只有一个，而让更多对象中属性共享这一个属性。static 属性能够限制外部的访问，因为 static 成员是属于类的，只对类的实例进行共享，能在一定程度对类成员进行保护。

示例 10-8

static 关键字的使用，详细代码如下：

```php
<?php
    //定义类
    class an{
        //定义动物性别属性，设置为 static
        public static $sex="雄性";
        //这是静态成员方法
        public static function getInfo(){
            echo "这动物是雄性的<hr/>";
        }
    }
    //输出静态属性
    echo an::$sex;
    //输出静态方法
    an::getInfo();
    //重新给静态属性重新赋值
    an::$sex="雌性";
    echo an::$sex;
?>
```

【运行效果】 示例 10-8 运行效果如图 10-6 所示。

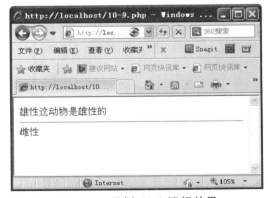

图 10-6 示例 10-8 运行效果

【**代码解析**】　类中的静态成员在类的第一次加载时就创建，所以类的外部不需要对象直接使用类名就可以访问静态成员。静态成员变量可以被这个类的实例对象所共享，在访问静态成员变量时，通常直接使用类名就可以访问。

类的静态方法只能访问类的静态成员变量，不能访问非静态成员。静态方法不用对象来调用，而是使用类名来访问。

2. final 关键字

final 关键字只能用来定义类和方法，不能使用它来定义成员属性，final 是常量的意思。在 PHP 中定义常量用的 define()，在类中将成员变量声明为常量有专门的方法。

final 关键字的作用：

➢ 使用 final 表示的类，不能被基类继承。

➢ 当类是使用 final 表示的成员方法，在子类中不能被覆盖。

示例 10-9

```php
<?php
    final class MyClass{
        final function fun(){
            //方法体中的内容
        }
    }
    class MyClass2 extends MyClass{
    //声明另一个类继承带有 final 标识的类，结果出错
        function fun(){
            //在子类中试图对父类中的 fun()方法覆盖，结果出错
        }
    }
?>
```

【**代码解析**】　在示例 10-9 中，声明了一个带有 final 的类 MyClass，接着声明一个派生类 MyClass2 继承 MyClass 类报错，在类 MyClass 中声明了一个带 final 的方法 fun()，这时 fun()方法是不能被重载的。

3. const 关键字

const 关键字和 static 的功能不同，但使用的方法是比较相似的。在 PHP 中定义常量是通过调用 define()函数来完成，但在类中声明属性定义为常量，则只能使用 const 关键字。在类中声明常量只能使用 const 关键字，其访问的方式与静态成员一样都是通过类名或者 self 关键字来访问的。在 PHP 中常量的定义需要使用"$"符号并且常量名要大写，使用 const 声明常量，不需要"$"符号。

示例 10-10

const 关键字的使用，详细代码如下：

```php
<?php
    class MyClass{
        const CN="China";
        function fun(){
            echo self::CN."<br/>";
        }
    }
    echo MyClass::CN;
?>
```

【运行效果】 示例 10-10 运行效果如图 10-7 所示。

图 10-7　示例 10-10 运行效果

4. 类中通用方法__toString()

__toString()是快速获取对象的字符串表示的最便捷方式，是直接输出对象引用时自动调用的方法。对象引用是一个指针，即直接输出对象引用时就不会产生错误，而是自动调用了该方法，并输出__toString()方法所返回的字符串，所以__toString()方法中一定要有一个字符串作为返回值。

示例 10-11

__toString()方法的应用，详细代码如下：

```php
<?php
    class MyClass{
        private $foo;
        function __construct($foo){
            $this->foo=$foo;
        }
        public function __toString(){
            return $this->foo;
        }
    }
    $ob=new MyClass("dddd");
    echo $ob;
?>
```

【运行效果】　示例 10-11 运行效果如图 10-8 所示。

图 10-8　示例 10-11 运行效果

5. 克隆__clone()方法

在项目中有时候需要使用两个或多个一样的对象，如果使用 new 关键字重新创建对象并赋值相同的属性，会比较烦琐也容易出错。可以采用克隆方式，将一个对象完全克隆出一个一样的对象。

示例 10-12

__clone()方法使用，详细代码如下：

```php
<?php
    class MyClass{
        private $foo;
        function __construct($foo){
            $this->foo=$foo;
        }
        public function __toString(){
            return $this->foo;
        }
    }
    $ob=new MyClass("颜色");
    $oc=clone $ob;
    echo $oc;
?>
```

【运行效果】　示例 10-12 运行效果如图 10-9 所示。

图 10-9　示例 10-12 运行效果图

6. __call()方法的应用

在类中调用不存在的方法时，一定会报错，并会退出程序不能继续执行。在 PHP 中，可以在类中添加一个方法__call()，当调用对象中不存在的方法时就会自动调用该方法，并且程序也可以继续向下执行。

示例 10-13

__call()方法的使用，详细代码如下：

```php
<?php
    class Test{
        private $foo;
        function __construct($foo){
            $this->foo=$foo;
        }
        public function __toString(){
            return $this->foo;
        }
        function __call($name,$args){
            echo "你调用的".$name."方法不存在";
            print_r($args);
            echo ")不存在<br/>";
        }
    }
    $ob=new Test("颜色");
    $ob->ca("dddd");
    $ob->printhello();
?>
```

【运行效果】　示例 10-13 运行效果如图 10-10 所示。

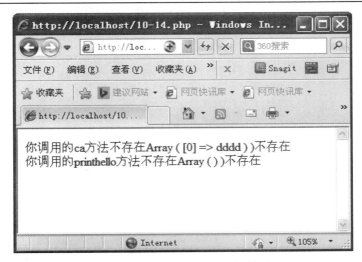

图 10-10   示例 10-14 运行效果

7. 自动加载__autoload()

在 PHP 中通常每个类都单独建立一个 PHP 源文件。当使用一个没有定义的类时，PHP 会报告一个致命的错误。可以使用 include 包括一个类所在的源文件，如果一个页面需要使用多个类，就不得不在脚本页面开头编写一个长长的包含文件的列表，将本页面需要的类全部包含进去，这样处理不仅烦琐，而且容易出错。

PHP 中提供了自动加载功能，可以节省编程的时间，当你使用一个 PHP 没有组织到的类时，它会寻找一个__autoload()全局函数，如果存在这个函数，PHP 会用一个参数来调用它，那就是类的名称。

示例 10-14

__autoload()函数应用，详细代码如下。

Test.class.php 程序代码如下：

```php
<?php
    class Test{
        private $foo;
        function __construct($foo){
            $this->foo=$foo;
        }
        public function __toString(){
            return $this->foo;
        }
        function __call($name,$args){
            echo "你调用的".$name."方法不存在";
            print_r($args);
            echo ")不存在<br/>";
        }
    }
?>
```

10-14.php 代码如下：

```php
<?php
    function __autoload($classname){
        include(strtolower($classname)).".class.php";
    }
    //Test 类不存在则自动调用__autoload()函数，将类名 Test 作为参数传递
    $ob=new Test("dd");
    //Test 类不存在则自动调用__autoload()函数，将类名 Ob 作为参数传递
    $ob=new Ob();
?>
```

📖 实战案例

案例 1：计算长方体的体积、表面积

【算法分析】 计算长方体的体积、表面积。首先定义一个长方形的类，该类中有两个成员属性分别为长和宽；两个方法，一个方法为输出长方体的表面积，另一个方法为输出长方体的体积。

【详细代码】

```php
<?php
    //定义长方形类
    class rec{
        //声明两个成员变量长和宽
        public $chang;
        public $width;
        //设置私有成员的宽的值
        public function __construct($l,$w){
            $this->width=$w;
            $this->chang=$l;
        }
        //设置长方形的面积
        public function mianji(){
            return $this->chang*$this->width;
        }
    }
    //定义长方体类继承长方形类
    class changfangti extends rec{
        //定义长方体高
        public $height;
        function __construct($c,$w,$h){
            $this->chang=$c;
            $this->width=$w;
            $this->height=$h;
        }
```

```
        //设置长方体体积函数
        public function tiji(){
            //$mj=$this->mianji();
            echo "<br/>长方体的面积: ".$this->mianji()*$this->height;
        }
        //设置长方体表面积函数
        public function bmianji(){
            $mj=$this->mianji();
            echo "<br/> 长 方 体 的 面 积 : ".((2*$mj)+(2*$this->width*$this->
height)+(2*$this->chang*$this->height));
        }
        public function info(){
            echo "长方体的长:".$this->chang."  宽:".$this->width."
  高:".$this->height;
        }
    }
    $shili=new changfangti(4,6,7);
    $shili->info();
    $shili->tiji();
    $shili->bmianji();

?>
```

【运行效果】　案例 1 运行效果如图 10-11 所示。

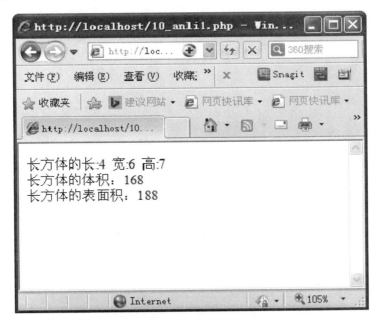

图 10-11　案例 1 运行效果

【代码解析】　定义一个 rec 类，声明了两个成员变量，分别是长方形的高和宽，声明一个求长方形面积的方法。定义了一个 changfangti 类继承了 rec 类，在该类中调用了父类 rec 中求面积的方法，从而实现了长方体的体积和表面积方法。

案例 2：连接数据类的实现

【案例描述】 在 PHP 项目中，都会涉及数据库的连接，以及操作数据库。在项目开发过程中，会把连接数据库定义成类，把常用的数据库操作增、删、查、选做成数据库操作类的方法，从而简化了项目开发的难度。

【算法分析】 把连接数据库代码写到一个类文件中，把常用的操作数据库写在另一个方法中。

【详细代码】

连接数据库类文件 10_an2_conn.php，详细代码如下：

```php
<?php
    include_once("adodb5\adodb.inc.php");
    class Conn{
        //构造函数 __construct
        function __construct(){}
        //function 定义一个函数（方法），
        //创建一个连接数据库的方法 open
        function open(){
            //实现连接数据库
            $db=ADONewConnection('mysql');
            //mysql 数据库的连接信息
            $db->Connect("localhost","root","123123","newspublish");
            $db->Execute("set names 'utf8'");
            return $db;
        }
    }
?>
```

操作数据库的类文件 10_anli2_db.php，详细代码如下：

```php
include_once('conn.php');
include_once("page.class.php");
class DB{
    //定义构造函数 __construct
    function __construct(){}
    //添加栏目的方法 addlanmu
    function addlanmu($name){
        $conn=new Conn();
        //连接数据库
        $db=$conn->open();
        $arr=array("name"=>$name);
        $db->AutoExecute("type",$arr,"INSERT");
        echo "ok";
        $db->close();

    }
    //添加用户方法 adduser
    function adduser($name,$pass){
```

```
        $conn=new Conn();
        //连接数据库
        $db=$conn->open();
        $arr=array("username"=>$name,"password"=>md5($pass));
        $db->AutoExecute("admin",$arr,"INSERT");
        echo "ok";
        $db->close();


    }
    //添加新闻方法 addnews
    function addnews($typeid,$title,$content){
        $conn=new Conn();
        //连接数据库
        $db=$conn->open();

$arr=array("typeid"=>$typeid,"title"=>$title,"content"=>$content,"time"=>s
trtotime("now"));
        $db->AutoExecute("news",$arr,"INSERT") or die("添加失败");
        echo "ok";
        $db->close();


    }
    //删除 sql 语句  delete from 表名 where id=*****
    function dels($biao,$id){
        //要连接数据库
        //定义连接数据库的类
            $cn=new Conn();
            //调用 Conn 中 open()
            $db=$cn->open();
            //sql 语句
            $sql="delete from ".$biao." where id=".$id;
            $db->Execute($sql) or die("删除失败");
            echo "删除成功";
            $db->close();
    }
    //批量删除的方法
    function delall($biao,$id){
        //$id 数组转换为，带 "," 分隔的数组
        $id1=implode(",",$id);
        //连接数据库
        $db=new Conn();
        //打开数据库连接 open()
        $cn=$db->open();
        //sql 语句
        $sql="delete from  $biao where id in($id1)";
        //执行 sql 语句
        echo $sql;
```

```
    $rs=$cn->Execute($sql);
    if(!$rs)
        echo "删除成功";
    else
        echo "操作成功.<br/>";
    //关闭数据库
    $cn->close();


}
//查询的方法，模糊查询
function sel2($title){
    //连接数据库
    $db=new Conn();
    //打开数据库连接 open()
    $cn=$db->open();
    //sql 语句<br />
    $sql="select id,title from news where title like '%".$title."%'";
    echo $sql;
    //执行 sql 语句
    $rs=$cn->Execute($sql);
    //判断是否有查询结果
    if(!$rs->EOF){


        //显示查询的结果 用 while 循环语句实现
        while(!$rs->EOF){
            echo "<a href=#>".$rs->fields['title']."</a><br/><hr/>";
            $rs->MoveNext();
        }
    }else{
        echo "没有查询结果";
    }
    $cn->close();
}
```

【代码解析】 在案例 2 中，首先创建了连接数据库的类文件 10_anli1_conn.php，在该类中主要设置了连接数据库的方法，当要使用数据库连接时，就调用该方法。在 10_anli2_db.php 文件中，主要创建操作数据库方法，如添加用户、添加栏目、删除栏目、批量删除栏目等方法。

本章主要介绍了面向对象的思想和语法、类与对象的区别。讲解了类的声明方式、类的几种特征如类的继承、类的多态等。在类声明中主要讲解了类的成员变量和成员方法，着重讲述了构造方法的创建和初始化、析构方法，类中各种关键字如 static、final、__toString 等，以及这些关键字的作用是什么，它们的区别又是什么。在本章的章节中结合了大量的案例，详细讲解了面向对象的思想和语法。

本章习题

1．定义一个人类，包含成员变量 name、sex 和成员方法 info()其功能为输出。

2．声明一个学生类，继承人类。

3．static 关键字的使用特点是什么？

4．什么叫类的实例化，对象与类之间的区别是什么？

5．类的构造函数是什么？构造函数的作用是什么？在什么地方调用了构造函数？

第 11 章　文件的基本操作

　　任何类型的变量，都是在程序运行期间才将数据加载到内存中的，但是并不能持久保存在内存里。假设要将数据永久地保存到内存中，以后程序运行时能很快地调用这些数据。存储数据的方式有两种：将需要持久保存的数据保存到普通文件中或者数据库中。而对这两种方式的文件处理都十分烦琐，这不是一个最好的解决办法。在 Web 编程中，文件的操作也十分有用，客户端可以通过 PHP 脚本程序，动态地在 Web 服务器上生成目录，创建、修改、删除、编辑文件，像开发采集项目、网页的静态化以及文件的上传与下载操作都离不开文件的处理。

> ➢ 掌握文件系统
> ➢ 掌握掌握目录的创建
> ➢ 掌握掌握目录的关闭
> ➢ 掌握掌握目录的修改
> ➢ 掌握掌握目录的读取
> ➢ 熟练掌握文件的创建
> ➢ 熟练掌握文件的读
> ➢ 熟练掌握文件的写
> ➢ 熟练掌握文件的删除
> ➢ 熟练掌握文件的修改
> ➢ 熟练掌握文件的关闭

📖 引导案例

　　在任何计算机设备中，各种数据、信息、程序主要是以文件形式存储的。一个文件在磁盘中对应一个或多个存储单元。在 PHP 中对文件系统的操作是非常常见的，它内置了几十个系统函数以方便开发者的调用。在 Web 编程中，文件的操作在一些特定的项目中是必需的且非常有用的。如创建、修改、删除目录，创建文件、修改文件、读取文件内容等操作。

📖 相关知识

11.1　文件系统概述

一个文件通常对应着磁盘上的一个或多个存储单元，利用目录可以有效地对文件进行分区和管理。文件系统负责文件的存储并对存入的文件进行保护和检索。它负责用户建立文件、存入、读取、修改、转储文件、控制文件的存取以及删除文件等。PHP 中内置了文件处理函数，这些内置函数可以完成对服务器文件的操作，由于 PHP 对文件系统的操作是基于 UNIX 系统为模型的，很多函数类似于 UNIX Shell 命令。

11.1.1　文件类型

PHP 是以 UNIX 的文件系统为模型的，在 Window 操作系统中只能获得"file"、"dir"、"unknown"三种文件类型。在 UNIX 系统中，可以获得"block"、"char"、"dir"、"fifo"、"file"、"link"和"unknown" 7 种类型，如表 11-1 所示。

表 11-1　文件类型

文件类型	描　　述
Block	块设备文件，如某个磁盘分区、软驱、光驱 CD-ROM 等
Char	字符设备是指在 I/O 传输过程中以字符为单位进行传输的设备如键盘、打印机等
Dir	目录类型，目录也是文件的一种
Fifo	命名管道，常用于将信息从一个进程传递到另一个进程
File	普通文件类型，如文本文件或可执行文件等
Link	符号链接，是指向文件指针的制作类似于 windows 中的快捷方式
UnKnown	未知类型

在 PHP 中使用 filetype()函数获取上述文件类型。

示例 11-1

使用 filetype()函数，获取文件类型，详细代码如下：

```php
<?php
    echo filetype("/news/")."<br/>";
    echo filetype("11.php")."<br/>";
    echo filetype("11.txt")."<br/>";
?>
```

【运行效果】　示例 11-1 运行效果如图 11-1 所示。

图 11-1　示例 11-1 运行效果

对于未知的文件在 PHP 中还可以使用 is_file()函数来判断给定的文件名是否为一个正常的文件，is_dir()函数判断给定的文件夹是否为一个正常文件夹，is_link()函数判断给定的文件名是否为一个符号链接。

11.1.2　文件的属性

文件有文件的属性，在编程过程中，需要使用文件的一些常见的属性，如文件的大小、文件的类型、文件的修改时间、文件的访问时间和文件的权限等。

表 11-2　文件属性

函数名	作用	参数	返回值
file_exists()	检查文件或目录是否存在	文件名	true 或 false
filesize()	获取文件的大小	文件名	返回文件的字节数
is_readable()	判断给定文件名是否可读	文件名	如果文件存在且可读返回 true
is_writeable()	判断给定文件名是否可写	文件名	返回 true 文件可写
is_executetable()	判断给定文件名是否可执行	文件名	返回 true 文件可执行
filetime()	获取文件的创建时间	文件名	返回 UNIX 时间戳
filemtime	获取文件的修改时间	文件名	返回 UNIX 时间戳
fileatime()	获取文件的访问时间	文件名	返回 UNIX 时间戳
stat()	获取文件大部分属性值	文件名	返回给定文件属性数组

文件属性函数运用，详细代码如下：

```php
<?php
    function getFile($file){
        //声明一个函数判断文件是否存在
        if(!file_exists($file)){
            echo "目标文件不存在<br/>";
            return ;
        }
        //判断文件是否为普通文件
        if(is_file($file)){
            echo $file."是一个正常文件<br/>";
        }
        //判断文件是否为一个目录
        if(is_dir($file)){
            echo $file."是一个目录<br/>";
        }
        //输出文件的形态
        echo $file."文件的类型: ".filetype($file)."<br/>";
        //输出文件的大小
        echo $file."文件的大小: ".filesize($file)."<br/>";
        //判断文件是否可读
        if(is_readable($file)){
            echo "文件可读<br/>";
        }
        //判断文件可写
        if(is_writeable($file)){
            echo "文件可写<br/>";
        }
        //判断文件是否可执行
        if(is_executable($file)){
            echo "文件可执行<br/>";
        }
        //输出文件创建时间
        echo $file."文件创建时间: ".date("Y 年 m 月 j 日  H:i:s",filectime
($file))."<br/>";
        //输出文件最后改动时间
        echo $file."文件最后修改时间: ".date("Y 年 m 月 j 日 H:i:s ",filemtime
($file))."<br/>";
        //输出文件最后打开时间
        echo $file."文件最后访问时间: ".date("Y 年 m 月 j 日 H:i:s",fileatime
($file))."<br/>";
```

```
    }
    getFile("11-1.php");
    getFile("11.php");
?>
```

【运行效果】 示例 11-2 运行效果如图 11-2 所示。

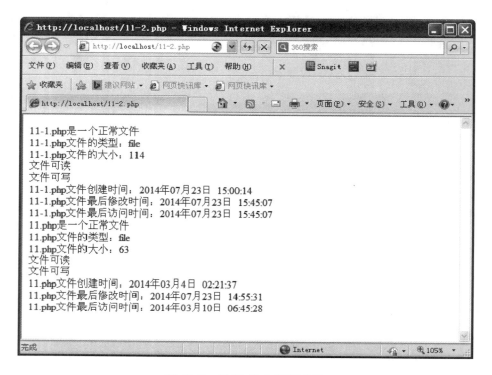

图 11-2　示例 11-2 运行效果

【代码解析】 示例 11-2 中，定义一个函数，在这个函数中首先判断文件是否存在，如果存在，则通过文件属性函数来判断文件的属性。

除了使用这些独立的文件函数，还可以使用 stat() 函数来获取文件的大部分属性，该函数返回一个数组，数组中的每个元素都对应着一个文件属性。

示例 11-3

stat() 函数可以获得文件的很多属性，详细代码如下：

```
<?php
    $f1=stat("11-1.php");
    print_r($f1);
?>
```

【运行效果】 示例 11-3 运行效果如图 11-3 所示。

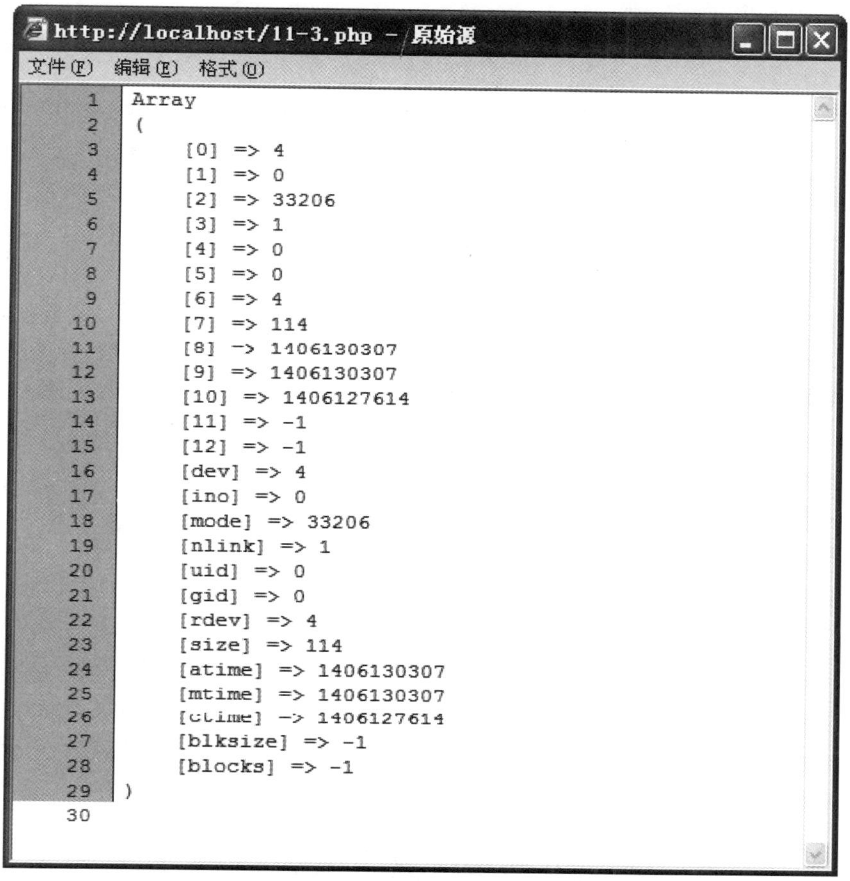

```
http://localhost/11-3.php - 原始源
文件(F)  编辑(E)  格式(D)
 1  Array
 2  (
 3      [0] => 4
 4      [1] => 0
 5      [2] => 33206
 6      [3] => 1
 7      [4] => 0
 8      [5] => 0
 9      [6] => 4
10      [7] => 114
11      [8] -> 1406130307
12      [9] => 1406130307
13      [10] => 1406127614
14      [11] => -1
15      [12] => -1
16      [dev] => 4
17      [ino] => 0
18      [mode] => 33206
19      [nlink] => 1
20      [uid] => 0
21      [gid] => 0
22      [rdev] => 4
23      [size] => 114
24      [atime] => 1406130307
25      [mtime] => 1406130307
26      [ctime] -> 1406127614
27      [blksize] => -1
28      [blocks] => -1
29  )
30
```

图 11-3　示例 11-3 运行效果

11.2　目录的操作

　　PHP 中可以方便访问目录的操作，包含目录的创建、遍历目录、复制目录、删除目录等操作。可以使用 PHP 中内置函数来完成，还有一部分需要编写程序来完成。

11.2.1　解析目录路径

　　一个文件的位置有两种：相对路径和绝对路径。什么叫绝对路径？就是从根开始一级一级进入各个目录中，最后指向文件或者文件目录。什么叫相对路径？就是从当前目录进入某目录，最后指定该文件或目录。在系统文件每个目录下都有特殊目录 "." 和 ".."，分别指示当前目录和当前目录的父目录。

```
$file="11-1.php";  //相对路径
$file1="d:/php/11-1.php";  //绝对路径
$file="php/11-1.php";  //相对路径
```

```
$file="../11-1.php";  //相对路径,上一级目录
$file="/php/11-1.php";  //在UNIX系统中绝对路径,必须使用"/"作为路径分隔符
```

在 PHP 中，通常使用 basename()、dirname()、pathinfo()函数来将目录路径中各个属性分离开，如末尾扩展名、目录部分和基本名。

1. 函数 basename

basename()函数返回路径中的文件名部分，该函数的格式如下：

```
string basename(string path[,suffix])
```

该函数给出了包含文件全路径的字符串，返回文件名。第二个参数可选，规定文件扩展名。

示例 11-4

basename()函数的使用，详细代码如下：

```php
<?php
    $path="/php/11.php";
    echo basename($path)."<br/>";
    echo basename($path,".php")."<br/>";
?>
```

【运行效果】 示例 11-4 运行效果如图 11-4 所示。

图 11-4 示例 11-4 运行结果

2. dirname()函数

dirname()函数给出一个包含有指向文件的全路径字符串，与 basename()相反，该函数返回去掉文件名的目录名。

```php
<?php
    $path="/php/11.php";
    echo dirname($path)."<br/>"; //返回结果为/php
    ?>
```

3. pathinfo()函数

pathinfo()函数是一个关联数组，其中包括知道的路径的目录名、基本名和扩展名三部分，通过 dirname、basename、extension 来引用。

示例 11-5

pathinfo()函数的使用，详细代码如下：

```php
<?php
    $path="/php/11.php";
    $p=pathinfo($path);
    echo "输出目录".$p["dirname"]."<br/>";
    echo "输出文件".$p["basename"]."<br/>";
    echo "输出扩展名".$p["extension"]."<br/>";
?>
```

【运行效果】 示例 11-5 运行效果如图 11-5 所示。

图 11-5 示例 11-5 运行效果

11.2.2 遍历目录

在 PHP 编程中，有时需要对服务器某个目录下的文件进行浏览，称为遍历目录。取得一个目录下的子文件和子目录，就会用到 opendir()函数、readdir()函数、closedir()函数和 rewinddir()函数。

➢ opendir()函数用于打开指定目录，接收一个目录的路径以及目录名作为参数，返回值为可供其他目录函数使用的目录句柄。如果目录不存在，则返回 false。

➢ readdir()函数用于读取指定目录，接收已经用 opendir()函数打开的可操作目录句柄作为参数，函数返回当前目录指针位置的一个文件名，并将目录指针往后移动一位。

➢ closedir()函数关闭指定目录，接收已经用 opendir()打开的可操作目录句柄作为参数，关闭打开的目录。

➢ rewinddir()函数倒回目录句柄，接收已经用 opendir()打开的目录句柄为参数，将目录指针重置到目录开始处，即倒回目录的开头。

示例 11-6

遍历 news 目录，该目录下的文件与文件夹如图 11-6 所示。

图 11-6　news 文件夹下的文件与目录

详细代码如下：

```php
<?php
    $path="news";
    //获取目录句柄
    $handle=opendir($path);
    $sum=0;
    //循环目录
    while($file=readdir($handle)){
        $dir=$path."/".$file;
        echo "文件名: ".$file."  ";
        echo "文件大小: ".@filesize($file)."  ";
        echo "文件类型: ".@filetype($file)."  ";
        echo "文件创建时间: ".@date("Y-m-j H:i:s",filectime($file)).
"  ";
        echo "文件最后修改时间: ".@date("Y-m-j H:i:s",filemtime($file)).
"  ";
        $sum+=1;
        echo "<hr/>";
    }
    echo "该目录中共有".$sum."个文件或文件夹";
    //关闭句柄
    closedir($handle);
?>
```

【运行效果】　　示例 11-6 运行效果如图 11-7 所示。

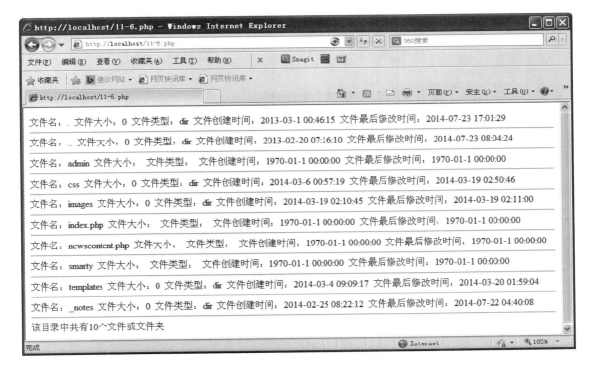

图 11-7　示例 11-6 运行效果

【源码解析】　　示例 11-6 中通过 opendir()函数打开了 news 目录的目录句柄，readdir()函数去读该目录句柄的信息，通过循环语句读取该目录下的所有文件，接下来通过调用文件属性函数如 filesize()、filetype()、filectime()、filemtime()函数输出文件的大小、类型、创建时间、最后修改时间。

11.2.3　统计目录大小

前面讲到 filesize()函数是计算文件大小的，但是在编程过程中可能会涉及计算文件大小、磁盘分区和目录的大小问题，只用 filesize()函数是不能解决这个问题的。在 PHP 中，统计磁盘大小可以使用 disk_free_space()和 disk_total_space()两个函数来实现。

统计目录大小，首先要考虑目录中是否包含其他子目录，如果没有子目录，目录下的所有文件的大小的和就是这个目录的大小。如果目录包含了子目录，就按照这个方法再计算一下子目录的大小，使用递归函数比较合适。

示例 11-7

统计目录大小，以 news 文件夹为例，该文件夹的大小如图 11-8 所示。

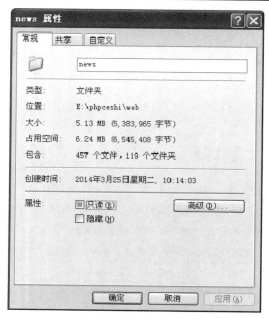

图 11-8　news 文件夹大小

详细代码如下：

```php
<?php
    //定义一个函数统计目录大小
    function dirSize($dir){
        //用来累加文件的大小
        $sum=0;
        //如果目录句柄存在
        if(@$handle=!@opendir($dir)){
            //读取句柄的文件
            while(@$file=readdir($handle)){
                //将目录下子目录文件与当前文件相连
                if($file!="."&&$file!=".."){
                    $subfile=$dir."/".$file;
                    //如果不是目录
                    if(is_dir($subfile))
                        //递归调用函数自己
                        $sum+=dirSize($subfile);
                    if(is_file($subfile))
                        //递归调用函数自己
                        $sum+=filesize($subfile);
                }
            }
            closedir($handle);
        }

        return $sum;
    }
    echo dirSize("news");
?>
```

11.2.4　目录的创建与删除

目录的创建使用 mkdir()函数，只要在函数上添加一个参数（目录名）就可以建立一个新的目录，删除目录使用 rmdir()，只能删除一个空的目录并且目录是必须存在的。如果是非空的目录，则需要到目录中，使用 unlink()函数将目录中的每个文件都删除，再回来删除空目录，如果目录中还存在子目录，子目录下还有文件，这时就需要使用递归的方法。

示例 11-8

在 E 盘下创建一个名为 dd 的目录，详细代码如下：

```php
<?php
    //创建一个文件夹
    mkdir("e:/dd");
?>
```

示例 11-9

自定义递归函数删除目录，详细代码如下：

```php
<?php
    //定义函数，递归删除目录
    function delDir($dir){
        //判断文件是否存在
        if(file_exists($dir)){
            //获取目录句柄
            if($dir_handle=@opendir($dir)){
                //循环读取目录句柄
                while($filename=readdir($dir_handle)){
                    //排除.或..目录
                    if($filename!="." && $filename!=".."){
                        $subFile=$dir."/".$filename;
                        if(is_dir($subFile))
                            delDir($subFile);
                        if(is_file($subFile))
                            unlink($subFile);
                    }
                }
                closedir($dir_handle);
                rmdir($dir);
            }
        }
    }
    delDir("dd");
?>
```

【代码解析】　示例 11-9 中，创建了删除目录的递归函数，通过 file_exists()函数判断目录是否存在，通过 opendir()函数打开目录，返回目录句柄，通过 while 循环语句来读取目录句柄，readdir()函数获取目录中文件，通过 is_dir()函数判断是目录还是文件，如果为目录，则删除目录；如果为文件，则通过 unlink()函数将每个文件都删除。

11.2.5 复制目录

复制目录是文件操作的基本功能，在 PHP 中没有相应的函数，需要通过自定义函数来实现。复制目录与删除目录的思想类似，需要创建一个递归函数来实现。复制目录首先对源目录进行遍历，如果遇到的是文件，则直接使用 copy()函数进行复制；如果是目录，则需要通过 mkdir()来创建目录，然后对该目录下的文件进行复制，如果还有子目录，则使用递归函数进行重复操作。

示例 11-10

递归复制函数，详细代码如下：

```php
<?php
    //定义函数，递归复制目录
    function copyDir($dirSrc,$dirto){
        if(is_file($dirto)){
            echo "目标文件不是目录，不能创建";
            return;
        }
        if(!file_exists($dirto)){
            mkdir($dirto);
        }
        if($dir_handle=@opendir($dirSrc)){
            while($filename=readdir($dir_handle)){
                if($filename!="." && $filename!=".."){
                    $subSrcFile=$dirSrc."/".$filename;
                    $subToFile=$dirto."/".$filename;
                    if(is_dir($subSrcFile))
                        copyDir($subSrcFile,$subToFile);
                    if(is_file($subSrcFile))
                        copy($subSrcFile,$subToFile);
                }
            }
            closedir($dir_handle);
        }
    }
    copyDir("css","css1");
?>
```

【代码解析】 示例 11-10 中，首先判断复制位置的目录是否存在，如果不存在则新建目录，接着使用 opendir()打开要复制的文件夹，通过 while 循环 readdir()函数读取目录句柄的文件，判断读取的文件为目录还是文件，如果是目录则递归调用函数；如果是文件则复制文件。

11.3 文件操作

在 PHP 中有时候会用到普通文件或者 XML 文件等。例如文件系统、网页静态化和在没有数据库的环境中持久存储数据等。

11.3.1 文件的打开与关闭

在处理文件内容之前，首先要建立与文件资源的连接，这叫作文件的打开。同样，结束与该资源的操作之后，应当关闭资源链接，这叫作文件的关闭。打开文件，实际上就是建立文件的各种有关信息、并使文件指针指向给文件，就可以将发起输入输出流的实体联系在一起，以便进行相关操作。关闭文件就是断开指针与文件之间的联系，禁止对文件的操作。在 PHP 中 fopen()函数建立与文件资源的连接，也就是打开文件，fclose()就是关闭文件。

1. fopen()函数打开文件

该函数是打开一个文件，并在打开一个文件时，还需要指定如何来打开它，也就是用哪种文件模式来打开文件。

> **格式：**
> fopen(string filename,string mode [,bool user_include_path[,resouce zcontenxt]})

打开文件的模式，如表 11-3 所示。

表 11-3 文件打开模式

模式	描述
r	只读。在文件的开头开始
r+	读/写。在文件的开头开始
w	只写。打开并清空文件的内容；如果文件不存在，则创建新文件
w+	读/写。打开并清空文件的内容；如果文件不存在，则创建新文件
a	追加。打开并向文件，在文件的末端进行写操作，如果文件不存在，则创建新文件
a+	读/追加。通过向文件末端写内容，来保持文件内容
x	只写。创建新文件。如果文件已存在，则返回 FALSE
x+	读/写。创建新文件。如果文件已存在，则返回 FALSE 和一个错误 注释：如果 fopen() 无法打开指定文件，则返回 0 (false)

示例 11-11

使用 fopen()函数打开一个文件，详细代码如下：

```
<html>
<body>
<?php
$file=fopen("welcome.txt","r") or exit("Unable to open file!");
?>
</body>
</html>
```

2. 关闭文件 fclose()

资源完成后，一定要进行关闭，否则会出现一些预料不到的错误。函数 fclose()就是用来关闭资源的。

11.3.2 文件的写入

在编程过程中，将数据保存到文件是比较容易的。在 PHP 中使用 fwrite()函数就可以将字符串内容写入文件中。在文件使用"\n"表示换行符，不同的操作系统有不同的结束符号。UNIX 操作系统使用"\n"作为行结束符，windows 操作系统使用"\r\n"作为行结束字符，Macintosh 系统使用"\r"作为行结束字符。当一个文本文件想插入一行数据中，需要使用相应操作系统的行结束符号。

示例 11-12

使用 fwrite()函数写入数据，详细代码如下：

```php
<?php
    //声明一个变量来保存文件名
    $filename="data.txt";
    //使用 open()打开文件以只写方式打开，如果不存在这个文件则创建它
    $handle=fopen($filename,'w') or die('打开文件失败');
    //循环 10 次写入数据
    for($i=1;$i<=10;$i++){
        //写入文件
        fwrite($handle,$i."数据\r\n");
    }
    //关闭文件
    fclose($handle);
?>
```

【运行效果】 示例 11-12 运行效果如图 11-9 所示。

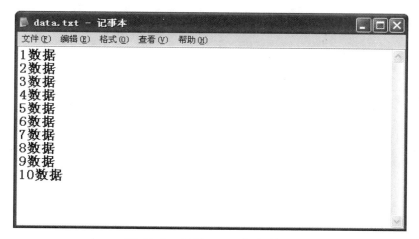

图 11-9 示例 11-12 运行效果

11.3.3　读取文件

PHP 中有很多从文件读取内容的函数,可以根据具体的情况选择使用哪个函数。如表 11-4 所示。

表 11-4　读取文件函数

函　　数	描　　述
fread()	读取打开的文件
File_get_contents()	将文件读入字符串
fgets()	从打开的文件中返回字符
file()	把文件读取到一个数组中
readfile()	读取一个文件,并输出到输出缓冲

在读取文件时,要注意行结束符 "\n",程序还需要一种标准的方式来识别何时达到文件尾部。这个标准叫作 EOF 字符。在 PHP 中使用 feof()函数,该函数来接收一个文件是否位于文件的结尾,如果在文件尾,则返回为 true。

1.　函数 fread()

该函数用来在打开的文件中读取指定长度的字符串,也可以用于二进制文件,在区分二进制文件上,打开文件时,fopen()函数的 mode 参数要加上'b'。

示例 11-13

fread()函数读取打开文件字符串,详细代码如下:

```php
<?php
    //打开文件
    $filename="data.txt";
    $handle=fopen($filename,"r") or die("打开失败");
    //读取内容 100 个字符
    $content=fread($handle,100);
    echo $content;
    //从文件开头读取全部内容存入到一个变量中,每次读取一部分,循环读取
    $contents="";
    while(!feof($handle)){
        $contents.=fread($handle,200);
    }
    fclose($handle);
    echo "<br/>循环读取文件的内容<hr/>";
    echo $contents;
    //另一种读取文件的内容
    $file="data.txt";
    $hand=fopen($file,"r") or die("打开失败");
    $con=fread($hand,filesize($file));
    fclose($hand);
    echo "<hr/>第二种读取文件内容:<hr/>".$con;
?>
```

【运行效果】 示例 11-3 运行效果如图 11-10 所示。

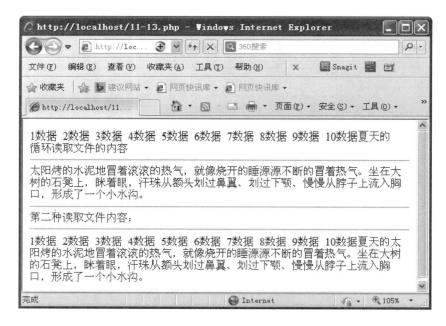

图 11-10 示例 11-13 运行效果

2. fgets()函数、fgetc()函数

fgets()函数一次至多能从打开的文件中读取一行的内容。fgetc()函数在打开的文件资源中读取当前指针末尾处的一个字符。

示例 11-14

fgets()函数和 fgetc()函数的使用，详细代码如下：

```php
<?php

    $file="data.txt";
    $hand=fopen($file,"r") or die("打开失败");
    while(!feof($hand)){
        //读取一行数据
        $con=fgets($hand,4096);
        echo $con."<br/>";
    }
    fclose($hand);
?>
```

【运行效果】 示例 11-14 运行效果如图 10-11 所示。

图 11-11   示例 11-14 运行效果

3. file()函数

file()函数非常有用，不需要 fopen()函数打开文件，不同的是 file()函数可以将整个文件读入一个数组中，数组中的每个元素对应文件中相应的行，每个元素由换行符分隔，同时换行符附加在每个元素的末尾，这样就可以是用数组的相关函数对文件内容进行处理。

示例 11-15

使用 file()函数读取文件中的内容，详细代码如下：

```php
<?php
    print_r(file("data.txt"));
?>
```

【运行效果】   示例 11-14 运行效果如图 11-12 所示。

```
Array
(
    [0] => 1数据

    [1] => 2数据

    [2] => 3数据

    [3] => 4数据

    [4] => 5数据

    [5] => 6数据

    [6] => 7数据

    [7] => 8数据

    [8] => 9数据

    [9] => 10数据

    [10] => 夏天的太阳烤的水泥地冒着滚滚的热气，就像烧开的睡源源不断的冒着热气。

    [11] => 坐在大树的石凳上，眯着眼，汗珠从额头划过鼻翼、划过下颚、慢慢从脖子上流入胸口，形成了一个小水沟。
)
```

图 11-12   示例 11-14 运行效果图

4. 函数 readfile()

该函数可以读取指定的整体文件，立即输出到输出缓冲区，并返回读取的字节数。该函数也不需要 fopen()打开文件。

示例 11-16

readfile()函数读取文件内容，详细代码如下：

```php
<?php
    readfile("data.txt");
?>
```

【运行效果】 示例 11-16 运行效果如图 11-13 所示。

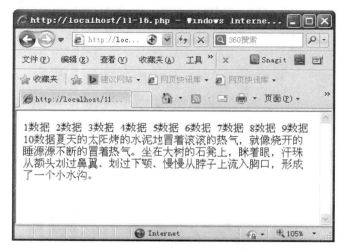

图 11-13 示例 11-16 运行效果

11.3.4 远程文件的访问

在 PHP 中还提供了远程文件的访问，用户通过浏览器访问服务器端的文件，还可以通过 http 或 ftp 协议访问其他服务器中的文件，使用 fopen()函数将指定的文件名和资源绑定到一起，如果文件名是"ca://"的格式，则被当作一个 URL。要访问远程文件，必须要激活 PHP 的配置文件"allow_url_fopen" x 选项，才能使用 fopen()函数打开远程文件，并且需确定对其他服务器中的文件是否具有访问权限，如果使用 HTTP 协议对远程文件进行连接，只能以"只读"权限访问；如果需要访问远程 FTP 服务器，对所提供的用户开启了"写入"权限，则使用 FTP 协议连接远程的文件时，就可以使用"只写"或"只读"模式打开文件，但不可以使用"可读可写"的模式。

11.3.5 文件的一些基本操作函数

在对文件进行操作时，不仅可以对文件中的数据进行操作，还可以对文件本身进行操作。如复制文件、截取文件以及文件的重命名等操作，PHP 提供这些文件操作函数，如表 11-5 所示。

表 11-5　文件的基本操作函数

函　　数	语 法 结 构	描　　述
copy()	copy（来源文件，目的文件）	复制文件
unlink()	unlink（目标文件）	删除文件
ftruncate()	ftruncate（目标文件资源，截取文件）	将文件阶段到指定的长度
Rename()	rename（旧文件名，新文件名）	重命名文件或目录

示例 11-17

文件基本操作函数，详细代码如下：

```php
<?php
    //复制文件,copy 函数的使用
    if(copy('data.txt','da.txt')){
        echo "文件复制成功";
    }else{
        echo "文件复制失败";
    }
    //删除文件
    $filename="data.txt";
    if(file_exists($filename)){
        //删除文件
        if(unlink($filename)){
            echo "文件删除成功";
        }else{
            echo "文件删除失败";
        }
    }
    else{
        echo "目标文件不存在";
    }
    //文件重命名
    if(rename('da.txt','da11.txt')){
        echo "文件重命名成功";
    }
    else{
        echo "文件重命名失败";
    }
?>
```

📖 实战案例

案例 1：文件的上传

【案例描述】 客户端上传文件，使用 HTML 表单选择本地文件上传进行提交，在 <form>

表单中，通过<input type="file"标记选择本地文件，如果支持文件上传操作，必须在<form>表单中将 enctype 和 method 两个属性赋予相应的值。

> enctype="multiparu/form-data"用来指定表单编码数据方式，指明表单传递一个文件，并带有常规的表单信息。

> method="POST"用来指明发送数据的方法。

【算法分析】　首先制作上传文件表单页面，接着完成接收表单上传文件。

【详细代码】

文件上传表单 upload.php，详细代码如下：

```
html>
<body>
<form action="upload_file.php" method="post"
enctype="multipart/form-data">
<label for="file">Filename:</label>
<input type="file" name="file" id="file" />
<br />
<input type="submit" name="submit" value="Submit" />
</form>
</body>
</html>
```

处理上传文件的程序 upload_file.php。处理上传文件需要使用$_FILES 数组。$_FILES 数组常用的参数如表 11-6 所示。

表 11-6　数组常用的参数

参　数	描　述
$_FILES['file']['name']	客户端文件的原名称
$_FILES['myFile']['type']	文件的 MIME 类型，需要浏览器提供该信息的支持,例如"image/gif"
$_FILES['myFile']['size']	上传文件的大小
$_Files['myFile']['tmp_name']	文件被上传后在服务端储存的临时文件名，一般是系统默认的。可以在 php.ini 的 upload_tmp_dir 指定，但用 putenv() 函数设置是不起作用的
$_FILES['myFile']['error']	文件上传相关的错误代码。['error'] 是在 PHP 4.2.0 版本中增加的。下面是它的说明: (它们在 PHP3.0 以后成了常量)。错误代码说明: UPLOAD_ERR_OK，值：0：没有错误发生，文件上传成功; UPLOAD_ERR_INI_SIZE，值：1：上传的文件超过了 php.ini 中 upload_max_filesize 选项限制的值; UPLOAD_ERR_FORM_SIZE，值：2：上传文件的大小超过了 HTML 表单中 MAX_FILE_SIZE 选项指定的值; UPLOAD_ERR_PARTIAL，值：3：只有部分文件被上传; UPLOAD_ERR_NO_FILE，值：4；没有文件被上传; 值：5；上传文件大小为 0

使用 PHP $_FILES 数组对文件上传结束后，默认地被存储在临时目录中，这时必须将它从临时目录中删除或移动到其他地方，如果没有，则会被删除。也就是不管是否上传成功，

脚本执行完后临时目录里的文件肯定会被删除。所以在删除之前要用 PHP 的 copy() 函数将它复制到其他位置，此时，才算完成了上传文件过程。

```php
<?php
    if ($_FILES["file"]["error"] > 0)
    {
    echo "Error: " . $_FILES["file"]["error"] . "<br />";
    }
    else
    {
    echo "上传的文件名: " . $_FILES["file"]["name"] . "<br />";
    echo "上传的文件类型: " . $_FILES["file"]["type"] . "<br />";
    echo "上传文件的大小: " . ($_FILES["file"]["size"] / 1024) . " Kb<br />";
    echo "上传文件的临时存储: " . $_FILES["file"]["tmp_name"];
    }
?>
```

这是一种非常简单的文件上传方式。基于安全方面的考虑，您应当增加什么用户有权上传文件的限制。在上传文件上增加一些限制，比如，用户只能上传 .gif 或 .jpeg 文件，文件大小必须小于 20 kb 等。代码如下：

```php
<?php
    if ((($_FILES["file"]["type"] == "image/gif")
    || ($_FILES["file"]["type"] == "image/jpeg")
    || ($_FILES["file"]["type"] == "image/pjpeg"))
    && ($_FILES["file"]["size"] < 200000))
    {
    if ($_FILES["file"]["error"] > 0)//如果图片上传不成功，为 0 代表上传成功
    {
    echo "Error: " . $_FILES["file"]["error"] . "<br />";
    }
    else
    {
    echo "上传文件名: " . $_FILES["file"]["name"] . "<br />";
    echo "上传文件类型: " . $_FILES["file"]["type"] . "<br />";
    echo "上传文件大小: " . ($_FILES["file"]["size"] / 1024) . " Kb<br />";
    echo "上传文件临时存储: " . $_FILES["file"]["tmp_name"];//存放的临时文件
    //如何复制文件
    //首先判断文件夹中是否存在相同上传文件
    if (
        file_exists("upload/" .$_FILES["file"]["name"])
        {
            echo $_FILES["file"]["name"] . " already exists. ";
        }
        else
        {
            move_uploaded_file($_FILES["file"]["tmp_name"], "upload/" .
```

```
$_FILES["file"]["name"]);
                echo "Stored in: " . "upload/" . $_FILES["file"]["name"];
            }
        }
    }
    else{
    echo "Invalid file";
    }
?>


?>
```

【代码解析】 首先判断上传文件是否符合规则，如果符合上传规则，则继续上传；否则文件上传失败。接着输出上传文件的属性，如上传文件名、上传文件类型、上传文件的大小，把上传文件保存到临时文件中，接着判断上传目标文件夹中是否存在着与上传文件相同的文件名，如果文件名重名，则不能上传；如果文件名不重名，则保存上传文件。

案例 2：多个文件的上传

【案例描述】 多个文件上传和单独文件上传的处理方式是一致的，只需要在客户端多提供几个类型为"file"的输入表单，并指定不同的 name 的值。

【算法分析】 多个文件上传与单个文件上传的处理方法一致。

【详细代码】 程序主要有两个，一个上传页面的处理，另一个处理上传页面的代码。

上传页面代码如下：

```html
<html>
<body>
    <form action="upload_file.php" method="post"
    enctype="multipart/form-data">
    <label for="file">上传文件 1:</label>
    <input type="file" name="myfile[]" id="file" />
    <br />
    <label for="file">上传文件 2:</label>
    <input type="file" name="myfile[] id="file" />
    <br />
    <label for="file">上传文件 3:</label>
    <input type="file" name="myfile[]" id="file" />
    <br />
    <input type="submit" name="submit" value="Submit" />
    </form>
</body>
</html>
```

在上面代码中，将三个文件类型的表单以 myfile 数组的形式组织在一起。当上面的表单提交给脚本文件 upload_file.php 文件时，在服务器端使用全局数组$_FILES 存储所有上传信息，这时$_FILES 数组转变为三维数组，这样就可以存储多个上传文件的信息。可以用 print_r 将数组中的内容输出。

本章重点讲解了系统文件类型、文件和目录的操作。通过本章的学习，可以使用 PHP 程序代码实现创建目录、删除目录以及遍历目录；文件的打开、文件读取、文件写入等操作。在本章的最后以案例文件上传来讲述全局变量$_FILES 的使用。通过本章的学习，了解了 PHP 也可以使用文件来存储数据，完成 Web 系统的底层功能，对文件创建的操作包括文件的属性、对文件打开和关闭以及读写文件的内容等。

1. 在 E 盘下创建一个目录 "PHP 示例"。
2. 在习题 1 目录下，创建一个 t1.txt 文件，在该文件中写入以下内容：
　　创建目录函数　mkdir()
　　删除目录函数　rmdir()
　　打开文件函数　fopen()
　　读取文件内容　fread()
3. 编写一个递归函数，函数的功能删除目录。
4. 制作上传表单的页面，编写一段程序把上传的文件存放在站点 upload 文件夹。

Part 3

第三部分

综合案例

本书第三部分是综合案例，选择典型的新闻发布系统作为本部分的重点。在本部分中包括了项目开发流程、需求分析、项目开发与设计的规范、数据字典的设计。新闻发布系统不仅包括了用户管理、新闻栏目管理、新闻管理等功能模块，而且通过新闻发布系统的实战演练，让读者熟悉项目开发的流程、项目数据字典的设计以及项目编码、项目测试与维护等项目实现的全过程。

本 部 分 内 容

第 12 章　　综合案例新闻发布系统

第 12 章　综合案例新闻发布系统

　　一个完整的项目需要一个完整的程序和项目开发规范,当一个项目遵守一致的开发规范,可以使参与项目的开发人员更容易了解项目中的代码,弄清楚程序的逻辑状况,让新的开发者可以很快地适应开发环境,很快上手,防止部分参与者由于节省时间的需要,使用自己养成的习惯,让其他开发人员在阅读时浪费过多的时间和精力。而且在一致的情况下,也可以减少编码出错的机会。

　　新闻发布系统是比较典型的项目,通过新闻发布系统项目的开发,使读者能梳理项目开发需求设计、规范设计、开发流程设计、编码、程序测试与维护等项目开发的整个流程。

　学　习　目　标

  ➢ 理解项目需求分析
  ➢ 理解开发规范设计
  ➢ 掌握数据字典设计
  ➢ 熟练掌握用户管理模块的编码
  ➢ 熟练掌握栏目管理模块的编码
  ➢ 熟练掌握新闻管理模块的编码
  ➢ 熟练掌握查询新闻模块的编码
  ➢ 了解程序的测试过程
  ➢ 了解项目的维护过程

📖 引导案例

　　新闻发布系统是一个典型的 Web 项目,采用 B/S 结构,用户通过的网页界面是采用 www 浏览器来实现。该项目的开发流程主要有项目需求分析、项目开发规范、数据字典设计、功能模块的编码、测试以及维护。该项目主要涉及的功能模块有用户管理模块、栏目管理模块、新闻管理模块、查询新闻模块等。通过该项目的实战,让读者养成良好的编码规范以及熟悉项目开发的全过程。

📖 综合案例

12.1 项目需求分析

新闻发布系统项目需求分析，主要从功能、功能结构、数据字典、编码规范进行说明。

1. 项目功能

新闻发布系统项目从功能角度来说，主要包括以下功能：
- ➢ 用户管理模块。
- ➢ 栏目管理模块。
- ➢ 新闻管理模块。
- ➢ 新闻查询模块。

2. 功能结构

新闻发布系统新闻主页、新闻列表页以及新闻内容页为前台页面，其余都是后台界面。其中后台功能结构如图 12-1 所示。

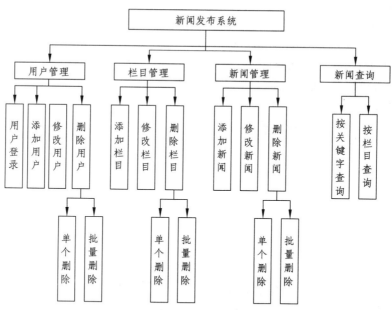

图 12-1 新闻发布系统功能结构

前台页面结构如图 12-2 所示。

3. 系统流程图

为了使项目可读性和可扩展性更好，需要设计一个与程序运行流程相对应的系统流程图，如图 12-3 所示。

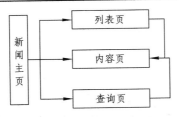

图 12-2　前台页面结构

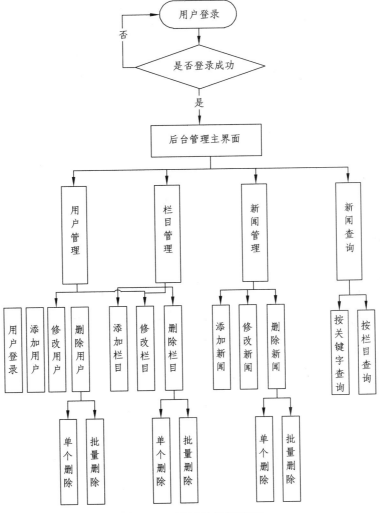

图 12-3　系统功能流程图

4. 开发环境

在开发中推荐使用低版本的开发环境，这样兼容性更好，因为 B/S 结构中开发环境是向下兼容的。如表 12-1 所示。

表 12-1 开发环境

操作系统	服务器	PHP	数据库
Windows 7	Apache 2.2.x	PHP5	MySQL 5.5x
数据库图形化	IDE	浏览器	模板
phPMyAdim2.x	Dreamweaver cs5/Eclipse	IE7+	Smarty

12.2 项目开发规范

一段程序或者一段代码，除了它的执行效率和安全外还要考虑代码的可读性，无论是自己修改还是别人来修改，如果书写结构很混乱，维护起来十分头痛。一段结构清晰、注释清晰、命名规范的程序代码才会受到人们的喜爱。

12.2.1 程序设计规范

1. 文件夹的命名和建立

➢ 文件夹名使用英文名称，不能使用中文名称。

➢ 文件夹名得使用英文小写。

➢ 文件夹根据系统设计所规定的结构来创建相应的文件夹名称。

如图 12-4 所示。

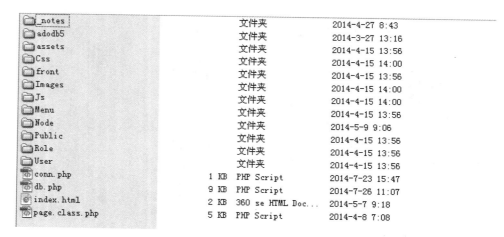

图 12-4 文件夹的命名示例

2. 文件的命名与建立

➢ 文件的命名应尽量能表达其意义，可使用英文命名，也可使用汉语拼音。

➢ 文件名称全部使用小写字母。

➢ 文件名的格式采用 xxx_xxx 格式。

如图 12-5 所示。

```
add_lanmu.php          3 KB   PHP Script      2014-4-27 9:04
add_news.php           3 KB   PHP Script      2014-5-8 15:41
add_user.php           3 KB   PHP Script      2014-4-22 14:12
edit.html              3 KB   360 se HTML Doc...  2013-11-8 13:06
edit_user.php          3 KB   PHP Script      2014-5-8 15:54
eidt_news1.php         4 KB   PHP Script      2014-5-8 16:55
eidt_news.php          4 KB   PHP Script      2014-5-9 9:06
index_lanmu.php        5 KB   PHP Script      2014-5-8 14:07
index_news.php         5 KB   PHP Script      2014-5-8 15:41
index_user.php         5 KB   PHP Script      2014-4-27 9:05
sel_news.php           5 KB   PHP Script      2014-5-8 15:45
```

图 12-5　文件的命名示例

3. 变量名的命名

➤ 变量在命名的过程中，使用语法规范的英文单词或者汉语拼音。

➤ 变量在命名的过程中，如果属于一类变量，尽量统一使用前缀命名，如$dname。

4. 代码的注释与缩进

代码单行注释，一般在注释内容的上方或者后方使用//或#；代码多行注释，一般在注释的内容上方或者文件的头部保证注释内容的整齐程度，使用 Tab 键移动注释内容并对齐。Tab键表示 4 个空格，并可以自动缩进。

12.2.2　设计规范小结

当开发一个项目尝试遵守一致的开发规范时，可以使参与项目的开发人员更容易了解项目中的代码，便于弄清楚程序的逻辑状况，新的项目成员参与时能较快地适应开发环境，很快上手。在开发规范一致的情况下，可以减少编码出错的几率，项目规范不是项目是否成功的关键，但可以帮助开发团队协作中有更高的效率并能更顺利地完成任务。

12.3　数据字典设计

B/C 结构的程序最基本就是对数据库的操作，这里采用 MySQL 数据库。新闻发布系统项目采用的数据库名为 newspublish。

1. 用户表 admin

admin 表结构如表 12-2 所示。

表 12-2　admin 表结构

字段名	数据类型	其他	描述
id	整形	自增	用户 id
user name	字符		用户名
password	字符		密码

在 phpMyAdmin 中，创建表 admin，如图 12-6 所示。

图 12-6　admin 表

2. 新闻栏目表 type

type 表结构如表 12-3 所示。

表 12-3　type 表结构

字段名	数据类型	其他	描述
id	整形	自增	栏目 id
name	字符		栏目名称

在 phpMyAdmin 中，创建表 type，如图 12-7 所示。

图 12-7　type 表

3. 新闻表 news

news 表结构如表 12-4 所示。

表 12-4　news 表结构

字段名	数据类型	其他	描述
id	整形	自增	新闻 id
typeid	字符		栏目 id
title	字符		新闻标题
content	Text		新闻内容
time	datetime		当前时间

在 phpMyAdmin 中，创建表 news，如图 12-8 所示。

图 12-8　news 表

12.4　操作数据类的实现

新闻发布系统在功能模块中，需要反复执行连接数据库、操作数据库、添加数据、修改数据、删除数据以及查询数据等操作。在这里把连接数据库和操作数据写成类文件。

12.4.1 连接数据库类文件

连接数据库类文件为 conn.php，详细代码如下：

```php
<?php
    include_once("adodb5\adodb.inc.php");
    class Conn{
        //构造函数 __construct
        function __construct(){}
        //function 定义一个函数（方法），
        //创建一个连接数据库的方法 open
        function open(){
            //实现连接数据库
            $db=ADONewConnection('mysql');
            //mysql 数据库的连接信息
            $db->Connect("localhost","root","123123","newspublish");
            $db->Execute("set names 'utf8'");
            return $db;
        }
    }
?>
```

12.4.2 操作数据库类文件

操作数据库类 db.php，在该类中包含添加数据方法、删除数据方法、批量删除数据方法以及分页显示方法，修改数据方法等。详细代码如下：

```php
<?php
    /*
数据库操作类
*/
//包含数据库初始化文件
include_once('conn.php');
//包含分页显示类
include_once("page.class.php");
class DB{
    //定义构造函数 __construct
    function __construct(){}
    //添加栏目的方法 addlanmu
function addlanmu($name){
…..
}
//添加用户方法 adduser
function adduser($name,$pass){
……
}
//添加新闻方法 addnews
function addnews($typeid,$title,$content){
……
```

```
    }
//删除可以分为两种，一种是带条件删除，另一种是批量删除
//删除 sql 语句  delete from 表名 where id=*****
function dels($biao,$id){
......
}
//假设删除 id 为 15,16,17,19,20,22,24 这些新闻
//delete from news where id in(15,16,19,20,22,24)
//定义批量删除的方法，删除条件参数 id 是一个数组
function delall($biao,$id){
......
}
//查询的方法，模糊查询
//实例：查询新闻标题中包含 "张" 的所有新闻标题
//select title from news where title like '%张%'
function sel2($title){
......
}
//定义分页新闻内容的显示
function fenye2($sql,$n,$col,$url){
......
}
//读取修改原内容的方法
function rxiugai($biao,$id){
......
}
//保存修改内容的方法
function savexiugai($biao,$content,$id){
......
}
//查询栏目下拉菜单
function slanmu($sql){
......
}
}
```

1. 添加新闻、用户、栏目方法的实现

```
function __construct(){}
    //添加栏目的方法 addlanmu
    function addlanmu($name){
        $conn=new Conn();
        //连接数据库
        $db=$conn->open();
        $arr=array("name"=>$name);
        $db->AutoExecute("type",$arr,"INSERT");
        echo "ok";
        $db->close();
    }
    //添加用户方法 adduser
    function adduser($name,$pass){
```

```
        $conn=new Conn();
        //连接数据库
        $db=$conn->open();
        $arr=array("username"=>$name,"password"=>md5($pass));
        $db->AutoExecute("admin",$arr,"INSERT");
        echo "ok";
        $db->close();
    }
    //添加新闻方法 addnews
    function addnews($typeid,$title,$content){
        $conn=new Conn();
        //连接数据库
        $db=$conn->open();

$arr=array("typeid"=>$typeid,"title"=>$title,"content"=>$content,"time"=>s
trtotime("now"));
        $db->AutoExecute("news",$arr,"INSERT") or die("添加失败");
        echo "ok";
        $db->close();
    }
```

2. 删除一条记录

```
    //删除可以分为两种，一种是带条件删除，另一种是批量删除
    //删除 sql 语句  delete from 表名 where id=*****
    function dels($biao,$id){
        $cn=new Conn();
        //调用 Conn 中 open()
        $db=$cn->open();
        //sql 语句
        $sql="delete from ".$biao." where id=".$id;
        $db->Execute($sql) or die("删除失败");
        echo "删除成功";
        $db->close();
    }
```

3. 批量删除

```
//假设删除 id 为 15,16,17,19,20,22,24 这些新闻
    //delete from news where id in(15,16,19,20,22,24)
    //定义批量删除的方法，删除条件参数 id 是一个数组
    function delall($biao,$id){
        //$id 数组转换为，带"，"分隔的数组
        $id1=implode(",",$id);
        $db=new Conn();
        $cn=$db->open();
        //sql 语句
        $sql="delete from  $biao where id in($id1)";
        //执行 sql 语句
        echo $sql;
        $rs=$cn->Execute($sql);
        if(!$rs)
```

```
        echo "删除成功";
        else
        echo    "操作成功.<br/>";
        //关闭数据库
        $cn->close();
    }
```

4. 模糊查询

```
//定义查询新闻内容的模糊查询
    function sel($content,$yanshi){
        $cn=new Conn();
            //调用 Conn 中 open()
        $db=$cn->open();
        $sql="select id, title  from news where title like '%".$content."%'";
        $rs=$db->Execute($sql);
        echo $sql;
        if(!$rs->eof){
        echo "<table class=$yanshi >\n";
        while (!$rs->EOF) {
            echo "<tr><td><a href=show.php?id=".$rs->fields['id']." >".$rs->
fields[2]."</a></td></tr>";
            $rs->MoveNext();
        }
        print "</table>\n";
        }
        else
        return "没有找到相关数据";

        $db->close();
    }
```

5. 定义分页显示

```
//定义分页显示
    function fenye1($sql,$n,$col){
        //连接数据库
        $cn=new Conn();
        //调用 Conn 中 open()
        $db=$cn->open();
        //设置模式
        $rs=$db->Execute($sql);
        //设置查询总条数
        @$tol=$rs->RecordCount();
        //设置每页显示 10 条
        //$n=10;
        //创建分页对象
        $page=new Page($tol,$n);
        $sql1=$sql." {$page->limit}";
        //执行 sql 语句
        $rs1=$db->Execute($sql1);
            while (!$rs1->EOF) {
```

```
                        //print_r($rs1->fields);

                        //页面显示效果
                        echo "<tr><td><input type='checkbox' name='mm[]' id='mm[]'
value='". $rs1->fields['id']."' onclick=Item(this, 'mmAll')> </td>";
                        $n=count($rs1->fields);
                        for($i=0;$i<$n/2;$i++){
                        echo "<td>".$rs1->fields[$i]."</td>";
                        }
                        echo "<td><a href=edit_user.php?id=".$rs1->fields['id'].">编
辑</a> <span> <a href='?id=".$rs1->fields['id']."' onclick='del(".$rs1->fields['id'].")' >删
除</a></span></td>";
                        echo "</tr>";
                        $rs1->MoveNext();
                    }
                    //调用分页显示上下页
                    echo  "<tr><td  colspan='".$col."'  align='right'>".$page->fpage().
"</tr></td>";
                    //关闭数据库
                    $db->close();
                }
```

6. 修改方法和保存修改方法

```
//读取修改原内容的方法
    function rxiugai($biao,$id){
        $cn=new Conn();
        $db=$cn->open();
        $sql="select * from $biao where id=$id";
        $rs=$db->Execute($sql);
        return $rs;
        $db->close();
    }
    //保存修改内容的方法
    function savexiugai($biao,$content,$id){
        $cn=new Conn();
            //调用 Conn 中 open()
        $db=$cn->open();
        $sql="update $biao set $content where id=$id";
        $db->Execute($sql) or die("修改失败");
            //echo "修改成功";
            $db->close();
    }
```

7. 查询下拉菜单

```
//查询栏目下拉菜单
    function slanmu($sql){
```

```
$cn=new Conn();
$db=$cn->open();
$rs=$db->Execute($sql);
    while (!$rs->EOF) {
        /* <option value="id">rrrr</option>*/
        echo  "<option  value='".$rs->fields['id']."'>".$rs->fields
['name']."</option>";
        $rs->MoveNext();
    }
    $db->close();
}
```

12.5 新闻管理后台界面

新闻发布系统的后台界面主要有用户管理界面、新闻管理界面以及栏目管理，整个的后台界面采用框架结构实现，使用统一的风格。如图 12-9 所示。

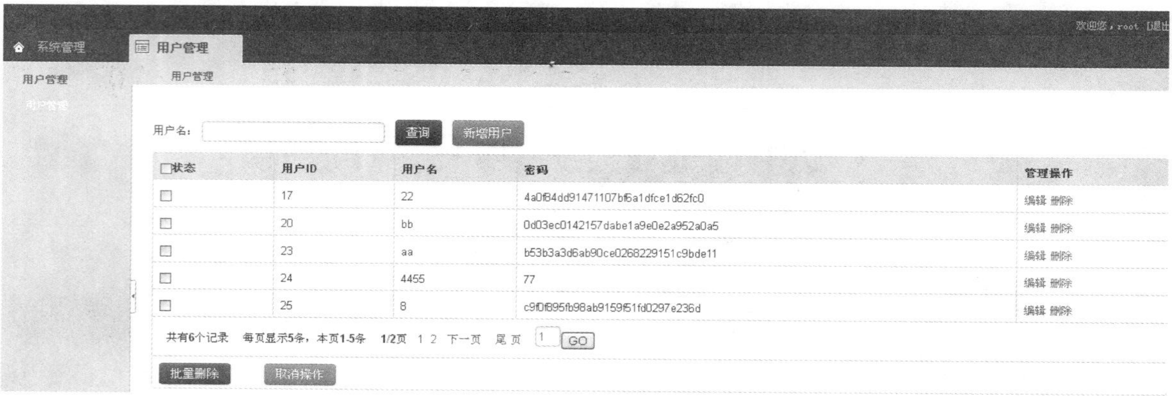

图 12-9 后台管理界面

12.6 用户管理模块

用户管理模块主要有添加用户、修改用户信息、删除用户（删除一个和批量删除）以及查找用户功能。

12.6.1 添加用户

用户添加功能分为用户添加页面和代码实现。用户添加页面效果如图 12-10 所示。

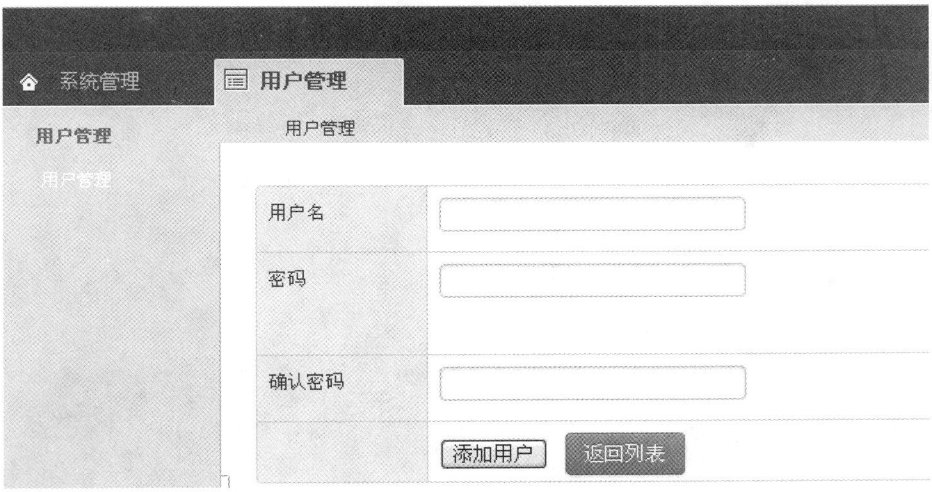

图 12-10　添加用户界面

添加用户，首先创建表单，如图 12-10 所示，接下来接收表单中的数据，保存到数据库中。详细代码如下：

```html
<!DOCTYPE html>
<html>
<head>
    <title></title>
    <meta charset="UTF-8">
    <link rel="stylesheet" type="text/css" href="../Css/bootstrap.css" />
    <link rel="stylesheet" type="text/css" href="../Css/bootstrap-responsive.css" />
    <link rel="stylesheet" type="text/css" href="../Css/style.css" />
    <script type="text/javascript" src="../Js/jquery.js"></script>
    <script type="text/javascript" src="../Js/jquery.sorted.js"></script>
    <script type="text/javascript" src="../Js/bootstrap.js"></script>
    <script type="text/javascript" src="../Js/ckform.js"></script>
    <script type="text/javascript" src="../Js/common.js"></script>
    <style type="text/css">
        body {
            padding-bottom: 40px;
        }
        .sidebar-nav {
            padding: 9px 0;
        }
        @media (max-width: 980px) {
            /* Enable use of floated navbar text */
            .navbar-text.pull-right {
                float: none;
                padding-left: 5px;
                padding-right: 5px;
            }
        }
    </style>
</head>
```

```php
<?php
    include_once("../db.php");
    $ceshi=new DB();
    //判断文本框是否为空
    if(@$_POST['name']){
        //接收表单控件的值
        @$name=$_POST['name'];
        $pass=$_POST['pass'];
        $pass1=$_POST['pass1'];
        //判断 name 变量是否为空，如果不是空值则调用添加用户 adduser()方法
        if($name!=""){
            $ceshi->adduser($name,$pass);
            //用 js 弹出添加成功的窗口，并且跳转用户管理界面 index_user.php
            echo "<script language='javascript'>alert('用户添加成功');
window.location.href='index_user.php';</script>";
        }
    }
?>
<form action="" method="post">
<table class="table table-bordered table-hover definewidth m10">
    <tr>
        <td width="10%" class="tableleft">用户名</td>
        <td><input type="text" name="name" id="name"/></td>
    </tr>
    <tr>
        <td class="tableleft"><p>密码</p>
      <p> </p></td>
        <td><input type="password" name="pass" id="pass"/></td>
    </tr>
    <tr>
        <td class="tableleft">确认密码</td>
        <td><input type="password" name="pass1" id="pass1"/></td>
    </tr>
    <tr>
        <td class="tableleft"></td>
        <td>
         <input type="submit" name="button" id="button" value="添加用户">
                  <button type="button" class="btn btn-success"
name="backid" id="backid">返回列表</button>
        </td>
    </tr>
</table>
</form>
</body>
</html>
<script>
    $(function () {
        $('#backid').click(function(){
                window.location.href="index.html";
        });

    });
</script>
```

12.6.2　用户管理主页面

用户管理分页显示，其效果如图 12-11 所示。

图 12-11　用户管理分页效果图

1.　实现全选的 js 函数

```
//设置全选的 js 函数
    function All(e, itemName){
        var aa = document.getElementsByName(itemName);
    //aa 变量就是一个数组，数组就有长度
        for (var i=0; i<aa.length; i++)
        aa[i].checked = e.checked; //得到那个总控的复选框的选中状态
    }
    function Item(e, allName){
        var all = document.getElementsByName(allName)[0];
        if(!e.checked)
        all.checked = false;
        else
        {
            var aa = document.getElementsByName(e.name);
            for (var i=0; i<aa.length; i++)
            if(!aa[i].checked) return;
            all.checked = true;
        }
    }
```

【运行效果】　全选运行效果如图 12-12 所示。

图 12-12　全选状态

2. 实现确定删除的 js 函数

```
$(function () {
        $('#addnew').click(function(){
                window.location.href="add_user.php";
        });
});


function del(id)
{
    if(!confirm("确定要删除吗？"))
    {
        window.event.returnValue = false;
    }
}
```

【运行效果】　　确定删除 js，运行效果如图 12-13 所示。

来自网页的消息

确定要删除吗？

确定　　取消

图 12-13　确定删除

3. 实现分页显示

```
<form action="" method="post">
<table class="table table-bordered table-hover definewidth m10" >
    <thead>
    <tr>
        <th><input name="mmAll" type="checkbox" id="mmAll" onClick="All(this,
'mm[]')">状态</th>
        <th>用户 ID</th>
```

```
            <th>用户名</th>
            <th>密码</th>
            <th>管理操作</th>
         </tr>
      </thead>
         <?php
            if(@$name==""){
               //如果没有查询，则全部实现
               $ceshi->fenye1("select * from admin",5,5);
            }else{
               //sql模糊查询
               $ceshi->fenye1("select * from admin where username like
'%".$name."%'",5,5);
            }
            ?>
      <tr>
         <td colspan="5"><input name="" type="submit" value="批量删除" class="btn
btn-primary">      <input type="reset" class="btn btn-success" value="取消操作
"></td></tr>
      </table>
      </form>
```

【**运行效果**】 分页显示运行效果如图 12-14 所示。

□状态	用户ID	用户名	密码	管理操作
□	17	22	4a0f84dd91471107bf6a1dfce1d62fc0	编辑 删除
□	20	bb	0d03ec0142157dabe1a9e0e2a952a0a5	编辑 删除
□	23	aa	b53b3a3d6ab90ce0268229151c9bde11	编辑 删除
□	24	4455	77	编辑 删除
□	25	8	c9f0f895fb98ab9159f51fd0297e236d	编辑 删除

共有6个记录 每页显示5条，本页1-5条 1/2页 1 2 下一页 尾页 1 GO

批量删除　取消操作

图 12-14　分页显示

4. 实现查询功能

```php
<?php
   include_once("../db.php");
   $ceshi=new DB();
   //接收查询表单数据
   @$name=trim($_POST['name']);
?>
//调用分页显示方法
```

5. 删除一条语句

```php
@$id=trim($_GET['id']);
```

```
    if(@$id!=""){
        //调用带条件删除的方法
        $ceshi->dels("admin",$id);
    }
```

用户管理主界面的详细代码如下：

```html
<!DOCTYPE html>
<html>
<head>
    <title></title>
    <meta charset="UTF-8">
    <link rel="stylesheet" type="text/css" href="../Css/bootstrap.css" />
    <link                rel="stylesheet"                type="text/css"
href="../Css/bootstrap-responsive.css" />
    <link rel="stylesheet" type="text/css" href="../Css/style.css" />
    <script type="text/javascript" src="../Js/jquery.js"></script>
    <script type="text/javascript" src="../Js/jquery.sorted.js"></script>
    <script type="text/javascript" src="../Js/bootstrap.js"></script>
    <script type="text/javascript" src="../Js/ckform.js"></script>
    <script type="text/javascript" src="../Js/common.js"></script>

    <style type="text/css">
        body {
            padding-bottom: 40px;
        }
        .sidebar-nav {
            padding: 9px 0;
        }
        @media (max-width: 980px) {
            /* Enable use of floated navbar text */
            .navbar-text.pull-right {
                float: none;
                padding-left: 5px;
                padding-right: 5px;
            }
        }
    </style>
</head>
<body>
<?php
    include_once("../db.php");
    $ceshi=new DB();
    //接收查询表单数据
    @$name=trim($_POST['name']);
    @$id=trim($_GET['id']);
    if(@$id!=""){
        //调用带条件删除的方法
        $ceshi->dels("admin",$id);
    }
?>
```

```
<form class="form-inline definewidth m20" action="" method="post">
    用户名：
        <input type="text" name="name" id="name"class="abc input-default"
placeholder="" value="">  
        <button type="submit" class="btn btn-primary">查询</button>  
<button type="button" class="btn btn-success" id="addnew">新增用户</button>
    </form>
    <form action="" method="post">
    <table class="table table-bordered table-hover definewidth m10" >
        <thead>
        <tr>
            <th><input name="mmAll" type="checkbox" id="mmAll" onClick="All(this,
'mm[]')">状态</th>
            <th>用户ID</th>
            <th>用户名</th>
            <th>密码</th>
            <th>管理操作</th>
        </tr>
        </thead>
            <?php
                if(@$name==""){
                    //如果没有查询，则全部实现
                    $ceshi->fenye1("select * from admin",5,5);
                }else{
                    //sql模糊查询
                    $ceshi->fenye1("select * from admin where username like
'%".$name."%'",5,5);
                }
                ?>
    <tr>
        <td colspan="5"><input name="" type="submit" value="批量删除" class="btn
btn-primary">        <input type="reset" class="btn btn-success" value="取消操作
"></td></tr>
    </table>
    </form>
    <div class="inline pull-right page"></div>
    </body>
    </html>
    <script>
        $(function () {
            $('#addnew').click(function(){
                    window.location.href="add_user.php";
            });
        });

        function del(id)
        {
            if(!confirm("确定要删除吗？"))
            {
                window.event.returnValue = false;
            }
```

```
        }
    //设置全选的 js 函数
    function All(e, itemName){
        var aa = document.getElementsByName(itemName);
    //aa 变量就是一个数组，数组就有长度
        for (var i=0; i<aa.length; i++)
        aa[i].checked = e.checked; //得到那个总控的复选框的选中状态
    }
        function Item(e, allName){
        var all = document.getElementsByName(allName)[0];
        if(!e.checked)
        all.checked = false;
        else
        {
            var aa = document.getElementsByName(e.name);
            for (var i=0; i<aa.length; i++)
            if(!aa[i].checked) return;
            all.checked = true;
        }
    }
</script>
```

12.6.3　用户编辑

用户编辑功能，首先读取用户原有的信息，放在相应的表单控件中；接着修改用户信息，保存修改后的信息到数据库表中。详细代码如下：

```php
<?php
    include_once("../db.php");
    $ceshi=new DB();
    if(@$_POST["pass1"]){
        $name=$_POST["name"];
        $pass=$_POST["pass1"];
        $pass1=$_POST["pass2"];
        }
    if(@$_GET["id"]){
        $id=$_GET["id"];
        $rs=$ceshi->rxiugai("admin",$id);
?>
<form action="" method="post">
<table class="table table-bordered table-hover definewidth m10">
    <tr>
        <td width="10%" class="tableleft">用户名</td>
        <td><input type="text" name="name" id="name" value="<?php echo
$rs->fields['username'];?>"/></td>
    </tr>
    <tr>
        <td class="tableleft">原始密码</td>
        <td><input type="password" name="pass" id="pass" value="<?php echo
$rs->fields['password'];?>"/></td>
```

```
        </tr>
        <tr>
            <td class="tableleft">修改密码</td>
            <td><input type="password" name="pass1" id="pass1"/></td>
        </tr>
        <tr>
            <td class="tableleft">确认修改密码</td>
            <td><input type="password" name="pass2" id="pass2"/></td>
        </tr>
        <tr>
            <td class="tableleft"></td>
            <td>
                <button type="submit" class="btn btn-primary" type="button">修改
</button>          
                <button    type="button"    class="btn    btn-success"    name="backid"
id="backid">返回列表</button>
            </td>
        </tr>
    </table>
    </form>
```

【运行效果】　用户编辑效果如图 12-15 所示。

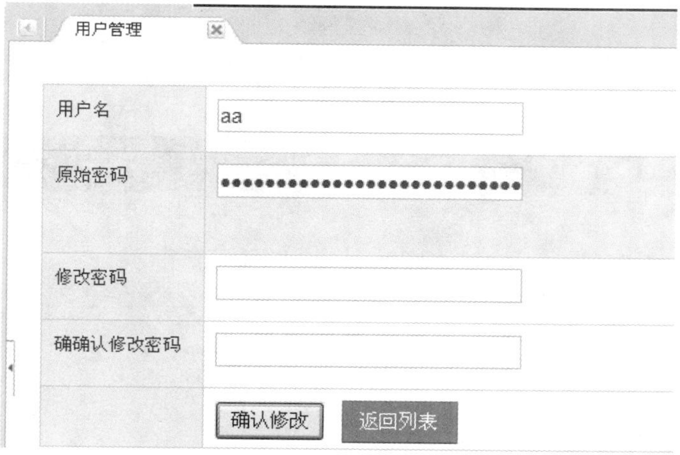

图 12-15　用户编辑

12.6.4　批量删除

批量删除，首先接收复选框中的数据，接着调用批量删除方法 delall()，详细代码如下：

```
//批量删除
    if(@$_POST["mm"]){
        @$mm = $_POST["mm"];
        print_r($mm);
        //调用批量删除的方法
        $ceshi->delall("admin",$mm);
        echo "<script language='javascript'>alert('批量删除成功');window.
location.href='index_user.php'</script>";
    }
```

12.7　栏目管理模块

栏目管理功能主要有添加栏目、编辑栏目、删除栏目、查询栏目，实现思路与用户管理思路一致，在具体的编码过程中调用操作数据库方法时，调用的实参不一样，其余的思路都与用户管理一致。

12.8　新闻管理模块

新闻管理模块主要有新闻管理主页面、添加新闻、编辑新闻、查找新闻以及删除新闻。其中新闻管理主页面包括新闻分页显示、删除一条新闻、批量删除等功能；添加新闻的主要功能是添加一条新闻；编辑新闻首先调出原新闻的信息，在此基础上进行编辑，最后保存修改后的新闻内容；查找新闻根据查询条件不同显示不同的查询结果。

12.8.1　新闻管理主页面

新闻管理主页面主要包括分页显示、删除一条新闻、批量删除、查询新闻等功能。页面名称为 index _news.php，效果如图 12-16 所示。

图 12-16　新闻管理主界面效果

1．新闻分页显示

新闻分页显示与用户管理界面有些细微的差别，但是思路是一致的，所以需要在操作类 db.php 中重新定义一个方法 fenye2()，详细代码如下：

```php
//定义分页新闻内容的显示
function fenye2($sql,$n,$col,$url){
    $cn=new Conn();
    $db=$cn->open();
    $rs=$db->Execute($sql);
    @$tol=$rs->RecordCount();
    $page=new Page($tol,$n);
```

```
                $sql1=$sql." {$page->limit}";
                $rs1=$db->Execute($sql1);
                    while (!$rs1->EOF) {
                        echo "<tr><td><input type='checkbox' name='mm[]' id='mm[]'
value='". $rs1->fields['id']."' onclick=Item(this, 'mmAll')> </td>";
                        echo "<td>".$rs1->fields['id']."</td>";
                        echo "<td>".$rs1->fields['name']."</td>";
                        echo      "<td><a     href='../../newscontent.php?id=".$rs1->
fields['id']."'>".$rs1->fields['title']."</a></td>";
                        echo "<td>".$rs1->fields['time']."</td>";
                        echo "<td><a href=".$url."?id=".$rs1->fields['id'].">编 辑
</a> <span> <a href='?id=".$rs1->fields['id']."' onclick='del (".$rs1->fields
['id'].")'  >删除</a></span></td>";
                        echo "</tr>";
                        $rs1->MoveNext();
                }

            //调用分页显示上下页
            echo "<tr><td colspan='".$col."' align='right'>". $page->fpage().
"</tr></td>";
            //关闭数据库
            $db->close();
        }
```

2. 删除一条新闻

删除一条新闻与删除一个用户的思路是一致的。

3. 新闻批量删除

新闻批量删除与用户的批量删除的思路是一致的。

4. 新闻栏目列表

查找新闻，首先把新闻栏目按列表方式显示出来，新闻栏目列表会在添加新闻、修改新闻等地方使用，所以此处把新闻栏目列表写成一个方法放在操作数据库类 db.php 文件中，详细代码如下：

```
//查询栏目方法
        function slanmu($sql){
        $cn=new Conn();
        //调用 Conn 中 open()
        $db=$cn->open();
        //设置模式
        $rs=$db->Execute($sql);
        while (!$rs->EOF) {
            /* <option value="全部">全部</option>*/
            echo "<option value='". $rs->fields[1]."' >". $rs->fields[0].
"</option>";
            $rs->MoveNext();
        }
```

```
        $db->close();
    }
```

在新闻管理主界面中，调用 slanmu()方法，显示新闻列表。详细代码如下：

```
<select name="lanmu" id="lanmu">
    <option value="全部">全部</option>
    <?php
        $ceshi->slanmu("select distinct name,typeid from type,news where
news.typeid=type.id");
    ?>
</select>
```

【运行效果】 新闻列表运行效果如图 12-17 所示。

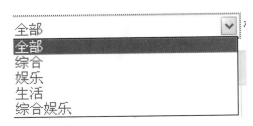

图 12-17 新闻列表

5. 查询新闻

在新闻管理主界面中，包含了查询新闻的表单，将表单提交新闻查询结果页面。该页面取名为 sel_news.php 页面，sel_news.php 页面可以通过 index_news 页面复制修改。

12.8.2 新闻查询

新闻查询结果页面 sel_news.PHP，在该页面中要考虑新闻查询的几种方式，按新闻关键字查询、按新闻栏目查询、按新闻关键字和新闻所属栏目进行查询。详细代码如下：

```
@$lanmu=trim($_POST['lanmu']);
                @$content=$_POST['select'];
                if($lanmu=='全部'){
                    $sql="select   news.id,type.name,news.title,news.time
from news,type where news.typeid=type.id and title like '%".$content."%'" ;
                }
                else if($content!=""){
                    $sql="select   news.id,type.name,news.title,news.time
from news,type where news.typeid=type.id and title like '%".$content."%' and
typeid=".$lanmu;

                }
                else{
                    $sql="select   news.id,type.name,news.title,news.time
from news,type where news.typeid=type.id and  typeid=".$lanmu ;
                }
```

```
        $ceshi->fenye2($sql,10,6,"edit_news.php");

    ?>
```

【运行效果】　按关键字进行查询，运行效果如图 12-18 所示。

□状态	新闻ID	栏目名称	新闻标题	发布时间	管理操作
□	58	娱乐	张曼玉澄清分手传言 指报道对男友不公平	2011-10-29 14:34:24	编辑 删除

共有1个记录　每页显示1条，本页1-1条　1/1页 1 [1] GO

图 12-18　按关键字进行查询

【运行效果】　按栏目进行查询，运行效果如图 12-19 所示。

□状态	新闻ID	栏目名称	新闻标题	发布时间	管理操作
□	56	综合	专家称住建部取消限购设想系放虎归山	2011-10-29 14:30:12	编辑 删除
□	57	综合	刘明康八载银监路：提示风险者	2011-10-29 14:31:55	编辑 删除

共有6个记录　每页显示2条，本页1-2条　1/3页 1 2 3 下一页 尾页 [1] GO

图 12-19　按栏目进行查询

　　最后新闻的添加、修改与用户的添加、修改实现思路一样，只是在新闻添加和修改时，新闻内容需要使用一个编辑控件，编辑控件可以在网上下载，有很多编辑控件，根据自己需要进行选择。

参 考 文 献

[1] [澳]威利，汤姆森，著. PHP 和 MySQL Web 开发[M]. 武欣，等译. 北京：机械工业出版社，2009.

[2] 明日科技. PHP 从入门到精通[M]. 3 版. 北京：清华大学出版社，2012.